Uwe Albrecht

Praxisbeispiele Stahlbetonbau

Uwe Albrecht

Praxisbeispiele Stahlbetonbau

Tragverhalten – Bemessung – Konstruktion

2., überarbeitete und aktualisierte Auflage

Mit 94 Abbildungen und 73 Tabellen

STUDIUM

Bibliografische Information der Deutschen Nationalbibliothek
Die Deutsche Nationalbibliothek verzeichnet diese Publikation in der
Deutschen Nationalbibliografie; detaillierte bibliografische Daten sind im Internet über
<http://dnb.d-nb.de> abrufbar.

Prof. Dr.-Ing. Uwe Albrecht studierte Bauingenieurwesen an der TU Hannover und der North Carolina State University. Er promovierte an der TU Darmstadt. Seine langjährige Tätigkeit in der Bauindustrie in Frankfurt/M. und Hamburg umfasste die Bearbeitung und technische Koordination von Brücken und Ingenieurbauten. Bis 2005 lehrte er als Professor für Stahlbetonbau sowie Ingenieurbaukonstruktionen an der Fachhochschule in Buxtehude und leitete die berufsbegleitende Weiterbildung für Bauingenieure und Architekten.

Email: au.albrecht@t-online.de

1. Auflage 2008
2., überarbeitete und aktualisierte Auflage 2011

Alle Rechte vorbehalten
© Vieweg+Teubner Verlag | Springer Fachmedien Wiesbaden GmbH 2011

Lektorat: Dipl.-Ing. Ralf Harms | Sabine Koch

Vieweg+Teubner Verlag ist eine Marke von Springer Fachmedien.
Springer Fachmedien ist Teil der Fachverlagsgruppe Springer Science+Business Media.
www.viewegteubner.de

Umschlaggestaltung: KünkelLopka Medienentwicklung, Heidelberg
Satz/Layout: Annette Prenzer
Druck und buchbinderische Verarbeitung: MercedesDruck, Berlin
Gedruckt auf säurefreiem und chlorfrei gebleichtem Papier.
Printed in Germany

ISBN 978-3-8348-1320-6

Vorwort

Die 2. Auflage dieses Buches berücksichtigt die Neuausgabe der DIN 1045-1 vom August 2008. Darin wurden zahlreiche Berichtigungen und Auslegungen zur DIN 1045-1 (2001) eingearbeitet und einige Nachweisverfahren völlig verändert bzw. ergänzt – Mindestquerkrafttragfähigkeit von Platten, Schubkraftübertragung in Fugen, Mindestbewehrung zur Begrenzung der Rissbreite für dickere Bauteile.

Neu aufgenommen wurden die Abschnitte, die Grundlagen behandeln – Schnittgrößen, Trag- und Verformungsverhalten von Stahlbetonbalken, Bewehrungs- und Konstruktionsregeln. Darüber hinaus sind vor jedem Abschnitt die maßgebenden Bemessungs- und Konstruktionsregeln der jeweiligen Bauteile beschrieben und dargestellt. Der Randtext stellt den Bezug zum Normentext her, gibt Literaturhinweise und zusätzliche Erläuterungen. Damit können selbst Leser mit geringen Grundkenntnissen ohne zusätzliche Literatur die Beispiele nachvollziehen; für Leser, die schon mit der Materie vertraut sind, tragen sie zur Festigung und Vertiefung der Kenntnisse im Stahlbetonbau bei.

Die Aufgabensammlung behandelt die häufigsten Stahlbetonbauteile und vermittelt, wie die Anforderungen an die Dauerhaftigkeit erfüllt werden und die Nachweise der Tragsicherheit und Gebrauchstauglichkeit zu führen sind. In den Beispielen bauen die Bearbeitungsschritte aufeinander auf, von der Festlegung der Lastabtragung und den Maßnahmen für die Dauerhaftigkeit über die Bemessung und die konstruktive Durchbildung bis zur Darstellung der Bewehrung. Die Weiterleitung der Lasten an die nachfolgenden Bauteile – Platte – Balken – Stütze – wird anschaulich dargestellt. Zur Erläuterung der zweiachsigen Lastabtragung werden im Abschnitt vierseitig gelagerte Platten und bei der Momentenermittlung der Flachdecke die bewährten Näherungsverfahren behandelt.

Zum Verständnis des Tragverhaltens von Stahlbetonbauteilen wird der Kraftfluss herausgearbeitet, sei es bei der Aufnahme von Biegemomenten, bei der Abtragung der Querkräfte oder in druckbeanspruchten Bauteilen. Die Nachweise erfolgen in Einklang mit DIN 1045-1, doch es werden bewusst nicht alle Möglichkeiten der Nachweisführung ausgeschöpft, wenn der baupraktische Nutzen gering ist. Die Leser – vor allem Studierende – sollen lernen, sich auf das Wesentliche zu beschränken und den Bearbeitungsaufwand sinnvoll zu begrenzen, auch im Hinblick auf den Umfang von Computerberechnungen.

Es soll zugleich bewusst gemacht werden, dass die rechnerischen Nachweise nur ein Teil der Tragwerksplanung sind. Das Zusammenwirken von Beton und Bewehrung setzt eine sorgfältige konstruktive Durchbildung voraus. Die Beispiele vermitteln Berufsanfängern und Studierenden die Notwendigkeit, kritische Details bereits im frühen Stadium der Bearbeitung zu klären. Die Bewehrungszeichnungen sind als Vorschlag zu verstehen, die Leser sollen sich frei fühlen, Alternativen zu entwickeln. Dabei sollten sie die baupraktische Umsetzung immer vor Augen haben.

Die Aufgaben im Abschnitt Klausurtrainer enthalten Zwischenergebnisse und Kontrollwerte, damit Lösungsweg und Ergebnis nachzuvollziehen sind. Mit den Tafeln im Anhang kann die Mehrzahl der Bemessungs- und Konstruktionsaufgaben ohne zusätzliche Literatur bearbeitet werden.

Buxtehude, im September 2010   Uwe Albrecht

Inhaltsverzeichnis

1 Einführung

1.1 Zielsetzung und Aufbau des Buches

Das Buch soll den Einstieg in die Bearbeitung von Stahlbetonbauten erleichtern. Dazu werden die wesentlichen Nachweise und Konstruktionsregeln im Stahlbetonbau vermittelt. Spannbetonbauteile, Bauteile aus Leichtbeton und hochfestem Beton bleiben unberücksichtigt. Alle Beispiele beziehen sich auf

> Stahlbetonbauteile aus Normalbeton der
> Festigkeitsklassen bis C50/60.

In der Regel werden die Schnittgrößen vorgegeben, Basis ist die

> linear-elastische Berechnung mit oder ohne
> Momentenumlagerung.

Diese Aufgabensammlung ersetzt kein Lehrbuch über Stahlbeton, doch es werden die Grundlagen der Bemessung und Konstruktion soweit vermittelt, dass „vorbelastete" Leser ohne zusätzliche Literatur die Beispiele nachvollziehen können. Der Randtext stellt den Bezug zum Normentext her, gibt Literaturhinweise und zusätzliche Erläuterungen. Damit die Leser nicht an die vorgegebene Reihenfolge der Aufgaben gebunden sind, wird der begleitenden Text mit den maßgebenden Gleichungen und der Randtext nach Bedarf wiederholt.

Es ist nicht beabsichtigt, alle Einzelheiten der DIN 1045-1 zu behandeln. Vielmehr werden in einigen Beispielen bewusst nicht alle Möglichkeiten der Nachweisführung ausgeschöpft, wenn der baupraktische Nutzen gering ist. Die Leser – vor allem Studierende – sollen sich frei fühlen, ingenieurmäßig zu entscheiden und den Bearbeitungsaufwand sinnvoll zu begrenzen.

Bemessung und Konstruktion werden als Einheit gesehen. Zweckmäßigerweise wird die Anordnung der Bewehrung bereits zu Beginn einer Berechnung im Wesentlichen festgelegt, damit das Ergebnis auch baupraktisch sinnvoll umgesetzt werden kann. Die gewählte Bewehrung und die Bewehrungsskizzen sind als Vorschlag zu verstehen. Grundsätzlich gibt es viele gleichwertige Lösungen und jeder Ingenieur/Studierende sollte mit Kreativität und Sorgfalt die Berechnung in eine Bauzeichnung umsetzen.

Tabelle 1.1 vermittelt einen Überblick darüber, welche Nachweise für die einzelnen Beispiele geführt werden.

Der letzte Abschnitt – Klausurtrainer – soll die persönliche Sicherheit bei der Bemessung und Konstruktion von Stahlbetonbauteilen festigen. Die Aufgaben beziehen sich auf die Beispiele der Abschnitte 6 bis 15. Mit veränderten Eingangsgrößen ist eine Neubemessung durchzuführen; die Ergebnisse lassen sich mit Hilfe der beigefügten Lösungen kontrollieren.

Tabelle 1.1: Übersicht der Beispiele und Nachweise

Abschnitt	Beispiel	Expos.klasse, Betondeckung	Lastermittlung	Schnittgrößenermittlung	Biegung Rechteck	Biegung Plattenbalken	Momentenumlagerung	Querkraft	Schubkraftaufnahme	Durchstanzen	schlanke Druckglieder	Stabwerkmodell	Begrenzung Rissbreite	Mindestbewehrung	Begrenzung Verformung	Konstruktionsregeln	Abstufung Bewehrung	Bewehrungsskizzen
2	Dauerhaftigkeit	•																
6.1.1	Einfeldbalken	•			•			•										•
6.1.2	Biegung mit Längskraft				•			•										
6.1.3	Balken mit Kragarm	•			•			•								•	•	•
6.2	Platte	•	•		•		•	•							•		•	•
6.3.1	Fußgängerplattform Platte	•	•	•	•			•					•					
6.3.2	Fußgängerplattform Balken	•	•	•	•			•					•					•
7.2	Fußgängerplattform Balken					•		•	•									
7.3	Geschossdecke Plattenbalken	•	•			•		•								•	•	•
7.4	Dreifeldbalken	•	•			•	•											•
8.2.1	Innenstütze										•					•		•
8.2.2	Randstütze	•									•							•
8.3	Hallenstütze			•							•							
9.2	Fundament	•		•	•					•							•	•
9.3	gedrungenes Fundament	•		•	•					•							•	•
10.1	Flachdecke	•		•	•										•			
10.3	Durchstanzen Innenstütze			•						•						•		•
10.4	Durchstanzen Randstütze									•						•		
11.1	Einfeldplatte			•														
11.2	durchlaufende Platte 1			•	•			•							•			
11.3	durchlaufende Platte 2			•	•			•								•	•	•
12.2	Platte + Ortbetonergänzung								•									•
12.3	Balken + Ortbetonergänzung		•	•		•			•									
13.1	Konsole	•										•				•		•
13.2	ausgeklinktes Trägerende											•				•		•
14.3	Kellerwand	•												•	•			
14.4	Stützwand	•		•	•			•						•	•		•	•
15	Torsion – Fußgängerbrücke	•	•	•	•			•	•							•		•

Die Bemessung und Konstruktion der Stahlbetonbauteile erfolgt nach DIN 1045-1 (Ausgabe 2008-08), deren Aufbau und Bezeichnungen im Folgenden vorgestellt werden. Allen neuen Normen des konstruktiven Ingenieurbaus liegt das Prinzip der Teilsicherheitsbeiwerte zugrunde. Zum besseren Verständnis ist den Beispielen eine Erläuterung des Sicherheitskonzepts nach DIN 1055-100 vorangestellt, Abschnitt 1.4.

1.2 Aufbau der DIN 1045

Die ab 2005 verbindliche DIN 1045 gilt für Tragwerke aus Beton, Stahlbeton und Spannbeton. Sie umfasst vier Teile:

Teil 1:	Bemessung und Konstruktion
Teil 2:	Beton – Festlegung, Eigenschaften, Herstellung und Konformität; Anwendungsregeln zu DIN EN 206-1
Teil 3:	Bauausführung
Teil 4:	Ergänzende Regeln für die Herstellung und die Konformität von Fertigteilen

Der Inhalt der für den Beton maßgebenden Europäischen Norm DIN EN 206-1 und DIN 1045-2 ist im DIN-Fachbericht 100: Beton zusammengefasst.

Im Text der DIN 1045-1 wird an vielen Stellen auf Heft 525 DAfStb [5] verwiesen, das Erläuterungen zum Normentext, ergänzende und alternative Anwendungsregeln und Hintergrundinformationen enthält.

Aus der praktischen Anwendung ergeben sich laufend Fragen zur Auslegung der Norm. Der Normenausschuss Bauwesen (NABau) nimmt dazu Stellung; die Antworten zu den Auslegungsfragen werden im Internet veröffentlicht [6].

DIN 1045 unterscheidet zwischen Prinzipien und Anwendungsregeln. Prinzipien enthalten allgemeine Festlegungen, Definitionen und Angaben, die unbedingt einzuhalten sind, sowie Anforderungen und Rechenmodelle, für die keine Abweichungen erlaubt sind.

Anwendungsregeln sind allgemein anerkannte Regeln, die den Prinzipien folgen und deren Anforderungen erfüllen. Abweichungen sind zulässig, wenn sie mit den Prinzipien übereinstimmen und die gleiche Tragfähigkeit, Gebrauchstauglichkeit und Dauerhaftigkeit wie nach der Norm erreichen.

Prinzipien und Anwendungsregeln werden im Text der Norm durch die Schreibweise unterschieden:

Prinzipien – gerade Schreibweise
Anwendungsregeln – kursive Schreibweise

Die Gliederung der DIN 1045-1 entspricht dem Ablauf der technischen Bearbeitung, s. Tab. 1.2.

Tabelle 1.2: Gliederung der DIN 1045-1

Allgemeines	1	Anwendungsbereich
	2	Normative Verweise
	3	Begriffe und Formelzeichen
	4	Bautechnische Unterlagen
Grundlagen	5	Sicherheitskonzept
	6	Sicherstellung der Dauerhaftigkeit
	7	Grundlagen zur Ermittlung der Schnittgrößen
	8	Verfahren zur Ermittlung der Schnittgrößen
	9	Baustoffe
Bemessung	10	Nachweise in den Grenzzuständen der Tragfähigkeit
	11	Nachweise in den Grenzzuständen der Gebrauchstauglichkeit
Konstruktive Durchbildung	12	Allgemeine Bewehrungsregeln
	13	Konstruktionsregeln

Die DIN 1045-1 misst der Dauerhaftigkeit der Tragwerke die gleiche Bedeutung bei wie der Tragfähigkeit und der Gebrauchstauglichkeit. Zur Sicherstellung der Dauerhaftigkeit sind zu bestimmen:

> Expositionsklasse, Feuchtigkeitsklasse
> Mindestbetondruckfestigkeitsklasse
> Betondeckung

Die wesentlichen Nachweise der Tragfähigkeit umfassen:

> Nachweis der Lagesicherheit
> Gleichgewichtszustand unter Längsdruck (Theorie II. Ordnung)
> Biegung mit/ohne Längskraft
> Querkraft
> Durchstanzen
> Torsion

Zu den Nachweisen der Gebrauchstauglichkeit zählen:

> Begrenzung der Rissbreiten
> Begrenzung der Verformungen

1.3 Begriffe und Formelzeichen

DIN 1055-100, 3.1.2

> direkte Einwirkung:
> auf das Tragwerk einwirkende Last (Kraft)
>
> indirekte Einwirkung:
> aufgezwungene oder behinderte Verformung, die z. B. von Temperaturänderungen, Feuchtigkeitsänderungen oder ungleicher Setzung herrührt

DIN 1045-1, 3.1.1

üblicher Hochbau:
Hochbau, der für vorwiegend ruhende, gleichmäßig verteilte Nutzlasten bis 5,0 kN/m^2, ggf. auch für Einzellasten bis 7,0 kN und für PKW bemessen ist

Die folgenden Formelzeichen sind ein Auszug aus DIN 1045-1, Abschnitt 3.2.

Einwirkungen, Kräfte, Schnittgrößen

G	ständige Einwirkung/Last
g	ständige Einwirkung/Last je Längen- oder Flächeneinheit
Q	veränderliche Einwirkung/Nutzlast
q	veränderliche Einwirkung/Nutzlast je Längen- oder Flächeneinheit
F	Kraft
N	Längskraft
n	Längskraft je Längeneinheit
M	Moment
m	Biegemoment je Längeneinheit
V	Querkraft
v	Querkraft je Längeneinheit

Indizes: Einwirkungen, Tragwiderstand

E	Beanspruchung
R	Tragwiderstand
k	charakteristischer Wert – ohne Sicherheitsbeiwert –
d	Bemessungswert – mit Sicherheitsbeiwert –

Indizes: Material

c	Beton
s	Betonstahl
t	Zugfestigkeit
y	Streckgrenze
w	Querkraft-, Torsions-, Durchstanzbewehrung

griechische Buchstaben

γ	Teilsicherheitsbeiwert
ψ	Kombinationsbeiwert
ρ	geometrisches Bewehrungsverhältnis, Bewehrungsgrad
δ	Verhältnis der umgelagerten Schnittgröße zur Ausgangsschnittgröße

übrige griechische Buchstaben wie üblich, s. Text

Materialwerte

f	Festigkeit
f_{ck}	charakteristische Zylinderdruckfestigkeit des Betons
f_{cd}	Bemessungswert der Druckfestigkeit des Betons
f_{ct}	zentrische Zugfestigkeit des Betons
f_{yk}	charakteristischer Wert der Streckgrenze des Betonstahls
f_{yd}	Bemessungswert der Streckgrenze des Betonstahls f_{yk}/γ_s

f_{tk} charakteristischer Wert der Zugfestigkeit des Betonstahls

$f_{tk,cal}$ charakteristischer Wert der Zugfestigkeit des Betonstahls für die Bemessung

geometrische Größen

l_{eff} effektive Stützweite
l_n lichte Stützweite
b_w Stegbreite
b_{eff} mitwirkende Plattenbreite für einen Plattenbalken
h Bauteilhöhe – Dicke –
h_f Gurtplattendicke
d statische Nutzhöhe
c Betondeckung

Bewehrung

A_s Bewehrungsquerschnitt
a_s Bewehrungsquerschnitt je Längeneinheit
$A_{s,erf}$ erforderliche Bewehrung
$A_{s,vorh}$ vorhandene Bewehrung
d_s Stabdurchmesser
l_b Grundmaß der Verankerungslänge des Betonstahls
$l_{b,net}$ Verankerungslänge des Betonstahls
a_l Versatzmaß – Konstruktion der Zugkraftlinie –

Beispiel

V_{Ed} Bemessungswert der einwirkenden Querkraft/aufzunehmende Querkraft, z. B. infolge $G_d + Q_d$ – einschließlich Sicherheitsbeiwert –

V_{Rd} Bemessungswert der aufnehmbaren Querkraft/Querkrafttragfähigkeit – einschließlich Sicherheitsbeiwert –

a_{sw} Querkraft-, Torsions- oder Durchstanzbewehrung [cm^2/m]

1.4 Sicherheitskonzept

Die charakteristischen Werte der Einwirkungen und der Baustoffkennwerte sind mit dem Index k gekennzeichnet.

Beim Nachweis der Tragfähigkeit werden Unsicherheiten in den Annahmen – System, Lasten, Material – durch Sicherheitsbeiwerte abgedeckt, und zwar:

γ_F Teilsicherheitsbeiwert für Einwirkungen (Erhöhung der Einwirkungen/Lasten)

γ_M Teilsicherheitsbeiwert für Baustoffeigenschaften (Verminderung der Baustoffkennwerte)

Die Bemessungswerte der Einwirkungen ergeben sich durch Multiplikation des charakteristischen Wertes mit dem entsprechenden Teilsicherheitsbeiwert:

$$G_d = \gamma_G \cdot G_k \qquad \text{ständige Last} \qquad (1.1)$$

$$Q_d = \gamma_Q \cdot Q_k \qquad \text{veränderliche Last} \qquad (1.2)$$

DIN 1045-1, 5.3.3, Tab. 1
ungünstige Auswirkung:
$\gamma_G = 1{,}35$
$\gamma_Q = 1{,}5$

Mit den Bemessungswerten der Einwirkungen werden die aufzunehmenden Schnittgrößen ermittelt, die durch den Index *Ed* gekennzeichnet sind, z. B.

$$V_{Ed} \qquad \text{aufzunehmende Querkraft.}$$

Bei mehreren veränderlichen Einwirkungen/Lasten, z. B. Nutzlasten, Schnee und Wind, können die veränderlichen Einwirkungen vermindert werden mit

$$\psi \qquad \text{Kombinationsbeiwert.}$$

Eine veränderliche Einwirkung wird in voller Größe angesetzt, die anderen veränderlichen Einwirkungen werden mit dem Kombinationsbeiwert ψ_0 abgemindert. Damit wird die geringe Wahrscheinlichkeit des gleichzeitigen Auftretens mehrerer veränderlicher Einwirkungen in voller Größe und in ungünstigster Kombination berücksichtigt. Aus Gleichung (1.3a) ergeben sich die verschiedenen Kombinationen für den Nachweis der Tragfähigkeit:

DIN 1055-100, 9.4, Tab. 2
und Anhang Tab. A1

$$\sum \gamma_{G,j} \cdot G_{k,j} + \gamma_{Q,1} \cdot Q_{k,1} + \sum_{i>1} \gamma_{Q,i} \cdot \psi_{0,i} \cdot Q_{k,i} \qquad (1.3a)$$

mit: $\quad G_{k,j}\quad$ charakteristischer Wert der ständigen Einwirkung

$\qquad\quad Q_{k,1}\quad$ charakteristischer Wert der vorherrschenden veränderlichen Einwirkung (Leiteinwirkung)

$\qquad\quad Q_{k,i}\quad$ charakteristischer Wert der anderen veränderlichen Einwirkungen

$\qquad\quad \gamma_{G,j}\quad$ Teilsicherheitsbeiwert für ständige Einwirkung *j*

$\qquad\quad \gamma_{Q,1}\quad$ Teilsicherheitsbeiwert für die vorherrschende veränderliche Einwirkung 1

$\qquad\quad \gamma_{Q,i}\quad$ Teilsicherheitsbeiwert für die anderen veränderlichen Einwirkungen *i*

$\qquad\quad \psi_{Q,1}\quad$ Kombinationsbeiwert für die anderen veränderlichen Einwirkungen *i*

Beispiele sind die durch Wind und Schnee beanspruchte Hallenkonstruktion in Abschnitt 8.3 und die durch einseitige Verkehrslast und Wind beanspruchte Fußgängerbrücke in Abschnitt 15.

Bei nur einer veränderlichen Einwirkung, z. B. Nutzlast bei Decken für Wohn- und Bürogebäude, vereinfacht sich die Gleichung.

$$\gamma_G \cdot G_k + \gamma_Q \cdot Q_k \qquad (1.3b)$$

Auch beim Nachweis der Gebrauchstauglichkeit ist nicht die volle veränderliche Last maßgebend. Für die Begrenzung der Rissbreite bei Stahlbetonbauteilen – vergleiche Abschnitt 14.2 und 14.4 – und für die Begrenzung der Verformungen werden die quasi-ständigen Lasten angesetzt, die sich mit dem Kombinationsbeiwert ψ_2 ergeben.

$$\sum G_{k,j} + \sum_{i \geq 1} \psi_{2,i} \cdot Q_{k,i} \tag{1.4}$$

Tabelle 1.3: Kombinationsbeiwerte ψ (gekürzt)

Einwirkung	ψ_0 [a]	ψ_2 [b]
Nutzlasten		
Kategorie A – Wohn-, Aufenthaltsräume	0,7	0,3
Kategorie B – Büros	0,7	0,3
Kategorie C – Versammlungsräume	0,7	0,6
Kategorie D – Verkaufsräume	0,7	0,6
Kategorie E – Lagerräume	1,0	0,8
Verkehrslasten		
Kategorie F, Fahrzeuglast $\leq$ 30 kN	0,7	0,6
Kategorie G, 30 kN $\leq$ Fahrzeuglast $\leq$ 160 kN	0,7	0,3
Kategorie H – Dächer	0	0
Schnee- und Eislasten		
Orte bis NN + 1000 m	0,5	0
Orte über NN + 1000 m	0,7	0,2
Windlasten	0,6	0
Temperatureinwirkungen (nicht Brand)	0,6	0
Baugrundsetzungen	1,0	1,0
Sonstige Einwirkungen	0,8	0,5

[a] ψ_0 Kombinationsbeiwert: Nachweis Tragfähigkeit
ψ_1 häufiger Wert: Begrenzung der Rissbreite Spannbetonbauteile (nicht abgedruckt)
[b] ψ_2 quasi-ständiger Wert: Begrenzung der Rissbreite Stahlbetonbauteile Begrenzung der Verformung

Die Bemessungswerte der Baustoffkennwerte ergeben sich nach Division des charakteristischen Werts durch den entsprechenden Teilsicherheitsbeiwert:

DIN 1045-1, 5.3.3, Tab. 2:
$\gamma_c = 1{,}5$
$\gamma_s = 1{,}15$

$$f_{cd} = \alpha \frac{f_{ck}}{\gamma_c} \quad \text{Beton} \tag{1.5}$$

$$f_{yd} = \frac{f_{yk}}{\gamma_s} \qquad \text{Betonstahl} \qquad (1.6)$$

Der Abminderungsbeiwert $\alpha = 0{,}85$ erfasst die Langzeitwirkungen auf die Druckfestigkeit sowie die Abweichungen zwischen Zylinderdruckfestigkeit und einachsiger Druckfestigkeit des Betons.

Damit wird der Tragwiderstand berechnet, der durch den Index Rd gekennzeichnet ist, z. B.

$$V_{Rd} \qquad \text{Querkrafttragfähigkeit.}$$

DIN 1045-1 gilt nicht für die Bemessung des Brandfalles. Mit Hilfe von DIN 4102-22 (2004-11) ist es möglich, die Zusammenstellung klassifizierter Baustoffe und Bauteile gemäß DIN 4102-4 auf der Basis von Teilsicherheitsbeiwerten anzuwenden.

In den Beispielen bleiben die Anforderungen an den Brandschutz unberücksichtigt.

2 Baustoffe, Dauerhaftigkeit

2.1 Beton

Die Angaben zum Beton in DIN 1045-1, Abschnitt 9.1, werden ergänzt durch DIN-Fachbericht 100: Beton, der die Europäische Norm DIN EN 206-1 und die Deutschen Anwendungsregeln zusammenfasst.

Der entscheidende Wert ist:

f_{ck} — charakteristische Zylinderdruckfestigkeit im Alter von 28 Tagen

$f_{ck,cube}$ — Würfeldruckfestigkeit wird nur als Alternative zur Festigkeitsprüfung genannt

Beispiel

Betonfestigkeitsklasse   C20/25

Zylinderdruckfestigkeit f_{ck} = 20 N/mm^2

Würfeldruckfestigkeit $f_{ck,cube}$ = 25 N/mm^2

Die zentrische Zugfestigkeit kann aus der Druckfestigkeit ermittelt werden:

$$f_{ctm} = 0{,}30\, f_{ck}^{2/3} \quad \text{Mittelwert der Zugfestigkeit}$$

DIN 1045-1, 9.1.7, Tabelle 9

Für die Querschnittsbemessung ist das Parabel-Rechteck-Diagramm, Bild 2.1, oder die bilineare Spannungs-Dehnungs-Linie zugrunde zu legen.

DIN 1045-1, 9.1.6, Bild 23 und 24

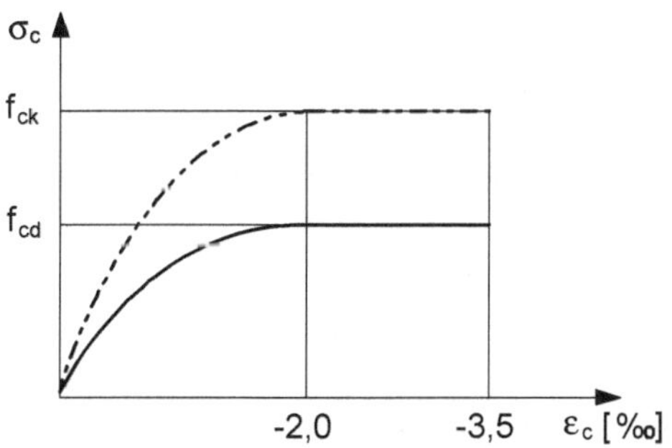

Bild 2.1:   Parabel-Rechteck-Diagramm für Normalbeton bis C50/60

2.2 Betonstahl

Die maßgebenden Eigenschaften des Betonstahls sind:

Streckgrenze f_{yk}

Zugfestigkeit f_{tk}

Duktilität

DIN 1045-1, 9.2.2, Tab. 11

Die Duktilität kennzeichnet die Dehnfähigkeit des Betonstahls. Das Bauteil soll unter Bruchschnittgrößen noch eine so große Verformungsfähigkeit aufweisen, dass das Versagen angekündigt wird, z. B. durch Risse oder Verformungen, und ein Sprödbruch vermieden wird. Die Duktilität ist entscheidend für die Wahl des Verfahrens der Schnittgrößenermittlung, insbesondere für die Größe der Momentenumlagerung.

Unterschieden werden:

normale Duktilität (A):   Betonstahlmatten   BSt 500 M

hohe Duktilität (B):   Betonstabstahl   BSt 500 S

DIN 1045-1, 9.2.4 Bild 27

Für die Querschnittsbemessung ist eine idealisierte Spannungs-Dehnungs-Linie zugrunde zu legen, Bild 2.2. Es darf der Spannungsanstieg oberhalb der Streckgrenze berücksichtigt werden, vereinfachend kann auch der horizontale obere Ast der Spannungs-Dehnungs-Linie gewählt werden.

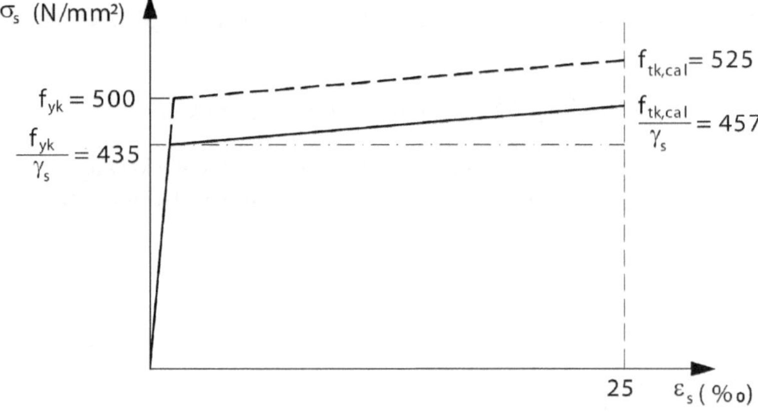

Bild 2.2:   Rechnerische Spannungs-Dehnungs-Linie des Betonstahls

2.3 Dauerhaftigkeit

DIN 1045-1, 6.2, Tab. 3

Die Funktionsfähigkeit eines Bauwerks als Ganzes oder eines Bauteils ist mit dem Nachweis der Tragfähigkeit und der Gebrauchstauglichkeit allein nicht gegeben. Vielmehr sind die unterschiedlichen Umgebungsbedingungen zu berücksichtigen, die zu einem Angriff auf die Bewehrung oder den Beton führen können. Jedes Bauteil ist nach den Umgebungsbedingungen zu klassifizieren, d. h. einer Expositionsklasse, ggf. mehreren Expositionsklassen zuzuordnen. In Abhängigkeit von der Expositionsklasse werden die Kriterien für die Dauerhaftigkeit wie Anforderungen an die Zusammensetzung des Betons, insbesondere Wasserzementwert, Betondeckung und Begrenzung der Rissbreite festgelegt. Der Wasserzementwert beeinflusst die Druckfestigkeit, demzufolge kann anstelle des Wasserzementwerts die Mindestbetonfestigkeit vorgegeben werden, was für die Tragwerksplanung zweckmäßiger ist.

Tafel A7 im Anhang listet die Expositionsklassen auf, beschreibt die Umgebungsbedingungen, nennt Beispiele für die Zuordnung und gibt die Mindestbetonfestigkeitsklassen an. Es wird deutlich unterschieden zwischen Umgebungsbedingungen, die

- infolge Karbonatisierung oder von Chloriden zu einer Korrosion der Bewehrung führen
- eine Zerstörung des Betongefüges zur Folge haben.

Die Tabelle der Expositionsklassen ist seit 2008 um die Feuchtigkeitsklassen bezogen auf Betonkorrosion infolge Alkali-Kieselsäure-Reaktion erweitert [1]. Anhand der zu erwartenden Umgebungsbedingungen ist der Beton einer von vier Feuchtigkeitsklassen – W0, WF, WA, WS – zuzuordnen, s. Anhang Tafel A7. Die Betonzusammensetzung hängt von der gewählten Feuchtigkeitsklasse ab, s. DAfStb Alkali-Richtlinie, Ausgabe 2007-02. Die Feuchtigkeitsklassen sind in den Ausführungsunterlagen anzugeben; sie haben jedoch keine direkte Auswirkungen auf die Bemessung.

Die Betondeckung soll die Bewehrung gegen Korrosion schützen – maßgebend ist die Expositionsklasse – und die Verbundkräfte sicher übertragen – maßgebend ist der Stabdurchmesser.

DIN 1045-1, 6.3, Tab. 4; vergl. Anhang Tafel A8

$$c_{min} \qquad \text{abhängig von Expositionsklasse}$$

$$c_{min} \geq d_s \qquad d_s \;\; \text{Stabdurchmesser}$$

Der Mindestwert der Betondeckung c_{min} darf um 5 mm vermindert werden für Bauteile, deren Betonfestigkeit um 2 Klassen höher ist als die Mindestbetonfestigkeit. Bei Verschleißbeanspruchung ist c_{min} zu vergrößern.

DIN 1045-1, 6.3 (7): Vergrößerung c_{min} um 5/10/15 mm

Zur Berücksichtigung unplanmäßiger Abweichungen ist die Mindestbetondeckung c_{min} um ein Vorhaltemaß Δc zu vergrößern. Daraus ergibt sich das Nennmaß der Betondeckung c_{nom}.

DIN 1045-1, 6.3 (8): Für die Übertragung von Verbundkräften ist $\Delta c = 10$ mm ausreichend.

$$c_{nom} = c_{min} + \Delta c \tag{2.1}$$

Die Werte c_{min}, Δc und c_{nom} sind in Abhängigkeit von Expositionsklasse und Stabdurchmesser im Anhang Tafel A8 zusammengestellt.

DIN 1045-1, 6.3 (10): Wird gegen unebene Flächen betoniert, sollte Δc um mindestens 20 mm vergrößert werden.

Auf dem Bewehrungsplan ist das Verlegemaß c_v der Bewehrung – entspricht der Dicke der Betonabstandshalter, die unter dem äußersten Stab liegen – anzugeben. Damit ist c_{nom} für jeden einzelnen Stab eingehalten, z. B. bei Balken und Stützen:

$$c_v = \begin{cases} c_{nom,bü} \\ c_{nom,l} - d_{s,bü} \end{cases} \qquad (2.2)$$

Außerdem sind auf dem Bewehrungsplan die Betonfestigkeitsklasse, alle Expositionsklassen, die Feuchtigkeitsklasse und das Vorhaltemaß anzugeben.

Beispiel

Für das in Bild 2.3 dargestellte Gebäude – Büro mit angrenzendem Lager – sind für die Bauteile 1 bis 4 anzugeben:

- Expositionsklasse, Feuchtigkeitsklasse
- Mindestbetonfestigkeitsklasse
- Betondeckung

Für alle Bauteile ist Beton C30/37 vorgesehen. Die Beispiele zeigen, welches Kriterium – Korrosionsschutz oder Verbundsicherung – für die Betondeckung maßgebend wird.

Bauteil 1 – Plattenbalken im Büro

Expositionsklasse (Feuchtigkeitsklasse)   XC1 (W0)

Mindestbetonfestigkeitsklasse   C16/20

Platte – Bewehrung Betonstahlmatte R335 A

$$c_{min} = 10 \text{ mm} > d_s = 8 \text{ mm}$$

$$\Delta c = 10 \text{ mm}$$

$$c_{nom} = c_v = 20 \text{ mm}$$

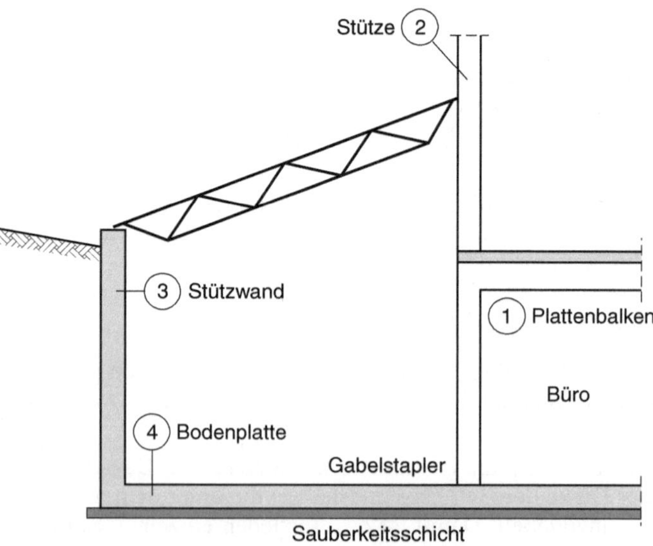

Bild 2.3: Gebäude – Expositionsklassen

Balken – Längsbewehrung Ø25, Bügel Ø8

c_{min} = 10 mm   Korrosionsschutz Bügel und Längsstab

c_{min} = 25 mm   Verbundsicherung Längsstab

Δc = 10 mm   Korrosionsschutz und Verbundsicherung

$c_{nom,bü}$ = 10 + 10 = 20 mm   Bügel

$c_{nom,l}$ = 25 + 10 = 35 mm   Längsstab

$c_v = c_{nom,l} - d_{s,bü} = 35 - 8 = 27$ mm

gewählt c_v = 30 mm

Abstandshalter gibt es in Abstufungen von 5 mm: nächst größeren Wert wählen

Bauteil 2 – Stütze, Außenseite
Längsbewehrung Ø20, Bügel Ø6
Expositionsklasse (Feuchtigkeitsklasse)   XC4, XF1 (WF)   direkte Beregnung
Mindestbetonfestigkeitsklasse   C25/30 (gilt für XC4 und XF1)

c_{min} = 25 mm > d_{sl} = 20 mm   Korrosionsschutz Bügel und Längsstab

Δc = 15 mm

$c_{nom,bü}$ = c_v = 25+15 = 40 mm

Bauteil 3 – Stützwand
Luftseite, Bewehrung Ø10
Expositionsklasse (Feuchtigkeitsklasse)   XC3, XF1 (W0)   Außenluft, keine direkte Beregnung
Mindestbetonfestigkeitsklasse   C20/25, C25/30

c_{min} =20−5=15 mm > d_s =10 mm   Korrosionsschutz

Δc = 15 mm

c_{nom} = c_v = 15+15 = 30 mm

Verminderung der Betondeckung um 5 mm, weil gewählte Betonfestigkeit 2 Klassen höher ist – maßgebend ist Mindestfestigkeitsklasse für Korrosionsschutz

Erdseite, Bewehrung Ø20
Expositionsklasse (Feuchtigkeitsklasse)   XC2, XF1 (WF)   vergleichbar mit Gründungsbauteil
Mindestbetonfestigkeitsklasse   C16/20, C25/30

c_{min} = 20−5 = 15 mm   Korrosionsschutz

c_{min} = 20 mm   Verbundsicherung

Δc = 15 mm   Korrosionsschutz

Δc = 10 mm   Verbundsicherung

$$c_{nom} = 15+15 = 30 \text{ mm} \qquad \text{Korrosionsschutz}$$

$$c_{nom} = 20+10 = 30 \text{ mm} \qquad \text{Verbundsicherung}$$

$$c_v = 30 \text{ mm}$$

Bauteil 4 – Bodenplatte
Oberseite: schwerer Gabelstaplerbetrieb, Bewehrung Ø14

Expositionsklasse (Feuchtigkeitsklasse)   XC3, XF1, XM2 (W0)
Mindestbetonfestigkeitsklasse   C20/25, C25/30, C30/37

Verminderung von c_{min}: maßgebend ist die Mindestfestigkeitsklasse für Korrosionsschutz

$$c_{min} = 20-5+10 = 25 \text{ mm} > d_s = 14+10 \text{ mm}$$

DIN 1045-1, 6.3 (7): Vergrößerung c_{min} wegen Verschleißbeanspruchung

$$\Delta c = 15 \text{ mm}$$

$$c_{nom} = c_v = 25+15 = 40 \text{ mm}$$

Unterseite: Platte auf Sauberkeitsschicht betoniert, Bewehrung Ø14

Expositionsklasse (Feuchtigkeitsklasse)   XC2, XF1 (WF)
Mindestbetonfestigkeitsklasse   C16/20, C25/30

DIN 1045-1, 6.3 (10): Es werden Unebenheiten von bis zu 20 mm angenommen

$$c_{min} = 20-5 = 15 \text{ mm} > d_s = 14 \text{ mm}$$

$$\Delta c = 15+20 = 35 \text{ mm}$$

$$c_{nom} = c_v = 15+35 = 50 \text{ mm}$$

3 Schnittgrößen

3.1 Geometrie, System, Vereinfachungen

Das Tragwerk wird in Platten, Balken, Stützen, Wände usw. unterteilt, damit die Berechnung übersichtlich ist. Die Bauteile werden nacheinander bearbeitet, so wie die Lastabtragung erfolgt. Für die Platten bilden die Balken das Auflager, im nächsten Schritt leiten die Balken die Lasten an die Stützen weiter. Letztlich geben die Stützen die Lasten aller Geschosse an die Fundamente ab, die die Lasten an den Baugrund übertragen.

Neben der zweckmäßigen Festlegung der Lastabtragung ist es wichtig, von vornherein sinnvolle Querschnittsabmessungen zu wählen, denn die Abmessungen bestimmen die Eigenlast und somit auch die Schnittgrößen. Dabei ist zu bedenken, dass außer der Tragfähigkeit andere Kriterien maßgebend sein können wie z. B. die Begrenzung der Verformungen. Gerade bei Platten ist als erster Schritt eine ausreichende Dicke festzulegen, z. B. anhand der Biegeschlankheit, s. Kapitel 4.3.

Bei Bauteilen, die überwiegend senkrecht zur Spannrichtung bzw. zur Systemachse belastet sind, werden die Schnittgrößen in der Regel am unverformten System berechnet (Theorie I. Ordnung), z. B. Platten und Balken. Wenn jedoch die Stabauslenkungen zu einem wesentlichen Anstieg der Schnittgrößen führen – bei üblichen Hochbauten mehr als 10 % – , muss der Gleichgewichtszustand am verformten System nachgewiesen werden (Theorie II. Ordnung), z. B. Stützen und Wände.

DIN 1045-1, 7.1 (3)

DIN 1045-1, 7.1 (5)

Die Stützweite eines Bauteils ist zu unterscheiden hinsichtlich

l_{eff} effektive Stützweite

l_n lichte Stützweite

Bei der Bestimmung der effektiven Stützweite sind am Endauflager die Auflager- und Einspannbedingungen zu berücksichtigen, z. B. wird bei einer auf Mauerwerk gelagerten Stahlbetonplatte die Auflagerachse im Abstand $a/3$ von der Auflagervorderkante angesetzt. Ist die Platte mit dem unterstützenden Bauteil biegesteif verbunden, z. B. mit einer Stahlbetonwand oder einem Randbalken, dann ist die Auflagerachse mittig anzusetzen. Unabhängig von der Art der Unterstützung liegt die Auflagerachse bei durchlaufenden Bauteilen in der Mitte.

DIN 1045-1, 7.3.1 (6),
Bild 7

Die Lagerungsart beeinflusst die Beanspruchung im Bereich des Auflagers. Im Fall einer direkten Lagerung wird die Auflagerkraft des gestützten Bauteils durch Druckspannungen am unteren Querschnittsrand des Bauteils aufgenommen. Das ist der Fall, wenn das gestützte Bauteil (2) in der oberen Hälfte des stützenden Bauteils (1) angreift. Andernfalls ist von einer indirekten Lagerung auszugehen, s. Bild 3.1.

DIN 1045-1, 7.3.1 (7)

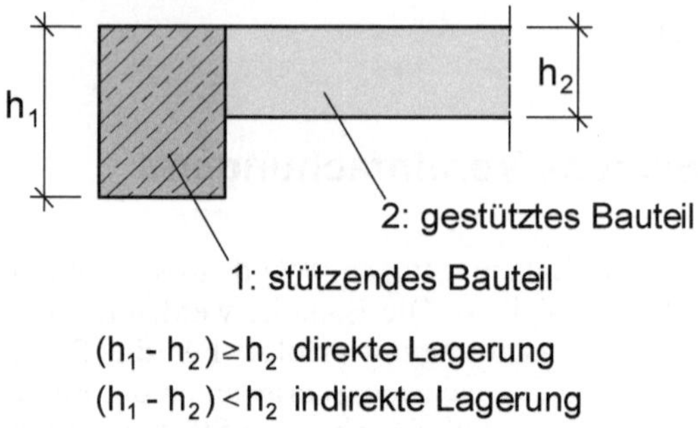

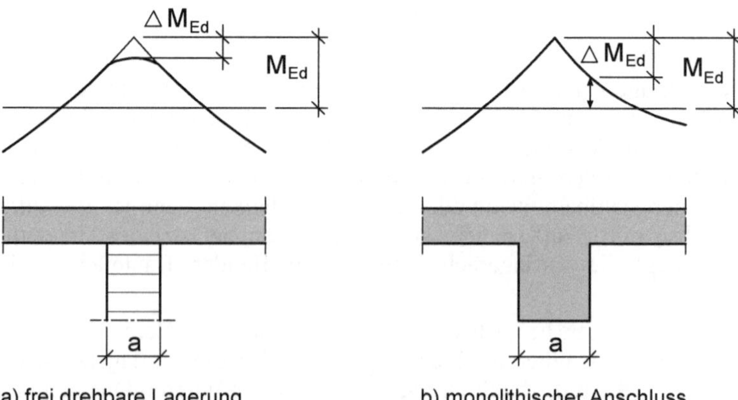

2: gestütztes Bauteil

1: stützendes Bauteil

$(h_1 - h_2) \geq h_2$ direkte Lagerung

$(h_1 - h_2) < h_2$ indirekte Lagerung

Bild 3.1:   Definition der direkten und indirekten Lagerung

DIN 1045-1, 7.3.2 (1)

DIN 1045-1, 7.3.2 (2)

Durchlaufende Platten und Balken dürfen im üblichen Hochbau unter der Annahme frei drehbarer Lagerung berechnet werden. Zur Bemessung darf das Stützmoment nach Bild 3.2a ausgerundet werden, d. h. es ermäßigt sich um

$$\Delta M_{Ed} = C_{Ed} \cdot a / 8 \tag{3.1}$$

mit: C_{Ed} Bemessungswert der Auflagerreaktion

a Auflagerbreite

DIN 1045-1, 7.3.2 (3)

Bei Platten und Balken, die monolithisch mit dem Auflager verbunden sind, darf zur Bemessung das Moment am Auflagerrand zugrunde gelegt werden, s. Bild 3.2b. Das schließt die Annahme frei drehbarer Lagerung für die Ermittlung der Schnittgrößen nicht aus.

Die Ermäßigung beträgt:

$$\Delta M_{Ed} = \left| V_{Ed} \right|_{min} \cdot a / 2 \tag{3.2}$$

mit: $\left| V_{Ed} \right|_{min}$ kleinerer Betrag der Querkraft

a) frei drehbare Lagerung   b) monolithischer Anschluss

Bild 3.2:   Bemessungswert Stützmoment

Zur Berücksichtigung einer teilweisen Einspannung in die Unterstützungen sind Mindestmomente einzuhalten. Bei Durchlaufträgern, die monolithisch mit der Unterstützung verbunden sind, beträgt das Mindestmoment am Rand der Unterstützung 65 % des Volleinspannmoments, anzusetzen ist die lichte Stützweite l_n, s. Bild 3.3.

DIN 1045-1, 8.2 (5)

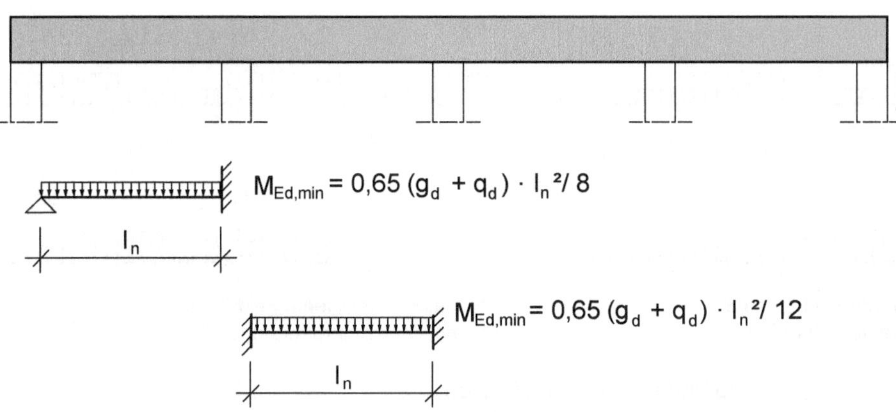

Bild 3.3: Mindestmomente für Streckenlast

Die Mindestmomente können bei Systemen mit breiten Unterstützungen maßgebend werden, wenn zusätzlich zur Momentenumlagerung die Verminderung ΔM_{Ed} beträchtlich ist.

Die auf unterstützende Bauteile wirkenden Kräfte dürfen ohne Berücksichtigung der Durchlaufwirkung berechnet werden:

- Belastung Balken durch Platte
- Belastung Stütze durch Balken

Die Durchlaufwirkung ist jedoch stets für das erste Innenauflager zu berücksichtigen und darüber hinaus für Innenauflager, bei denen die angrenzenden Stützweiten um mehr als das Doppelte voneinander abweichen, d. h. bei einem Stützweitenverhältnis außerhalb des Bereichs $0{,}5 < l_{eff,1}\,/\,l_{eff,2} < 2{,}0$.

DIN 1045-1, 7.3.2 (4)

Bei üblichen Hochbauten mit einem Stützweitenverhältnis benachbarter Felder $0{,}5 < l_{eff,1}\,/\,l_{eff,2} < 2{,}0$ und annähernd gleicher Steifigkeit gilt außerdem folgende Vereinfachung:

DIN 1045-1, 7.3.2 (5)

- Querkräfte dürfen für Vollbelastung aller Felder ermittelt werden

3.2 Schnittgrößenermittlung

Zur Ermittlung der maßgebenden Schnittgrößen infolge ständiger Lasten, unterschiedlicher veränderlicher Lasten und indirekter Einwirkungen, z. B. Stützensenkung, ist eine ausreichende Anzahl von Lastfällen zu untersuchen.

DIN 1045-1, 8.2 (4): Bei üblichen Hochbauten darf $\gamma_G = 1{,}35$ in allen Feldern angesetzt werden.

Bei durchlaufenden Platten und Balken ist die veränderliche Einwirkung jeweils ungünstigst anzuordnen, d. h. entlastend wirkende veränderliche Einwirkungen bleiben unberücksichtigt, s. Bild 3.4. Die ständige Einwirkung wird bei üblichen Hochbauten in allen Feldern mit $\gamma_G = 1{,}35$ angesetzt.

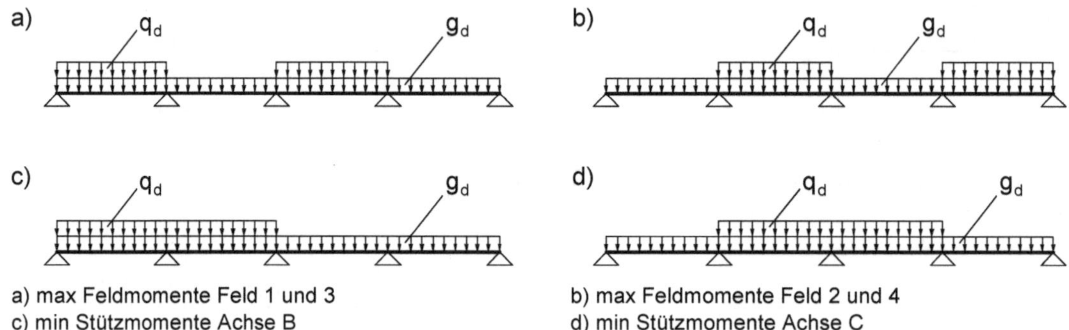

a) max Feldmomente Feld 1 und 3
c) min Stützmomente Achse B

b) max Feldmomente Feld 2 und 4
d) min Stützmomente Achse C

Bild 3.4: Lastfälle für durchlaufende Platten und Balken

Für die Nachweise der Tragfähigkeit ist es zweckmäßig, die linear-elastische Berechnung der Schnittgrößen mit oder ohne Momentenumlagerung zu wählen. Von Vorteil ist die Übersichtlichkeit; der wirkliche Verlauf der Schnittgrößen wird jedoch nur näherungsweise erfasst, wenn – wie üblich – die Steifigkeiten der ungerissenen Querschnitte (Zustand I) zugrunde gelegt werden.

Die mit linear-elastischen Verfahren ermittelten Biegemomente dürfen für den Nachweis der Tragfähigkeit umgelagert werden. Damit wird das nichtlineare Verhalten von biegebeanspruchten Stahlbetonbalken und -platten vereinfacht erfasst. Anstelle des nach dem linear-elastischen Verfahren ermittelten Stützmoments M darf ein abgemindertes Stützmoment M' bei der Bemessung angesetzt werden. Dabei wird berücksichtigt, dass mit zunehmender Last die Rissbildung und bei weiterer Laststeigerung das Fließen der Bewehrung in den stärker beanspruchten Bereichen zuerst einsetzt und damit die Biegesteifigkeit verändert. Demzufolge fallen die Stützmomente kleiner aus als bei linear-elastischer Berechnung, jedoch müssen konsequenterweise die zugehörigen Feldmomente vergrößert werden, s. Bild 3.5.

Das Verfahren mit Momentenumlagerung ermöglicht eine günstigere Bewehrungsaufteilung zwischen positivem und negativem Moment, womit eine Bewehrungskonzentration in den Stützbereichen vermieden wird.

Da die veränderliche Last für die Berechnung der Stützmomente anders angeordnet wird als für die Berechnung der Feldmomente, führt eine Ermäßigung des Stützmoments nicht zwangsläufig zu einer Erhöhung des Feldmoments, wie am Beispiel des Zweifeldträgers in Bild 3.5 zu sehen ist.

Das veränderte Stützmoment wirkt sich auch auf die Querkräfte aus – Vergrößerung am Endauflager, Verringerung am Innenauflager – , was bei der Bemessung zu berücksichtigen ist.

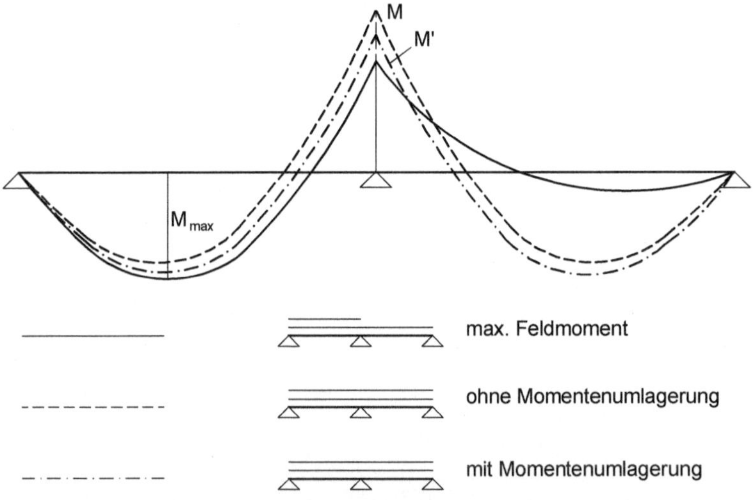

Bild 3.5: Momentenumlagerung: maßgebendes Feld- und Stützmoment

Eine Momentenumlagerung darf nur innerhalb bestimmter Grenzen erfolgen, damit eine ausreichende Verdrehungsfähigkeit – Rotationsvermögen – gewährleistet ist. Vereinfachend erfolgt der Nachweis eines ausreichenden Rotationsvermögens über eine Begrenzung der bezogenen Druckzonenhöhe im Zuge der Bemessung. Für Durchlaufträger mit annähernd gleicher Steifigkeit und einem Stützweitenverhältnis benachbarter Felder $0,5 < l_{eff,1} / l_{eff,2} < 2$ ist die Momentenumlagerung begrenzt auf:

Hochduktiler Stahl (B):

$$\delta \geq 0,64 + 0,8\, x_d / d \geq 0,7 \quad \text{bis C50/60} \qquad (3.3a)$$

Stahl mit normaler Duktilität (A):

$$\delta \geq 0,64 + 0,8\, x_d / d \geq 0,85 \quad \text{bis C50/60} \qquad (3.3b)$$

mit: $\quad \delta = M'/M \quad$ Verhältnis des umgelagerten Moments zum Ausgangsmoment vor der Umlagerung

$\quad\quad x_d / d \quad$ bezogene Druckzonenhöhe nach Umlagerung

Bei Balken und bei Plattenbalken kann die Begrenzung der Druckzone x_d / d häufig auf wesentlich geringere Umlagerungen hinauslaufen als 15 %. Dann kann es sinnvoll sein, mit Hilfe einer Druckbewehrung den Wert x_d / d klein zu halten.

Für die Nachweise der Gebrauchstauglichkeit ist die Momentenumlagerung nicht zulässig, es gilt dann die linear-elastische Schnittgrößenermittlung.

DIN 1045-1, 8.3 (3)

Damit ist bei Platten mit handelsüblichen Betonstahlmatten BSt 500 M (A = normalduktil) die Umlagerung auf 15 % begrenzt ($\delta = 0,85$). Bei Verwendung von Stabstahl BSt 500 S (B = hochduktil) darf die Umlagerung bis zu 30 % betragen ($\delta = 0,7$).

4 Trag- und Verformungsverhalten von Stahlbetonbalken und -platten

4.1 Bemessung für Biegung

4.1.1 Grundlagen der Bemessung

Die Beanspruchung infolge von Biegemomenten ist bei Stahlbeton-bauteilen grundlegend anders als bei Bauteilen aus homogenen Baustoffen. Das Biegemoment erzeugt im Querschnitt ein Kräftepaar: Druckkraft F_{cd} und Zugkraft F_{sd}. Der Beton übernimmt die Druckkraft, die Zugkraft wird von der Bewehrung aufgenommen.

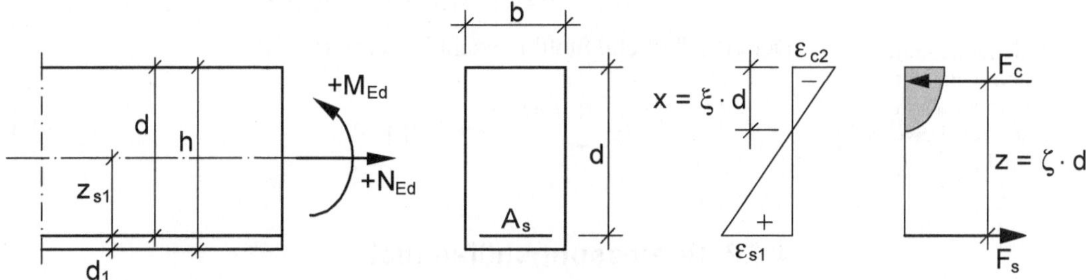

Bild 4.1:   Rechteckquerschnitt ohne Druckbewehrung

Bei einem Rechteckquerschnitt ohne Druckbewehrung folgt aus den Dehnungen am gedrückten Rand ε_{c2} und in der Schwerachse der Zugstäbe ε_{s1} die Lage der Spannungsnulllinie. Mit der Spannungs-Dehnungs-Linie nach Bild 2.1 sind die Betonspannungen über die Höhe der Betondruckzone x festgelegt, und daraus ergibt sich die resultierende Betondruckkraft F_{cd}. Zur Dehnung ε_{s1} gehört gemäß Bild 2.2 die Stahlspannung σ_s und damit beträgt die Zugkraft F_{sd}.

Maßgebend für den weiteren Rechengang ist die charakteristische Zylinderdruckfestigkeit f_{ck} – die Würfeldruckfestigkeit wird nur zum Vergleich angegeben.

Der Bemessungswert der Betondruckspannung

$$f_{cd} = \alpha \cdot f_{ck} / \gamma_c$$

ergibt sich nach Division durch den Teilsicherheitsbeiwert

$$\gamma_c = 1{,}5$$

Zusätzlich ist ein Abminderungsbeiwert

$$\alpha = 0{,}85$$

anzusetzen, der die Langzeitwirkungen auf die Druckfestigkeit sowie die Abweichungen zwischen Zylinderdruckfestigkeit und einaxialer Druckfestigkeit erfasst.

Anders als bei homogenen Baustoffen ist die Lage der Spannungsnulllinie von der Beanspruchung abhängig. Mit zunehmendem Moment vergrößert sich die Betondruckzone – Abstand x vom gedrückten Rand – und es vermindert sich der innere Hebelarm z.

Der erforderliche Bewehrungsquerschnitt ergibt sich aus:

$$A_s = \frac{M_{Ed}}{\sigma_s \cdot z} \tag{4.1}$$

Bei gleichzeitig wirkender Normalkraft N_{Ed} wird das Moment auf die Höhe der Stahleinlagen bezogen (N_{Ed} ist als Druckkraft negativ).

$$M_{Eds} = M_{Ed} - N_{Ed} \cdot z_{s1} \tag{4.2}$$

Der erforderliche Stahlquerschnitt beträgt:

Wenn die Druckkraft nicht allein vom Beton aufgenommen werden kann, ist Druckbewehrung erforderlich.

$$A_s = \frac{1}{\sigma_s}\left(\frac{M_{Eds}}{z} + N_{Ed}\right) \tag{4.3}$$

4.1.2 Bemessungshilfsmittel

Im Zuge der Bemessung ist einerseits der Querschnitt der Zugbewehrung zu berechnen und andererseits nachzuweisen, dass die Druckkraft vom Beton aufgenommen werden kann. Die Zusammenhänge von Dehnungen, Spannungen, inneren Kräften und innerem Hebelarm sind in Bemessungshilfsmitteln aufbereitet.

Für die Bemessung von Querschnitten, die vorwiegend auf Biegung beansprucht sind, gibt es

- Tafeln mit dimensionslosen Beiwerten: μ_s -Tafeln
- Tafeln mit dimensionsgebundenen Beiwerten: k_d -Tafeln

Bei den μ_s -Tafeln, s. Anhang Tafel A1, erfolgt der Einstieg mit dem bezogenen Moment

$$\mu_{Eds} = \frac{M_{Eds}}{b \cdot d^2 \cdot f_{cd}} \tag{4.4}$$

N_{Ed} ist als Druckkraft negativ einzusetzen.

mit: $M_{Eds} = M_{Ed} - N_{Ed} \cdot z_{s1}$

Abgelesen wird ω zur Berechnung der Bewehrung

$$A_s = \frac{1}{\sigma_{sd}}(\omega \cdot b \cdot d \cdot f_{cd} + N_{Ed}) \tag{4.5}$$

Zu beachten ist, dass infolge des Anstiegs der Stahlspannung oberhalb der Streckgrenze σ_{sd} in Gleichung (4.5) beanspruchungsabhängig ist, was in den Tafeln A1 und A2 angegeben ist. Bei geringer Beanspruchung – kleine Betondruckzone – kann die Stahldehnung bis $\varepsilon_{s1} = 25\ ‰$ angesetzt werden und damit ist der Bemessungswert der Stahlspannung $\sigma_{sd} > f_{yk} / \gamma_s = 435\ \text{N/mm}^2$.

Wenn bei hoher Beanspruchung die Betondruckzone so groß wird, dass aufgrund der kleinen Stahldehnungen $\sigma_{sd} < 435\ \text{N/mm}^2$ ist, wird die Querschnittsbemessung unwirtschaftlich und es ist Druckbewehrung erforderlich.

Die μ_s-Tafeln für Rechteckquerschnitte mit Druckbewehrung gehen von einer vorgegebenen Lage der Spannungsnulllinie x / d aus, s. Übersicht Anhang.

Die Druckbewehrung A_{s2} ist umso wirksamer, je näher sie am gedrückten Rand liegt, was über das Verhältnis d_2 / d in den Tabellen erfasst wird. Der Querschnitt der Zugbewehrung A_{s1} und der Druckbewehrung A_{s2} ergibt sich aus:

$$A_{s1} = \frac{1}{f_{yd}}\left(\omega_1 \cdot b \cdot d \cdot f_{cd} + N_{Ed}\right) \qquad (4.6a)$$

$$A_{s2} = \omega_2 \cdot b \cdot d\, \frac{f_{cd}}{f_{yd}} \qquad (4.6b)$$

Wenn eine Momentenumlagerung vorgenommen wird und der Nachweis der Rotationsfähigkeit vereinfacht über eine Beschränkung von x / d erfolgt, s. Abschnitt 3.2, kann bereits bei kleinerer Beanspruchung Druckbewehrung sinnvoll sein.

Bei den k_d-Tafeln, s. Anhang Tafel A3, erfolgt der Einstieg über

$$k_d = \frac{d\,[cm]}{\sqrt{M_{Eds}\,[kNm] / b\,[m]}} \qquad (4.7)$$

mit den vorgegebenen Dimensionen.

Beim Ablesen des k_s-Wertes zur Berechnung der Bewehrung ist die Betonfestigkeitsklasse zu berücksichtigen. Solange der Querschnitt zur Aufnahme der Druckkraft ausreicht – keine Druckbewehrung – errechnet sich die Bewehrung aus:

$$A_s\left[cm^2\right] = k_s\, \frac{M_{Eds}\,[kNm]}{d\,[cm]} + \frac{N_{Ed}\,[kN]}{43,5\left[kN / cm^2\right]} \qquad (4.8)$$

Der Vorteil der k_d-Tabellen liegt darin, dass die Differenz von einem k_s-Wert zum nächsten nur ungefähr 1 % beträgt, so dass es nicht nötig ist zu interpolieren, wenn der k_s-Wert für den jeweils kleineren k_d-Wert abgelesen wird. Schließlich enthält der k_s-Wert auch den Beiwert ζ für den inneren Hebelarm und der ändert sich nur allmählich mit ansteigendem Moment, s. Anhang Tafel A3.

Aus der Tafel können außerdem die bezogene Druckzone $\xi = x / d$ und der bezogene innere Hebelarm $\zeta = z / d$, die Dehnungen ε_{c2} und ε_{c1} und die Stahlspannung σ_{sd} abgelesen werden.

Durch eine Begrenzung der Betondruckzone auf $x / d = 0,45$ soll eine ausreichende Verformungsfähigkeit von Durchlaufträgern gewährleistet und damit ein Querschnittsversagen durch Betonbruch ausgeschlossen werden.

Die Tabellen geben außerdem die bezogene Druckzonenhöhe $\xi = x / d$, den bezogenen inneren Hebelarm $\zeta = z / d$ und die Dehnungen ε_{c2} und ε_{s1} an.

Es gibt auch Bemessungstafel, bei denen der Anstieg der Stahlspannung über die Streckgrenze – $\sigma_{sd} > f_{yk}$ – durch einen extra Faktor κ_s erfasst wird, s. Anhang Tafel A4.

Wenn der Bemessungswert der Stahlspannung $\sigma_{sd} = f_{yk} / \gamma_s = 435$ N/mm² erreicht wird, ist Druckbewehrung erforderlich. Die Lage der Druckbewehrung beeinflusst ihre Wirksamkeit und wird über zusätzliche Faktoren erfasst: ρ_1 bei der Zugbewehrung A_{s1} und ρ_2 bei der Druckbewehrung A_{s2}.

$$A_{s1}\left[cm^2\right] = \rho_1 \cdot k_{s1} \frac{M_{Eds}\left[kNm\right]}{d\left[cm\right]} + \frac{N_{Ed}\left[kN\right]}{43{,}5\left[kN/cm^2\right]} \quad (4.9a)$$

$$A_{s2}\left[cm^2\right] = \rho_2 \cdot k_{s2} \frac{M_{Eds}\left[kNm\right]}{d\left[cm\right]} \quad (4.9b)$$

4.2 Bemessung für Querkraft

4.2.1 Grundlagen der Bemessung

In Balken und Platten wirken Biegemomente und Querkräfte gemeinsam. Demzufolge wird die Größe und die Neigung der Betondruckkraft sowie die Größe der Zugkraft sowohl durch das Biegemoment als auch durch die Querkraft beeinflusst. Dem Nachweis der Querkraftabtragung liegen unterschiedliche Modelle für Platten und Balken zugrunde.

In den meisten Fällen ist bei Platten keine Querkraftbewehrung erforderlich. Die Last kann allein durch Gewölbewirkung abgetragen werden, s. Bild 4.2. Voraussetzung ist ein kräftiges Zugband – mindestens 50 % der Zugbewehrung muss bis zum Auflager geführt und ausreichend verankert werden.

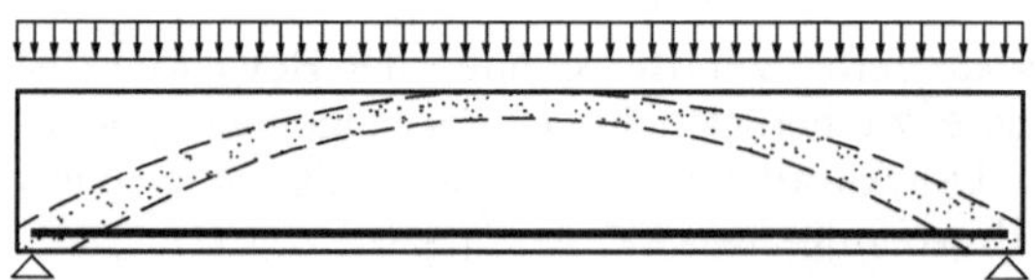

Bild 4.2:   Tragverhalten von Platten ohne Querkraftbewehrung

Bei Balken wird die Lastabtragung mit einem Fachwerk beschrieben, Bild 4.3, das aus

- horizontalen Druck- und Zuggurten
- vertikalen Zugstreben: Bügel
- geneigten Druckstreben: Beton

besteht.

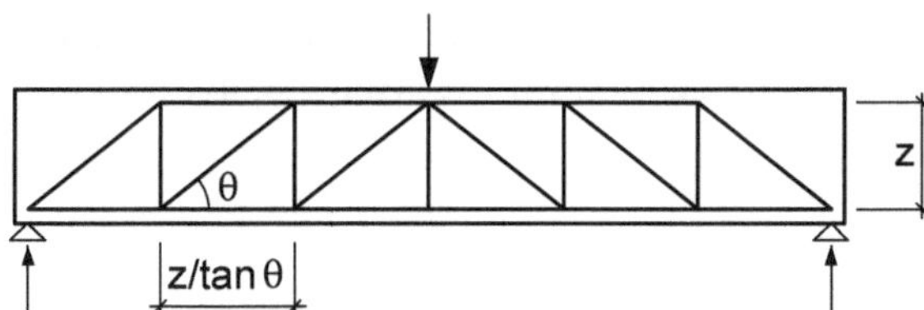

Bild 4.3: Fachwerkmodell

Je flacher die Druckstreben geneigt sind, desto größer ist deren Beanspruchung und um so kleiner ist die Zugkraft der vertikalen Streben. Dabei wird berücksichtigt, dass ein Teil der Querkraft durch Kornverzahnung übertragen wird: Rissreibung. Die Druckstrebenneigung $\tan\theta$ hängt vom Verhältnis der Rissreibung zur aufzunehmenden Querkraft ab. Bei hoher Querkraftbeanspruchung wird vergleichsweise wenig Querkraft durch Kornverzahnung übertragen, demzufolge ist für die Ermittlung der Querkraftbewehrung ein steilerer Winkel θ zugrunde zu legen als bei geringer Querkraftbeanspruchung.

Ähnlich wie bei der Bemessung für Biegung wird auch bei der Bemessung für Querkraft die günstige Lastabtragung im Bereich des Auflagers berücksichtigt. Anstelle der Querkraft in der Auflagerachse wird ein – kleinerer – Bemessungswert der Querkraft angesetzt.

Bei direkter Auflagerung, s. Bild 3.1, werden auflagernahe Lasten direkt in das Auflager eingeleitet. Demzufolge darf bei Platten und Balken mit gleichmäßig verteilter Last der Bemessungswert V_{Ed} im Abstand d vom Auflagerrand ermittelt werden s. Bild 4.4. Bei Fertigteilen mit Ortbetonergänzung sollte für den Abstand des Bemessungsschnitts die Lage der Schubfuge maßgebend sein, d.h. anstelle der Bauteilhöhe d tritt die Höhe des Fertigteils d_{Ft}.

DIN 1045-1, 10.3.2 (1)

vergl. [9], Beispiel 7

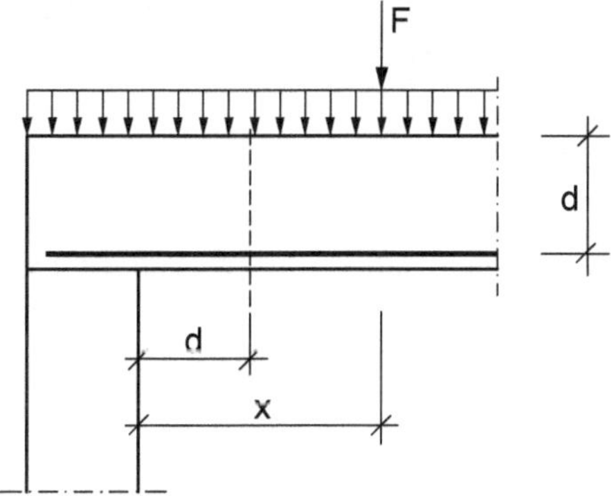

Bei indirekter Lagerung darf eine Abminderung der Querkraft nur bis zum Auflagerrand vorgenommen werden.

Bild 4.4: Maßgebender Bemessungsschnitt und auflagernahe Einzellast

Außerdem darf der Querkraftanteil einer Einzellast, die in einem Abstand $x \leq 2{,}5d$ vom Auflagerrand wirkt, s. Bild 4.4, mit dem Beiwert β abgemindert werden.

$$\beta = \frac{x}{2{,}5\,d} \tag{4.10}$$

4.2.2 Platten ohne Querkraftbewehrung

Der Bemessungswert der Querkrafttragfähigkeit $V_{Rd,ct}$ ergibt sich aus:

$$V_{Rd,ct} = \left(0{,}10\,\kappa \cdot (100\,\rho_l \cdot f_{ck})^{1/3} - 0{,}12\,\sigma_{cd} \right) b_w \cdot d \tag{4.11a}$$

mit:
$$\kappa = 1 + \sqrt{\frac{200}{d}} \leq 2{,}0 \tag{4.12}$$

$$\rho_l = \frac{A_{sl}}{b_w \cdot d} \leq 0{,}02$$

A_{sl} Fläche der Zugbewehrung, die mindestens um das Maß d über den betrachteten Querschnitt hinaus geführt und dort wirksam verankert wird

b_w kleinste Querschnittsbreite innerhalb der Zugzone in mm

d statische Nutzhöhe der Biegebewehrung in mm

f_{ck} charakteristischer Wert der Betondruckfestigkeit in N/mm²

$$\sigma_{cd} = \frac{N_{Ed}}{A_c} \quad \text{in N/mm²}$$

N_{Ed} Längskraft infolge äußerer Einwirkungen ($N_{Ed} < 0$ als Druckkraft)

Der Beiwert κ begünstigt dünne Bauteile, weil sie bei gleicher Krümmung kleinere Rissbreiten aufweisen. Eine zunehmende Längsbewehrung wirkt sich günstig auf die Verdübelung der Rissufer aus. Die Zugfestigkeit des Betons – proportional zu $f_{ck}^{1/3}$ – beeinflusst das Rissverhalten.

In den meisten Fällen wird sich Gleichung (4.11a) vereinfachen, wenn keine Längskraft vorhanden ist. Bezogen auf Platten – $b_w = 1{,}0$ m – ergibt sich die Querkrafttragfähigkeit [kN/m] zu:

$$v_{Rd,ct} = 0{,}1\,\kappa \cdot (100\,\rho_l \cdot f_{ck})^{1/3} \cdot d \tag{4.11b}$$

Diese Gleichung ist jedoch zu ungünstig für Platten mit geringer Längsbewehrung. Anstelle von Gleichung (4.11b) tritt dann

$$v_{Rd,ct,min} = \left(\frac{\kappa_1}{\gamma_c} \cdot \sqrt{\kappa^3 \cdot f_{ck}} \right) \cdot d \qquad (4.13a)$$

mit: $\gamma_c = 1,5$

$\kappa_1 = 0,0525$ für $d \leq 600$ mm bzw. $0,0375$ für $d \geq 800$ mm, dazwischen darf κ_1 linear interpoliert werden

Für typische Deckenplatten mit $d \leq 600$ mm ergibt sich die Mindestquerkrafttragfähigkeit zu:

$$v_{Rd,ct,min} = \left(0,035 \cdot \sqrt{\kappa^3 \cdot f_{ck}} \right) \cdot d \qquad (4.13b)$$

4.2.3 Balken mit Querkraftbewehrung

Die Querkraftbemessung erfolgt auf der Grundlage eines Fachwerkmodells. Die Neigung der Druckstreben des Fachwerks θ hängt von der Größe der einwirkenden Querkraft V_{Ed} ab, s. Gleichung (4.14), und ist entscheidend für die Ermittlung der Querkraftbewehrung, s. Gleichung (4.17).

Diesem Rechengang liegt folgendes mechanisches Modell zugrunde: von der einwirkenden Querkraft wird der Anteil abgezogen, der durch Rissreibung übertragen wird – $V_{Rd,c}$. Der Betontraganteil $V_{Rd,c}$ entspricht der Vertikalkomponente der Reibungskräfte in einem Schrägriss. Die verbleibende Querkraft – V_{Ed} - $V_{Rd,c}$ – wird über das Fachwerk abgetragen, und zwar mit einer einheitlichen Druckstrebenneigung $\cot\theta = 1,2$. Daraus ergibt sich die Querkraftbewehrung.

Dem Querkraftanteil $V_{Rd,c}$ liegt ein ganz anderes Bauteilverhalten zugrunde als dem Bemessungswert $V_{Rd,ct}$ für Bauteile ohne Querkraftbewehrung. Bei Bauteilen ohne Bügel – Platten – öffnet sich ein Riss sehr weit und führt zum Bruch. Dagegen stellen sich bei bügelbewehrten Balken viele Risse in engen Abständen ein, so dass ein anderer Dehnungs- und Spannungszustand vorliegt.

Es ist jedoch immer eine Mindestquerkraftbewehrung einzulegen, die in der Lage ist, den Betontraganteil $V_{Rd,c}$ aufzunehmen, um ein plötzliches Versagen zu verhindern, s. Abschnitt 5.2.

Die Neigung der Druckstreben folgt aus: DIN 1045-1, 10.3.4 (3)

$$\cot \theta \leq \frac{1,2 - 1,4\,\sigma_{cd} / f_{cd}}{1 - V_{Rd,c} / V_{Ed}} \leq 3,0 \qquad (4.14a)$$

mit: $$V_{Rd,c} = 0,24 \cdot f_{ck}^{1/3} \left(1 + 1,2 \frac{\sigma_{cd}}{f_{cd}} \right) \cdot b_w \cdot z \qquad (4.15a)$$

$$\sigma_{cd} = \frac{N_{Ed}}{A_c} \quad \text{in N/mm}^2$$

N_{Ed} Längskraft infolge äußerer Einwirkungen ($N_{Ed} < 0$ als Druckkraft)

Ohne Längskraft vereinfachen sich die Gleichungen

$$\cot\theta = \frac{1,2}{1 - V_{Rd,c} / V_{Ed}} \leq 3,0 \qquad (4.14b)$$

mit: $\qquad V_{Rd,c} = 0,24\, f_{ck}^{1/3} \cdot b_w \cdot z \qquad (4.15b)$

Näherungsweise darf angenommen werden

$$z = 0,9\, d$$

DIN 1045-1, 10.3.4 (2)

Die Bügel sollen die Druckzone umschließen, deshalb darf für z kein größerer Wert angenommen werden als

Die Umschließung der Druckstreben mit Bügeln ist gewährleistet, wenn der Knoten des Fachwerkmodells 30 mm unterhalb der Innenkante des Bügels liegt.

$$z = d - 2\, c_{nom,l} \geq d - c_{nom,l} - 30 \text{ mm}$$

mit: $\qquad c_{nom,l}$ Betondeckung der Längsstäbe in der Druckzone

Die Tragfähigkeit der rechtwinklig zur Bauteilachse angeordneten Querkraftbewehrung – lotrechte Bügel – folgt aus:

$$V_{Rd,sy} = \frac{A_{sw}}{s_w} \cdot f_{yd} \cdot z \cdot \cot\theta \qquad (4.16)$$

Dabei ist s_w der Abstand der Querkraftbewehrung in Richtung der Bauteilachse.

Mit $V_{Rd,sy} = V_{Ed}$ und $s_w = 1$m ergibt sich die Querkraftbewehrung je Längeneinheit:

$$a_{sw} = \frac{V_{Ed}}{z \cdot f_{yd} \cdot \cot\theta} \quad [\text{cm}^2/\text{m}] \qquad (4.17)$$

Bei Balken ist immer eine Mindestquerkraftbewehrung einzulegen, vergl. Konstruktionsregeln, Abschnitt 5.2

Der Rechengang zur Ermittlung der Querkraftbewehrung lässt sich vereinfachen, wenn die Bemessung für die verbleibende Querkraft – nach Abzug des Betontraganteils – mit $\cot\theta = 1,2$ erfolgt.

$$a_{sw} = \frac{V_{Ed} - V_{Rd,c}}{z \cdot f_{yd} \cdot 1,2} \quad [\text{cm}^2/\text{m}] \qquad (4.18)$$

Die maximal aufnehmbare Querkraft beträgt:

Abminderungsbeiwert 0,75 für die Druckstrebenfestigkeit

$$V_{Rd,max} = \frac{b_w \cdot z \cdot 0,75 \cdot f_{cd}}{\cot\theta + \tan\theta} \qquad (4.19)$$

4.3 Begrenzung der Verformungen

Das Auge nimmt den Durchhang, d.h. die vertikale Verformung bezogen auf die geradlinige Verbindung der Unterstützungspunkte wahr. Dagegen wird die Durchbiegung vom Ursprungszustand der Systemlinie gemessen.

Die Verformungen von Platten und Balken dürfen weder die ordnungsgemäße Funktion noch das Erscheinungsbild des Bauteils selbst oder angrenzender Bauteile, z. B. Trennwände, Verglasungen oder Außenwandverkleidungen, beeinträchtigen.

Die Durchbiegung von Stahlbetonbauteilen kann nicht so zuverlässig berechnet werden wie bei Stahlbauteilen, weil folgende Einflussgrößen zu berücksichtigen sind:

- nichtlineare Spannungs-Dehnungs-Linie des Betons

- gerissene Bereiche – Zustand I –
  ungerissene Bereiche – Zustand II –

- zeitabhängige Verformungen unter Dauerlast: Kriechen

- zeitabhängige Verformungen durch Austrocknung: Schwinden

Ungeachtet dessen ist die Plattendicke von entscheidender Bedeutung für die Größe der Durchbiegung. Zweckmäßigerweise wird die Plattendicke am Anfang der Berechnung mit Hilfe von Näherungsverfahren festgelegt.

Im Allgemeinen kann von einer hinreichenden Gebrauchstauglichkeit ausgegangen werden, wenn der Durchhang von Platten, Balken oder Kragträgern unter der quasi-ständigen Einwirkungskombination 1/250 der Stützweite nicht überschreitet – bei Kragträgern ist die 2,5fache Kraglänge anzusetzen.

Für angrenzende Bauteile, z.B. Trennwände, sind die Durchbiegungen nach deren Einbau entscheidend. Als Richtwert für die Begrenzung kann 1/500 der Stützweite angenommen werden.

In der Regel ist es ausreichend, anstelle einer Durchbiegungsberechnung die Biegeschlankheit l_i / d – Verhältnis von Stützweite zu Nutzhöhe – zu begrenzen. Es sollte jedoch nicht übersehen werden, dass es sich dabei um einen stark vereinfachten Nachweis handelt.

Für Deckenplatten des üblichen Hochbaus gilt:

$$\frac{l_i}{d} \leq 35 \qquad \text{allgemein} \tag{4.20a}$$

$$\frac{l_i}{d} \leq \frac{150}{l_i} \qquad \text{in Hinblick auf Schäden} \tag{4.20b}$$

$$\text{angrenzender Bauteile } (l_i \text{ in m})$$

Da die Durchbiegungen von den Lagerungsbedingungen und dem statischen System abhängen, wird anstelle der tatsächlichen Spannweite die Ersatzstützweite

---

Ein Unterschied zwischen Durchhang und Durchbiegung besteht nur, wenn das Bauteil überhöht hergestellt wird.

4

DIN 1045-1, 11.3.1 (8)

Dieser Wert kann heraufgesetzt werden, wenn das betroffene Bauteil größere Durchbiegungen verträgt.

DIN 1045-1, 11.3.2 (2)

Gleichung (4.20b) wird erst ab $l_i = 4,30$ m maßgebend.

$$l_i = \alpha \cdot l_{eff} \tag{4.21}$$

zugrunde gelegt. Die Ersatzstützweite bezieht sich auf die Wendepunkte der Biegelinie.

Der Beiwert α kann für häufig vorkommende Fälle aus Tabelle 4.1 entnommen werden. Maßgebend ist:

- die kleinere Ersatzstützweite
  bei linienförmig, vierseitig gelagerten Platten
- die Ersatzstützweite des freien Randes
  bei linienförmig, dreiseitig gelagerten Platten
- die größere Ersatzstützweite
  bei punktförmig gelagerten Platten (Flachdecken)

Bei größeren Stützweitenunterschieden kann α mit Hilfe des Verfahrens im Heft 240 DAfStb [11] ermittelt werden.

Bei Rand- und Innenfeldern durchlaufender Bauteile gelten die Werte $\alpha = 0{,}8$ bzw. $\alpha = 0{,}6$ nur, sofern das Verhältnis angrenzender Stützweiten im Bereich $0{,}8 < l_{eff,1} / l_{eff,2} < 1{,}25$ liegt. Andernfalls kann eine vorab gewählte Ersatzstützweite nachträglich mit Hilfe der Momentenlinie überprüft werden.

In der Regel wird es zweckmäßig sein, die Bauteildicke nicht zu knapp zu wählen, besonders bei größeren Spannweiten, wenn für die Begrenzung der Biegeschlankheit nur Gleichung (4.20a) zugrunde gelegt wird. Schließlich stellt die so berechnete Biegeschlankheit lediglich ein Hilfsmittel für die Wahl der Plattendicke dar, denn es bleiben einige Faktoren, wie das Verhältnis von ständiger Last und Nutzlast sowie die Größe der Nutzlast, bei der Ermittlung der Biegeschlankheit unberücksichtigt. Eine Verfeinerung der Begrenzung der Biegeschlankheit wird in [9] im Anhang vorgeschlagen. Hilfsmittel zur Berechnung der Durchbiegung enthält Heft 240 DAfStb [11].

Tabelle 4.1: Beiwerte α zur Bestimmung der Ersatzstützweite

Statisches System	$\alpha = l_i / l_{eff}$
l_{eff} · · · $> l_{eff}$ / l_{eff}	1.00
Randfeld · l_{eff} · l_{eff} · · · $> l_{eff}$ / l_{eff}	0.80
Innenfeld · l_{eff} · l_{eff} · · · $> l_{eff}$ / l_{eff}	0.60
Randfeld l_{eff} Innenfeld · · · $< l_{eff}$	Innenfeld 0.70 [a] Randfeld 0.90 [a]
l_{eff} · · · $> l_{eff}$ / l_{eff}	2.40

a) Bei Platten mit Beton ab der Festigkeitsklasse C30/37 dürfen diese Werte um 0,1 abgemindert werden. Für Flachdecken führt die Wahl der Felddiagonalen für l_{eff} zu sicheren Ergebnissen.

5 Bewehrungs- und Konstruktionsregeln

5.1 Bewehrungsregeln

Beton und Betonstahl können nur zusammenwirken, wenn der Verbund einwandfrei ist, die Stäbe ausreichend verankert sind und die Kraftübertragung in den Stößen sichergestellt ist.

Der gegenseitige Stababstand muss ausreichend groß sein, damit der Beton ordnungsgemäß eingebracht und verdichtet werden kann. Der lichte Stababstand hängt vom Größtkorndurchmesser d_g ab und darf nicht kleiner als $d_g + 5$ mm sein. Zugleich ist der Verbund sicherzustellen, somit gilt:

- lichter Stababstand $\geq d_s \geq 20$ mm

$$\geq d_g + 5 \text{ mm}$$

Die Güte des Verbundes hängt vor allem von der Lage der Bewehrung während des Betonierens ab. Die Einteilung in

- gute Verbundbedingungen

- mäßige Verbundbedingungen

erfolgt nach Bild 5.1. Für Stäbe im weißen Bereich liegen gute Verbundbedingungen vor. Bei oben liegenden Stäben – schraffierter Bereich in Bild 5.1c und 5.1d – besteht die Gefahr, dass sich der Frischbeton an der Unterseite des Stabes absetzt. Dadurch ist der Verbund reduziert, es liegen mäßige Verbundbedingungen vor.

DIN 1045-1, 12.4 (2)
Gute Verbundbedingungen sind folgenden Stäben zuzuordnen: gegen die Waagerechte $\geq 45°$ geneigt, in Bauteilen h $\leq$ 300 mm, bis 300 mm über UK Bauteil oder mindestens 300 mm unter OK Bauteil. Für alle anderen Fälle (schraffierte Bereiche) liegen mäßige Verbundbedingungen vor.

a)

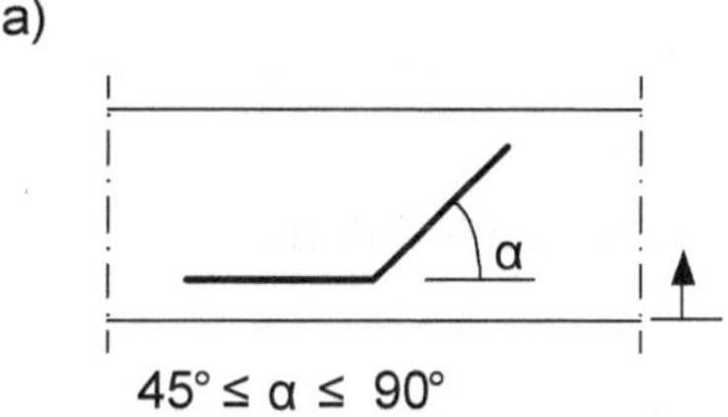

b) h ≤ 300 mm

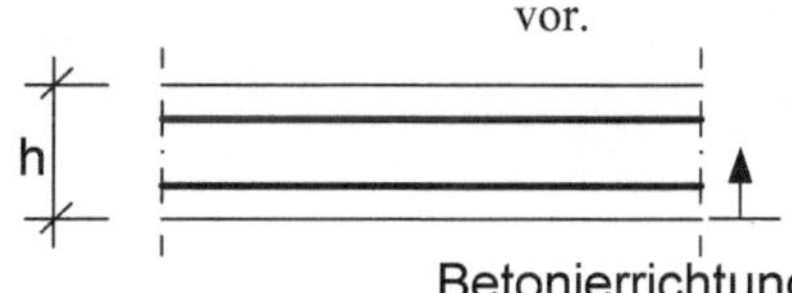

c) h > 300 mm

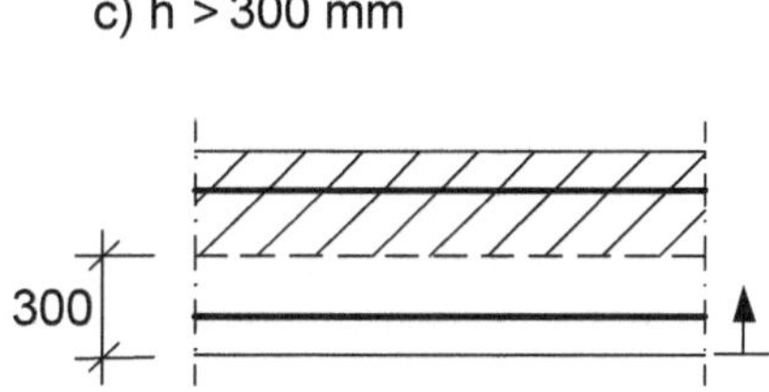

d) h > 600 mm

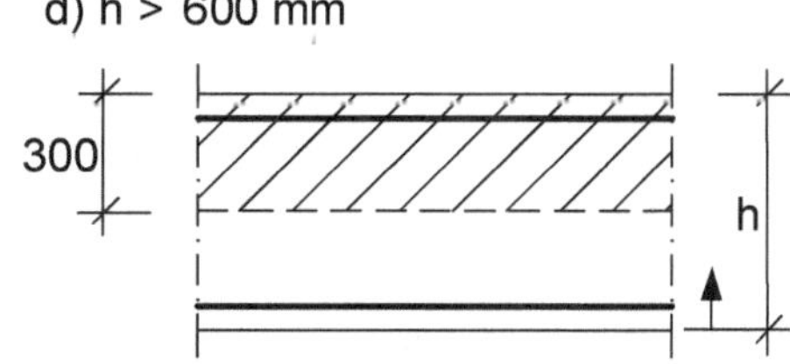

Bild 5.1: Festlegung der Verbundbedingungen
a) und b)   gute Verbundbedingungen für alle Stäbe
c) und d)   nichtschraffierter Bereich: gute Verbundbedingungen
schraffierter Bereich: mäßige Verbundbedingungen

Bei der Verankerung sind zu unterscheiden:

- Grundmaß der Verankerungslänge
- erforderliche Verankerungslänge

Das Grundmaß der Verankerungslänge l_b ist die Länge eines geraden Stabes, die zur Verankerung der Kraft $F_s = A_s \cdot f_{yd}$ ist. Tafel A9, s. Anhang, gibt das Grundmaß der Verankerungslänge in Abhängigkeit von Stabdurchmesser und Betonfestigkeitsklasse für gute und für mäßige Verbundbedingungen an.

Die erforderliche Verankerungslänge $l_{b,net}$ berücksichtigt die Verankerungsart und die Beanspruchung der Bewehrung.

$$l_{b,net} = \alpha_a \cdot l_b \cdot \frac{A_{s,erf}}{A_{s,vorh}} \geq l_{b,min} \tag{5.1}$$

mit: l_b Grundmaß der Verankerungslänge

        $l_{b,min}$ Mindestwert der Verankerungslänge

        $A_{s,erf}$ rechnerisch erforderlicher Bewehrungsquerschnitt

        $A_{s,vorh}$ vorhandener Bewehrungsquerschnitt

        α_a Beiwert zur Berücksichtigung der Wirksamkeit der Verankerung

                $\alpha_a = 1$ für gerade Stabenden

                $\alpha_a = 0,7$ für Haken, Winkelhaken oder Schlaufen

                $\alpha_a = 0,5$ für Schlaufen mit Biegerollendurchmesser $d_{br} \geq 15\,d_s$

Der Mindestwert der Verankerungslänge beträgt:

$$l_{b,min} = 0,3\,\alpha_a \cdot l_b \geq 10\,d_s \quad \text{für Zugstäbe} \tag{5.2a}$$

$$l_{b,min} = 0,6\,l_b \geq 10\,d_s \quad \text{für Druckstäbe} \tag{5.2b}$$

Der Bewehrungsstoß erfolgt meistens durch Übergreifen der Stäbe mit geraden Stabenden. Innerhalb der Übergreifungslänge dürfen sich die Stäbe berühren. Zu beachten ist, dass der lichte Abstand zwischen den Stäben nicht versetzter Stöße – Abstand zwischen den Stoßenden $\leq 0,3\ l_s$ – auf $2\,d_s$ vergrößert werden muss.

Die Übergreifungslänge beträgt:

$$l_s = l_{b,net} \cdot \alpha_l \geq l_{s,min} \tag{5.3}$$

Marginalien (linke Spalte):

Wenn der ansteigende Ast der Spannungs-Dehnungslinie des Betonstahls bei der Bemessung berücksichtigt wird, ist die Kraft eines Stabes größer als $F_s = A_s \cdot f_{yd}$. Dann ist die Stahlspannung $\sigma_{su}\,/\,\gamma_s$ anstelle f_{yd} anzusetzen, so dass sich das Grundmaß der Verankerungslänge um bis zu 5 % vergrößern kann.

DIN 1045-1, 12.8.2

mit:

$$l_{b,net} = \alpha_a \cdot l_b \cdot \frac{A_{s,erf}}{A_{s,vorh}} \geq l_{b,min} \qquad \text{s. Gl.(5.1)}$$

$$l_{s,min} \geq 0,3\,\alpha_a \cdot \alpha_l \cdot l_b \geq 15\,d_s \tag{5.4}$$

$$\geq 200\ mm$$

Der Beiwert α_a berücksichtigt die Verankerungsart, s. o.
Der Beiwert α_l ist Tabelle 5.1 zu entnehmen.

Zu beachten ist, dass bei Stäben $d_s \geq 16$ mm mit geraden Stabenden in der Regel $l_{s,min} = 0,3\ \alpha_l \cdot l_b$ maßgebend ist, somit deutlich größere Werte als $15\ d_s$ bzw. 200 mm.

Tabelle 5.1: Beiwerte α_1 für die Übergreifungslänge

		Anteil der gestoßenen Stäbe	
		≤ 33%	> 33%
Zugstoß	d_s < 16 mm	1,2	1,4
	d_s ≥ 16 mm	1,4	2,0
Druckstoß		1,0	1,0

Im Bereich von Übergreifungsstößen müssen die Querzugspannungen, die bei der Kraftübertragung entstehen, durch eine Querbewehrung aufgenommen werden. Bei Balken betrifft das den Querschnitt und die Anordnung der Bügel, s. Bild 5.2. Die Gesamtfläche der Querbewehrung im Stoßbereich A_{st} muss mindestens der Querschnittsfläche eines gestoßenen Stabes A_s entsprechen.

DIN 1045-1, 12.8.3

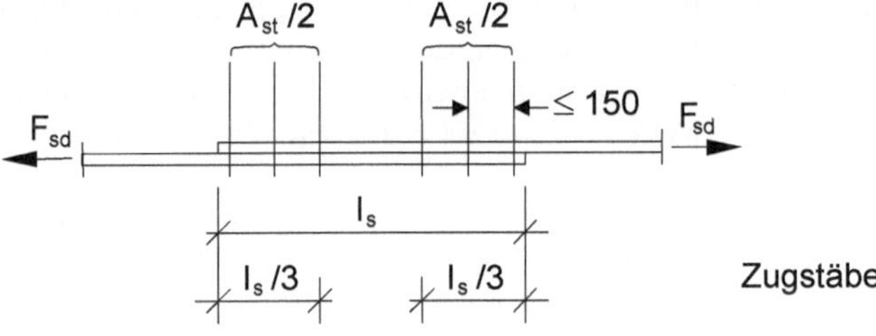

Die Querbewehrung ist je zur Hälfte am Anfang und am Ende des Stoßes anzuordnen. Wegen der Spaltkräfte bei Druckstößen ist ein Teil der Querbewehrung außerhalb des Stoßes zu legen – Abstand ≤ 4 d_s bzw. 50 mm vom Stabende.

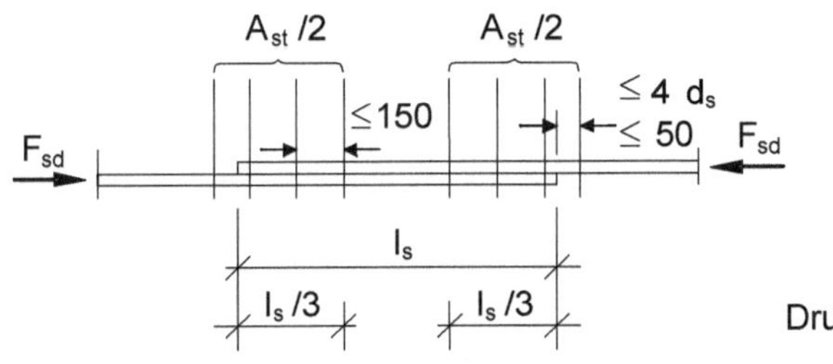

Bild 5.2: Querbewehrung für Übergreifungsstöße

Bei Betonstahlmatten liegen die gestoßenen Matten in der Regel übereinander:

- Zwei-Ebenen Stoß

Die Übergreifungslänge wird anders berechnet als bei Stäben, entsprechende Tabellen enthält [10].

Zu beachten ist, dass für die Übergreifungslänge in Querrichtung bei Randsparmatten die veränderte Anordnung der Längsstäbe maßgebend ist. Im Randbereich sind dünnere Einzelstäbe angeordnet, so dass der volle Querschnitt nur dann vorhanden ist, wenn die Randeinsparung beider Matten vollständig übereinander liegt. Dann ergibt sich als Übergreifungslänge:

R 424A, R 524A: 1 Masche (maßgebend Mindestmaß)

Q 424A, Q 524A: 3 Maschen

Im Verbundbereich II können bei Q-Matten auch größere Übergreifungslängen erforderlich sein – abhängig von der Betonfestigkeitsklasse und der Beanspruchung der Querstäbe. Bei den Randsparmatten R 424A und R 524A beträgt die Übergreifungslänge einheitlich 25 cm.

Die Ermittlung der Verankerungs- und Stoßlängen für Stabstahl und Matten vereinfacht sich wesentlich mit Hilfe der Tabellen in [10].

Mindestübergreifungslänge nach DIN 1045-1, 12.8.4, Tab. 28.

5.2 Konstruktionsregeln für Balken und Platten

Ein Stahlbetonbauteil, und erst recht eine Konstruktion als Ganzes, wird nur dann die geforderte Tragfähigkeit, Gebrauchstauglichkeit und Dauerhaftigkeit erfüllen, wenn sowohl die Bemessungsergebnisse konsequent umgesetzt werden als auch die konstruktive Durchbildung bis ins Detail erfolgt. Das Zusammenwirken von Beton und Betonstahl ist nur gegeben, wenn die Kraftübertragung überall im Bauteil gewährleistet ist.

Die Biege- und Querkraftbemessung sind durch die Fachwerkanalogie miteinander verknüpft und daraus resultiert die Größe und der Verlauf der Zugkraft. Demzufolge hängen die Abstufung der Zugbewehrung sowie die Verankerung der Stäbe / Matten im Feld und am Auflager sowohl vom Biegemoment als auch von der Querkraft ab. Auch bei der Querkraftbewehrung sind die konstruktiven Regeln mit dem Bemessungsmodell verknüpft.

Hohe Priorität hat die Sicherstellung des duktilen Bauteilverhaltens, d.h. ein Bauteil darf nicht ohne Vorankündigung versagen. Deshalb ist eine Mindestbewehrung erforderlich, die in der Lage ist, das Rissmoment aufzunehmen.

Bezogen auf einen Rechteckquerschnitt ergibt sich:

Rissmoment
$$M = \frac{b \cdot h^2}{6} f_{ctm}$$

Zugkraft
$$Z = \frac{M}{z}$$

erforderliche Bewehrung
$$A_s = \frac{M}{z \cdot f_{yk}} = \frac{b \cdot h^2}{6 \cdot 0,9 \cdot 0,9\,h} \cdot \frac{f_{ctm}}{f_{yk}}$$

innerer Hebelarm
$$z \approx 0,9\,d,\; d \approx 0,9\,h$$

Bewehrungsgrad
$$\rho = \frac{A_s}{b \cdot h}$$

$$\rho = 0,2\,\frac{f_{ctm}}{f_{yk}} = 0,0004\,f_{ctm} \qquad (5.5)$$

DIN 1045-1, 13.1.1 (1): auszugehen ist vom Mittelwert der Zugfestigkeit des Betons f_{ctm} und der Stahlspannung $\sigma_s = f_{yk}$.

Bei der Mindestbewehrung zur Sicherstellung des duktilen Bauteilverhaltens handelt es sich um einen Tragfähigkeitsnachweis im Gegensatz zur Mindestbewehrung für die Begrenzung der Rissbreite, die den Nachweis der Gebrauchstauglichkeit betrifft – vergl. Abschnitt 14.1. Demzufolge ist die Mindestbewehrung zur Sicherstellung der Duktilität wesentlich geringer, und es entfällt eine Überprüfung des Durchmessers.

Für die Abstufung der Zugbewehrung ist die

- Zugkraftlinie F_{sd}

maßgebend. Sie ergibt sich aus der

- Biegezugkraft $\dfrac{M_{Ed}}{z}$ bzw. $\dfrac{M_{Eds}}{z} + N_{Ed}$,

  deren Verlauf um das

- Versatzmaß a_l

verschoben wird, s. Bild 5.3.

DIN 1045-1, 13.2.2 (3)

Das Versatzmaß beträgt bei senkrechten Bügeln:

$$a_l = z \cdot \cot \theta\, /\, 2 \qquad (5.6)$$

θ Winkel zwischen Betondruckstrebe und Bauteilachse

z innerer Hebelarm, $z = 0,9d\; < \; z = d - c_{nom,l} - 30\text{ mm}$

Die aufnehmbare Zugkraft der vorhandenen Bewehrung wird durch die

- Zugkraftdeckungslinie

dargestellt. Sie liegt außerhalb der Zugkraftlinie F_{sd}, s. Bild 5.3, der treppenförmige Verlauf entspricht der Abstufung der Bewehrung.

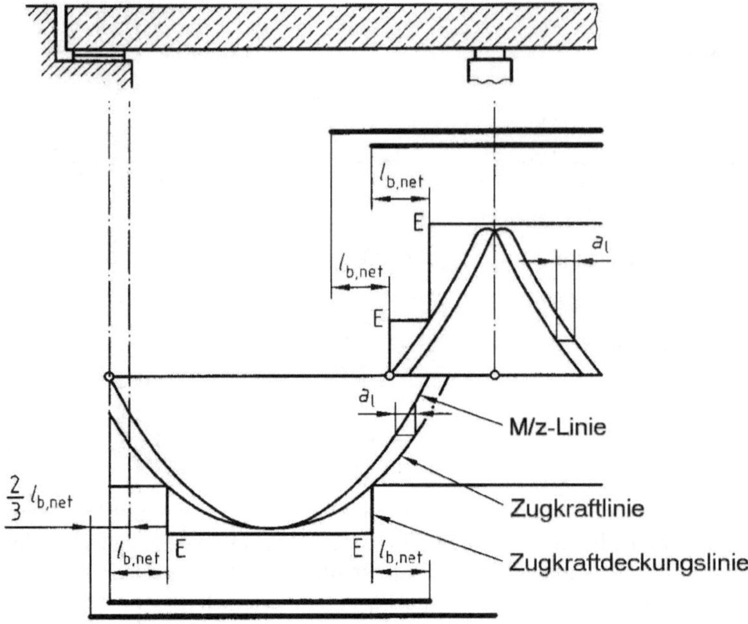

Bild 5.3: Zugkraftdeckungslinie und Verankerungslängen bei biegebeanspruchten Bauteilen

Die gestaffelte Zugbewehrung ist über den rechnerischen Endpunkt E zu führen, s. Bild 5.3, und mit $l_{b,net}$ nach Gleichung (5.1) zu verankern.

Am Endauflager ist die Verankerung für die Zugkraft

$$F_{sd} = V_{Ed}\cdot a_l\,/\,z \geq V_{Ed}\,/\,2 \tag{5.7}$$

nachzuweisen.

Aufgrund der günstigen Wirkung des Querdrucks bei direkter Auflagerung darf die Verankerungslänge – gemessen von der Auflagervorderkante – auf $2/3\ l_{b,net}$ verringert werden, s. Bild 5.4 a):

$$l_{b,dir} = (2/3)l_{b,net} \geq 6\,d_s \tag{5.8}$$

bei indirekter Auflagerung, s. Bild 5.4 b), gilt:

$$l_{b,ind} = l_{b,net} \geq 10\,d_s \tag{5.9}$$

DIN 1045-1, 13.2.2 (7)

Mit zunehmender Querkraftbewehrung stellt sich eine steilere Neigung der Druckstrebe ein, wodurch sich das Versatzmaß und die Verankerungslänge am Endauflager verkürzen, vergl. [6].

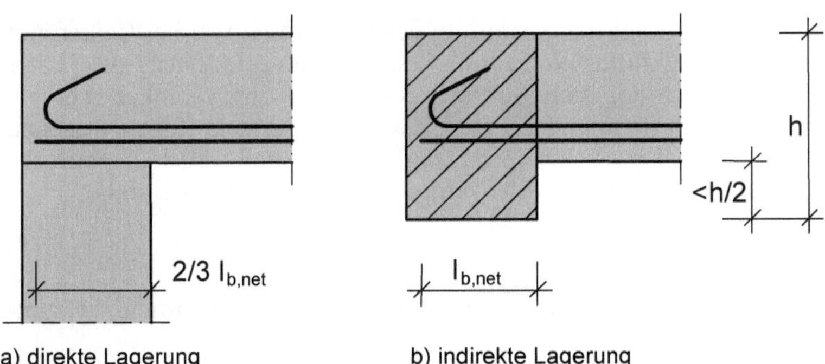

Bild 5.4: Verankerung der Feldbewehrung am Endauflager

Bei Balken ist eine Mindestquerkraftbewehrung erforderlich, die in der Lage ist, den rechnerischen Betontraganteil $V_{Rd,c}$ aufzunehmen, um somit Versagen ohne Vorankündigung zu vermeiden.

$$\rho_w = \frac{A_{sw}}{s_w \cdot b_w} \geq \rho_{w,min} = \rho \qquad (5.10)$$

Eine höhere Betonfestigkeitsklasse erfordert mehr Mindestquerkraftbewehrung.

mit: $\quad A_{sw} \qquad$ Querschnitt der senkrechten Bügel

$\quad\quad s_w \qquad$ Abstand der Bügel in Längsrichtung

$\quad\quad b_w \qquad$ Stegbreite

Tabelle 5.2: Grundwerte ρ für die Ermittlung der Mindestbewehrung

f_{ck} in N/mm²	12	16	20	25	30	35	40	45	50
ρ in ‰	0,51	0,61	0,70	0,83	0,93	1,02	1,12	1,21	1,31

Der größte Längs- und Querabstand der Bügelschenkel ist von der Querkraftausnutzung, d. h. vom Verhältnis V_{Ed} / $V_{Rd,max}$ abhängig, s. Tabelle 5.3.

DIN 1045-1, 13.2.3 (6), Tab. 31

$\quad\quad V_{Ed} \qquad$ Bemessungswert der einwirkenden Querkraft

$\quad\quad V_{Rd,max} \qquad$ maximale Querkrafttragfähigkeit

$\quad\quad\quad$ näherungsweise darf hier $V_{Rd,max}$ mit $\theta = 40°$ ermittelt werden

$\theta = 40°$ entspricht cot $\theta = 1,2$

Tabelle 5.3: Größte Längs- und Querabstände s_{max} von Bügelschenkeln

Querkraftausnutzung	Längsabstand	Querabstand
$V_{Ed} \leq 0,30 V_{Rd,max}$	0,7 $h \leq$ 300 mm	$h \leq$ 800 mm
0,30$V_{Rd,max}$ < $V_{Ed} \leq 0,60 V_{Rd,max}$	0,5 $h \leq$ 300 mm	$h \leq$ 600 mm
V_{Ed} > 0,60$V_{Rd,max}$	0,25 $h \leq$ 200 mm	

Bei Platten erfolgt die Abstufung der Bewehrung wie bei Balken mit Hilfe der Zugkraftdeckungslinie, jedoch muss mindestens die Hälfte der Feldbewehrung zum Auflager geführt und dort verankert werden. Zweck dieser Regelung ist es, Platten mit einem kräftigen Zugband auszubilden, das die Querkrafttragfähigkeit maßgeblich beeinflusst. Für Platten ohne Querkraftbewehrung gilt als Versatzmaß stets

DIN 1045-1, 13.3.2 (1)

$$a_l = d \tag{5.11}$$

Der maximale Stababstand s beträgt für die Zugbewehrung – Haupttragrichtung –

DIN 1045-1, 13.3.2 (4)

$$s \leq h \begin{cases} \geq 150\,\text{mm} \\ \leq 250\,\text{mm} \end{cases} \tag{5.12}$$

Zwischenwerte sind linear zu interpolieren.

Für die Querbewehrung oder die Bewehrung in der minderbeanspruchten Richtung gilt:

$$s \leq 250 \text{ mm}$$

Weitere Konstruktionsregeln für Flachdecken und vierseitig gelagerte Platten s. Abschnitt 10 und 11.

6 Bemessung für Biegung und Querkraft von Bauteilen mit Rechteckquerschnitt

Bei Stahlbetonbauteilen, die durch ein Biegemoment beansprucht werden, übernimmt der Beton die Druckkraft, während die Stahleinlagen auf Zug beansprucht werden. Die Spannungsnulllinie und damit die Höhe der Druckzone und der innere Hebelarm hängen von der Größe des Moments ab und werden darüber hinaus durch eine zusätzliche Längskraft beeinflusst. Die Zusammenhänge werden in Abschnitt 6.1 herausgestellt.

In Balken und Platten wirken in der Regel Biegemomente und Querkräfte gemeinsam, demzufolge schließen die Beispiele die Querkraftbemessung mit ein. Bei Balken wird die Querkraft sowohl vom Beton über Rissverzahnung als auch von den Bügeln abgetragen – Abschnitt 6.1. Typisch für Platten ist das Tragverhalten durch Gewölbewirkung, bei dem keine Querkraftbewehrung erforderlich ist – Abschnitt 6.2.

Bei Platten kann die Begrenzung der Durchbiegung maßgebend werden. Deshalb wird bei der Platte in Abschnitt 6.2 die Überprüfung der Dicke an den Anfang der Berechnung gestellt. Außerdem werden die Vorteile und Grenzen der Momentenumlagerung für durchlaufende Platten dargestellt.

Am Beispiel einer Fußgängerplattform – Abschnitt 6.3 – wird neben der Bemessung für Biegung und Querkraft die Weiterleitung der Lasten verdeutlicht.

Der Bemessung für Biegung und Querkraft schließt sich die Wahl der Bewehrung an. Dazu werden die Verankerungslängen am Endauflager und für die abgestufte Bewehrung nachgewiesen. Die Bewehrungsskizzen zeigen, wie die Bewehrung baupraktisch sinnvoll angeordnet werden kann.

6.1 Balken

6.1.1 Einfeldbalken

Der in Bild 6.1 dargestellte Balken – Innenbauteil – wird für verschiedene Laststufen bemessen, d. h. es wird der Querschnitt der Biege- und Querkraftbewehrung ermittelt. Darüber hinaus werden die Betondruckzone und der innere Hebelarm für alle Laststufen berechnet und dargestellt. Zur Vereinfachung bleibt die Eigenlast des Balkens unberücksichtigt; die Schnittgrößen werden nur für die beiden Einzellasten F_{Ed} – einschließlich Teilsicherheitsbeiwert – ermittelt.

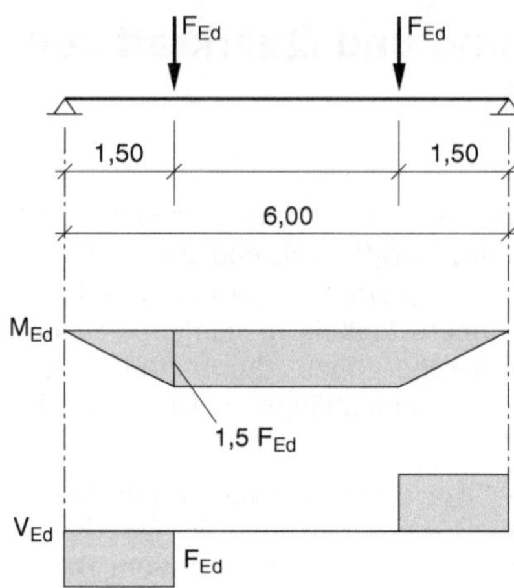

Bild 6.1: Einfeldbalken – System, Lasten, Schnittgrößen

DIN 1045-1, 5.3.3, Tab. 2:

Teilsicherheitsbeiwert Beton $\gamma_c = 1,5$ Betonstahl $\gamma_s = 1,15$ $\alpha = 0,85$ für Langzeitfestigkeit

Baustoffe

Beton   C20/25 $f_{ck} = 20\,\text{N/mm}^2$

$f_{cd} = 0,85 \cdot 20 / 1,5 = 11,33\,\text{N/mm}^2$

Betonstahl   BSt 500 S $f_{yk} = 500\,\text{N/mm}^2$

$f_{yd} = 500 / 1,15 = 435\,\text{N/mm}^2$

Zu bearbeiten sind:
- Festlegung der Expositionsklasse, Betondeckung
- Bemessung für Biegung mit μ-Tafeln (dimensionslose Beiwerte)
- Darstellung der Druckzone und des inneren Hebelarms
- Bemessung für Querkraft

Expositionsklasse, Betondeckung

Innenbauteil

DIN 1045-1, 6.2, Tab. 3; vergl. Anhang Tafel A7

XC1   (W0)   C16/20

$c_{min} = 10\,\text{mm}$ Korrosionsschutz

DIN 1045-1, 6.3, Tab. 4; vgl. Anhang Tafel A8

$c_{min} = d_s$ Verbundsicherung

Annahme: $\varnothing 20$, Bügel $\varnothing 8$

    $= 20\,\text{mm}$ Verbundsicherung Längsstab

$\Delta c = 10\,\text{mm}$

$c_{nom,bü} = 10 + 10 = 20\,\text{mm}$ Bügel

$c_{nom,l} = 20 + 10 = 30\,\text{mm}$ Längsstab

$$c_v = c_{nom,l} - d_{s,b\ddot{u}} = 30 - 8 = 22 \text{ mm}$$

gewählt　　$c_v = 25$ mm

Abstandshalter gibt es in Abstufungen von 5 mm: nächst größeren Wert wählen

Bemessung für Biegung

$$d = h - c_v - d_{s,b\ddot{u}} - d_{s,l}/2 \qquad \text{Nutzhöhe}$$

$$d = 50 - 2,5 - 0,8 - 2,0/2 = 45,7 \text{ cm} \qquad \text{gewählt } 45,5 \text{ cm}$$

bei Balken Genauigkeit auf halbe cm begrenzen

$$b = 30 \text{ cm}$$

Gewählt werden Tafeln mit dimensionslosen Beiwerten. Der Einstieg erfolgt mit dem bezogenen Moment

Anhang Tafel A1

$$\mu_{Ed} = \frac{M_{Ed}}{b \cdot d^2 \cdot f_{cd}}$$

verkürzte Schreibweise, weil keine Längskraft N_{Ed} vorhanden ist

Abgelesen wird ω zur Berechnung der Bewehrung

$$A_s = \frac{\omega}{f_{yd}/f_{cd}} \cdot b \cdot d$$

Aus der Tabelle können außerdem die bezogene Druckzone $\xi = x/d$ und der bezogene innere Hebelarm $\zeta = z/d$, die Dehnungen ε_{c2} und ε_{s1} und die Stahlspannung σ_{sd} abgelesen werden.

Tabelle 6.1:　Biegezugbewehrung

F_{Ed}	M_{Ed}	μ_{Ed}	ω	ξ	x	ζ	z	ε_{c2}	ε_{s1}	σ_{sd}	A_s
kN	kNm	–	–	–	cm	–	cm	‰	‰	N/mm²	cm²
50	75	0,1066	0,109	0,140	6,4	0,942	42,9	$-3,50$	21,73	453	3,88
100	150	0,2132	0,241	0,302	13,7	0,875	39,8	$-3,50$	8,15	440	8,57
150	225	0,3197	0,402	0,498	22,7	0,793	36,1	$-3,50$	3,52	436	14,28
173,6	260,4	0,3700	0,499	0,617	28,1	0,743	33,8	$-3,50$	2,17	435	17,74

Einzelschritte für $M_{Ed} = 75$ kNm $= 0,075$ MNm

$$\mu_{Ed} = \frac{0,075}{0,3 \cdot 0,455^2 \cdot 11,33} = 0,1066$$

alle weiteren Werte sind durch Interpolation gewonnen

$$A_s = \frac{0,109}{435/11,33} \cdot 30 \cdot 45,5 = 3,88 \text{ cm}^2$$

Darstellung der Druckzone und des inneren Hebelarms

Aus Bild 6.2 ist der Zusammenhang von Dehnungen ε_{c2} und ε_{s1}, Spannungsnulllinie und Höhe der Druckzone x erkennbar. Mit zunehmender Druckzone verschiebt sich die resultierende Druckkraft und damit verringert sich der innere Hebelarm z.

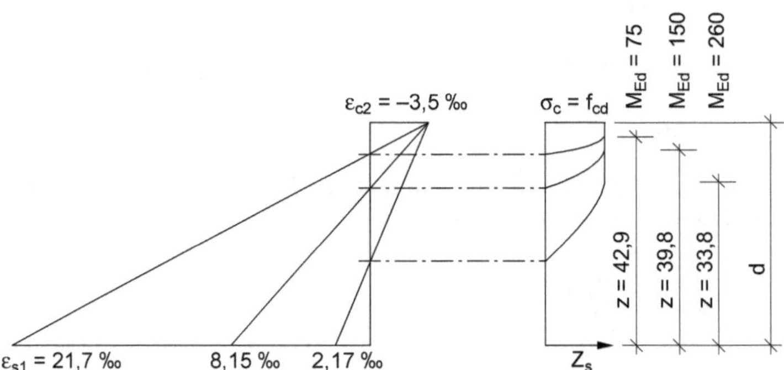

Bild 6.2: Dehnungen, Betonspannungen, innerer Hebelarm

Außerdem ergibt sich für eine geringere Stahldehnung eine kleinere Stahlspannung, wenngleich dieser Einfluss weniger ausgeprägt ist – Anstieg der Spannung oberhalb der Streckgrenze $\leq 5\ \%$. Demzufolge ist bei Verdoppelung des Moments mehr als die doppelte Bewehrung erforderlich.

Für $\varepsilon_s = 25\ ‰$ Maximalwert

$$\sigma_{sd} = f_{tk}/\gamma_s$$
$$= 525/1,15$$
$$= 457\ \text{N/mm}^2$$

Für $\varepsilon_s = 2,17\ ‰$ $\xi = 0,617$ Grenzwert

$$\sigma_{sd} = f_{yk}/\gamma_s$$
$$= 500/1,15$$
$$= 435\ \text{N/mm}^2$$

Die Bemessung ist unwirtschaftlich, wenn die Stahlspannung den Wert $\sigma_{sd} = f_{yd}$ unterschreitet, dann ist der Grenzwert für die bezogene Druckzone $\xi = 0,617$. Bei weiterer Laststeigerung ist Druckbewehrung A_{s2} erforderlich. Einige Tabellen wählen Druckbewehrung bereits ab $\xi = 0,45$, diese Grenze ist für Durchlaufträger relevant.

In Tabelle 6.2 ist die Zug- und Druckbewehrung bei zunehmender Last angegeben; Basis ist eine konstante Druckzone $\xi = x/d = 0,45$. Die Korrekturfaktoren ρ_1 und ρ_2 berücksichtigen die Wirksamkeit der Druckbewehrung – Abstand d_2 vom Rand:

$$d_2 = 2,5 + 0,8 + 2,0/2 = 4,3\ \text{cm}$$

$$d_2/d = 4,3/45,5 = 0,09$$

DIN 1045-1, 8.2 (3): Sicherstellung ausreichender Duktilität

Anhang Tafel A2

Tabelle 6.2: Balken mit Druckbewehrung

F_{Ed}	M_{Ed}	μ_{Ed}	ω_1	ω_2	ρ_1	ρ_2	A_{s1}	A_{s2}
kN	kNm	–	–	–			cm^2	cm^2
173,6	260,4	0,370	0,439	0,076	1,01	1,07	15,76	2,89
200	300	0,426	0,496	0,134	1,01	1,07	17,81	5,09
250	375	0,533	0,606	0,244	1,02	1,07	21,97	9,28

Einzelschritte für $M_{Ed} = 260,4$ kNm

$$\mu_{Ed} = \frac{0,2604}{0,3 \cdot 0,455^2 \cdot 11,33} = 0,370$$

$$\omega_1 = 0,439 \qquad\qquad \omega_2 = 0,076$$

$$\rho_1 = 1,01 \qquad\qquad \rho_2 = 1,07$$

$$A_{s1} = \frac{0,439 \cdot 1,01}{435/11,33} \cdot 30 \cdot 45,5 \qquad A_{s2} = \frac{0,076 \cdot 1,07}{435/11,33} \cdot 30 \cdot 45,5$$

$$= 15,76 \text{ cm}^2 \qquad\qquad\qquad = 2,89 \text{ cm}^2$$

Der Hebelarm der Druckbewehrung ist größer als der Hebelarm der Betondruckkraft, so dass die dafür berechnete Zugbewehrung $A_{s1} = 15,76$ cm^2 geringer ist als ohne Ansatz von Druckbewehrung $A_s = 17,74$ cm^2.

Bei Ansatz einer höheren Betonfestigkeit ist die Druckzone kleiner und demzufolge der innere Hebelarm größer. Es kann ein größeres Moment aufgenommen werden, ohne dass Druckbewehrung erforderlich ist, vergl. Übungsaufgabe.

Bemessung für Querkraft

Es werden die vereinfachten Gleichungen zur Querkraftbemessung gewählt. Vom Beton wird übertragen

vergl. Abschnitt 4.2.3

$$V_{Rd,c} = 0,24 \cdot f_{ck}^{1/3} \cdot b_w \cdot z$$

innerer Hebelarm

$$z = 0,9\,d \leq d - c_{nom,l} - 30\,\text{mm}$$

$$z = 0,9 \cdot 45,5 = 41,0 \text{ cm}$$

$$z = 45,5 - (2,5 + 0,8) - 3,0 = 39,2 \text{ cm} \qquad \text{maßgebend}$$

$$V_{Rd,c} = 0,24 \cdot 20^{1/3} \cdot 0,3 \cdot 0,392 \cdot 10^3 = 76,6 \text{ kN}$$

$c_{nom,l}$ ist die Betondeckung der Längsbewehrung in der Betondruckzone. Mit der Begrenzung des Hebelarms auf $z = d - c_{nom,l} - 30$ mm liegt die Betondruckstrebe 30 mm unter Innenkante Bügel.

Druckstrebenneigung

$$\cot\theta = \frac{1,2}{1-V_{Rd,c}/V_{Ed}} \le 3,0$$

Bügelbewehrung

$$a_{sw} = \frac{V_{Ed}}{z\cdot f_{yd}\cdot\cot\theta} \qquad \text{mit } f_{yd} = 435\,\text{N/mm}^2$$

Alternativ lässt sich die Querkraftbewehrung für die verbleibende Querkraft – nach Abzug des Betontraganteils – mit $\cot\theta = 1{,}2$ ermitteln.

$$a_{sw} = \frac{V_{Ed}-V_{Rd,c}}{z\cdot f_{yd}\cdot 1,2}$$

DIN 1045-1, 13.2.3, Tab. 31: größte Abstände von Bügelschenkeln; vergl. Abschnitt 5.2, Tab. 5.3

Der Bügelabstand ist vom Verhältnis $V_{Ed}/V_{Rd,\,max}$ abhängig

$$V_{Rd,max} = \frac{b_w\cdot z\cdot\alpha_c\cdot f_{cd}}{\cot\theta+\tan\theta} \qquad \text{mit } \alpha_c = 0,75$$

Näherungsweise darf $\theta = 40°$ gesetzt werden, was $\cot\theta = 1{,}2$ entspricht.

$$V_{Rd,max} = \frac{0,30\cdot 0,392\cdot 0,75\cdot 11,33}{1,2+1/1,2}\cdot 10^3 = 492\,\text{kN}$$

DIN 1045-1, 13.2.3 (4), (5), Tab. 29

$\rho_{w,min} = 0,7\,‰$ für C20/25

Es ist eine Mindestquerkraftbewehrung erforderlich

$$a_{sw,min} = \rho_{w,min}\cdot b_w\cdot s_w$$

Mit $s_w = 1$ m $= 100$ cm ergibt sich der Bügelquerschnitt pro Längeneinheit

$$a_{sw,min} = 0,70\cdot 10^{-3}\cdot 30\cdot 100 = 2,1\,\text{cm}^2/\text{m}$$

Die Berechnung der Querkraftbewehrung ist Tabelle 6.3 zu entnehmen.

Tabelle 6.3: Querkraftbewehrung

Querschnittstabellen s. Anhang Tafel A10

$V_{Ed}=F_{Ed}$	$\cot\theta$	a_{sw}	$\dfrac{V_{Ed}}{V_{Rd,max}}$	s_{max}	gewählt
kN	–	cm²/m	–	mm	cm²/m
50	3,00	2,10*)	0,10	300	⌀8-30: 3,35
100	3,00	2,10*)	0,20	300	⌀8-30: 3,35
150	2,45	3,59	0,30	300	⌀8-25: 4,02
200	1,94	6,03	0,41	250	⌀8-15: 6,70
250	1,73	8,47	0,51	250	⌀8-10: 10,05

*) Mindestquerkraftbewehrung

Einzelschritte für $V_{Ed} = 150\,\text{kN}$

$$\cot\theta = \frac{1,2}{1-76,6/150} = 2,45$$

$$a_{sw} = \frac{0,150}{0,392\cdot435\cdot2,45}\cdot10^4 = 3,59\,\text{cm}^2/\text{m}$$

die Schreibweise vereinfacht sich mit $f_{yd} = 43,5\,\text{kN/cm}^2$

$$a_{sw} = \frac{150}{0,392\cdot43,5\cdot2,45} = 3,59\,\text{cm}^2/\text{m}$$

Alternative Berechnung

$$a_{sw} = \frac{150-76,6}{0,392\cdot43,5\cdot1,2} = 3,59\,\text{cm}^2/\text{m}$$

Diese Gleichung verdeutlicht, dass für die Querkraftbewehrung die Differenz $V_{Ed} - V_{Rd,\,c}$ maßgebend ist. Sobald die Querkraftbewehrung größer ist als die Mindestbewehrung, ergibt sich ein konstanter Anstieg a_{sw} für die Querkraftzunahme, s. Tabelle 6.3. Bei Ansatz einer höheren Betonfestigkeit ist der Anteil $V_{Rd,c}$, den der Beton aufnimmt, größer und demzufolge reduziert sich der erforderliche Bügelquerschnitt, vergl. Übungsaufgabe.

vergl. [7]
Abschnitt 5.2.4, Bild 5.12

Bügelabstand

$$\frac{V_{Ed}}{V_{Rd,max}} = \frac{150}{492} = 0,30 \leq 0,30$$

$$s_{max} = 0,7\,h \leq 300\,\text{mm}$$

$$= 0,7\cdot500 = 350\,\text{mm} \qquad \text{maßgebend } 300\,\text{mm}$$

DIN 1045-1, 13.2.3,
Tab. 31: größte Abstände
von Bügelschenkeln

Die gewählte Bügelbewehrung wird zweckmäßigerweise nach Durchmesser [mm] und Abstand [cm] angegeben. Im mittleren Bereich – $V_{Ed} = 0$ – ist $a_{sw,\,min}$ einzulegen.

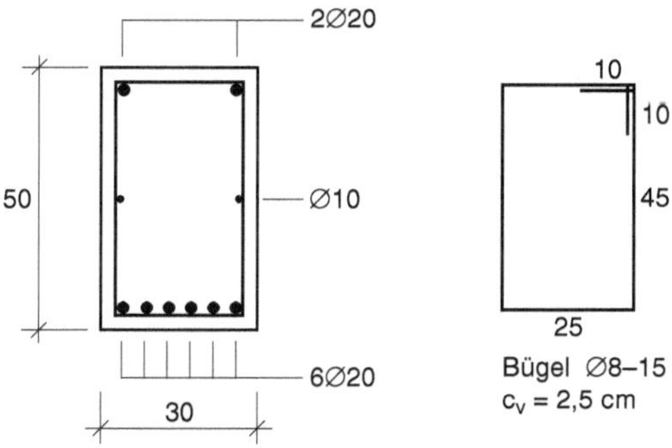

Bild 6.3: Balkenbewehrung für M_{Ed} = 300 kNm, V_{Ed} = 200 kN

[8] Tabelle für größte
Anzahl von Stäben in
einer Lage

Bild 6.3 zeigt die Biegebewehrung und die Querkraftbewehrung für M_{Ed} = 300 kNm, V_{Ed} = 200 kN. Die Breite ist ausreichend für 6Ø20 in einer Lage.

Bügelmaße sind Außenmaße!

6.1.2 Einfeldbalken – Biegung mit Längskraft

Bei reiner Biegung sind die Betondruckkraft und die Stahlzugkraft gleich groß. Der innere Hebelarm z ist beanspruchungsabhängig, d. h. bei gegebenen Querschnitts- und Materialwerten verändert er sich mit der Größe des Moments. Wenn zusätzlich eine Längskraft wirkt, verändert sie die Druckzone und den inneren Hebelarm. Außerdem sind die Betondruckkraft und die Stahlzugkraft nicht mehr betragsmäßig gleich groß. Die Längskraft wirkt sich auch auf die Querkraftbemessung aus.

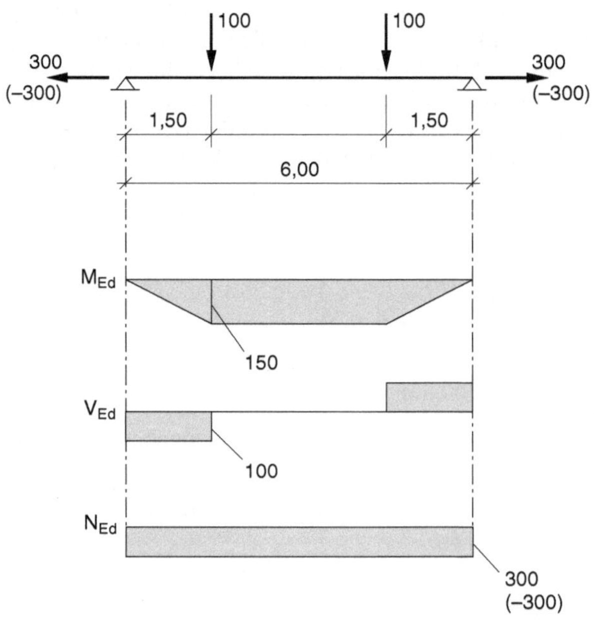

Bild 6.4: Einfeldbalken – Biegung mit Längskraft – System, Lasten, Schnittgrößen

Die Auswirkung der zusätzlichen Längskraft wird für den in Abschnitt 6.1.1 bearbeiteten Einfeldbalken dargestellt. Übernommen werden die Geometrie, Bild 6.4, und die

Innenbauteil, erforderlich
C16/20

Annahme:
Längsstab Ø20,
Bügel Ø8

Baustoffe

Beton	C20/25	f_{cd} = 11,33 N/mm^2
Betonstahl	BSt 500 S	f_{yd} = 435 N/mm^2
Betondeckung	c_v = 25 mm	

Zu bearbeiten sind:

- Bemessung für Biegung mit Längskraft
- Darstellung der Druckzone und des inneren Hebelarms
- Bemessung für Querkraft

Bemessung für Biegung mit Längskraft

$$d = h - c_v - d_{s,bü} - d_{s,l}/2 \qquad \text{Nutzhöhe}$$

$$= 50 - 2{,}5 - 0{,}8 - 2{,}0/2 = 45{,}7 \text{ cm} \qquad \text{gewählt } 45{,}5 \text{ cm}$$

Abstand der Zugbewehrung zur Achse

$$z_{s1} = d - h/2$$

$$= 45{,}5 - 50/2 = 20{,}5 \text{ cm} = 0{,}205 \text{ m}$$

$$b = 30 \text{ cm}$$

Moment bezogen auf die Zugbewehrung

$$M_{Eds} = M_{Ed} - N_{Ed} \cdot z_{s1} \qquad\qquad N_{Ed} \text{ als Druckkraft negativ}$$

Gewählt wird die Tafel mit dimensionslosen Beiwerten – k_d-Tafeln sind gleichermaßen geeignet. $\qquad$ Anhang Tafel A1

$$\mu_{Eds} = \frac{M_{Eds}}{b \cdot d^2 \cdot f_{cd}}$$

$$A_s = \frac{\omega}{f_{yd}/f_{cd}} \cdot b \cdot d + \frac{N_{Ed}}{\sigma_{sd}}$$

In Tabelle 6.4 sind zum Vergleich die Werte für M_{Ed} = 150 kNm, N_{Ed} = 0 aufgeführt.

Tabelle 6.4: Biegung mit Längskraft

M_{Ed}	N_{Ed}	M_{Eds}	μ_{Eds}	ω	ξ	x	ζ	z	ε_{c2}	ε_{s1}	σ_{sd}	A_s
kNm	kN	kNm	–	–	–	cm	–	cm	‰	‰	N/mm^2	cm^2
150	−300	211,5	0,3006	0,370	0,459	20,9	0,809	36,8	-3,50	4,12	437	6,29
150	300	88,5	0,1258	0,131	0,167	7,6	0,931	42,4	-3,50	17,57	449	11,34
150	0	150	0,2132	0,241	0,302	13,7	0,875	39,8	3,50	8,15	440	8,57

Einzelschritte für M_{Ed} = 150 kNm $\quad N_{Ed}$ = − 300 kN

$$M_{Eds} = 150 - (-300) \cdot 0{,}205 = 211{,}5 \text{ kNm}$$

$$\mu_{Eds} = \frac{0{,}2115}{0{,}30 \cdot 0{,}455^2 \cdot 11{,}33} = 0{,}3006$$

Alle weiteren Werte durch Interpolation.

$$A_s = \frac{0,370}{435/11,33} \cdot 30 \cdot 45,5 + \frac{-0,300}{437} \cdot 10^4$$

$$= 13,15 - 6,86 = 6,29 \, \text{cm}^2$$

Aus Tabelle 6.4 ist zu erkennen, dass eine Druckkraft die erforderliche Zugbewehrung vermindert, wogegen eine Zugkraft zu einer Erhöhung führt. Im Falle einer sehr großen Druckkraft ist keine Zugbewehrung mehr erforderlich – Grundgedanke des Spannbetonbaus.

Darstellung der Druckzone und des inneren Hebelarms

Aus Bild 6.5 ist der Zusammenhang von Dehnungen ε_{c2} und ε_{s1} und der Druckzone x in Abhängigkeit von der Längskraft erkennbar. Eine Druckkraft vergrößert die Druckzone, damit verringert sich der innere Hebelarm z. Anschaulich ausgedrückt wird die Längskraft ungefähr zur Hälfte der Betondruckzone und zur Hälfte der Bewehrung zugewiesen. Eine Zugkraft entlastet die Druckzone und vergrößert die aufzunehmende Zugkraft.

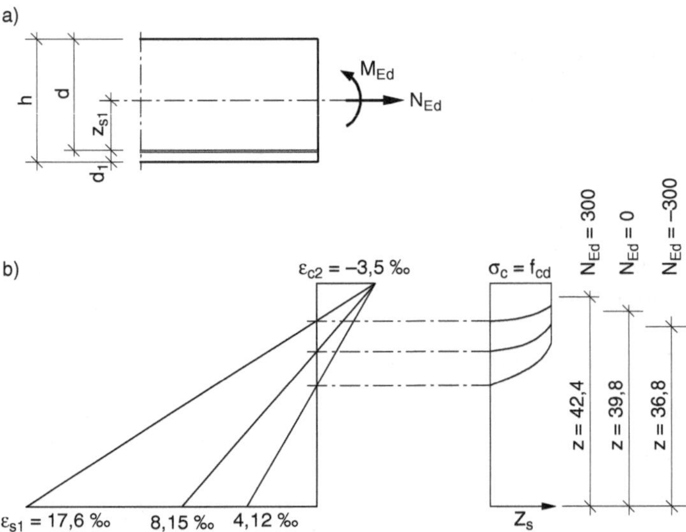

Bild 6.5: Biegung mit Längskraft
a) Geometrie
b) Dehnungen, Betonspannungen, innerer Hebelarm

Bemessung für Querkraft

Die Längskraft beeinflusst den Querkraftanteil, der vom Beton übertragen wird

DIN 1045-1, 10.3.4;
vergl. Abschnitt 4.2.3

$$V_{Rd,c} = 0,24 \cdot f_{ck}^{1/3} \left(1 + 1,2 \, \frac{\sigma_{cd}}{f_{cd}} \right) \cdot b_w \cdot z$$

$$\sigma_{cd} \;=\; \frac{N_{Ed}}{A_c} \qquad N_{Ed} < 0 \text{ als Längsdruckkraft}$$

$$\sigma_{cd} \;=\; \pm\frac{0,300}{0,3\cdot0,5} \;=\; \pm2,0\ \text{N/mm}^2$$

$$V_{Rd,c} \;=\; 0,24\cdot20^{1/3}\left(1+1,2\,\frac{\pm2,0}{11,33}\right)\cdot0,30\cdot0,392\cdot10^3 \qquad\qquad \begin{array}{l} z = d - c_{nom,l} - 30\ \text{mm},\\ \text{vergl. Abschnitt 6.1.1}\end{array}$$

$$= 92,8\ \text{kN} \qquad\qquad\qquad N_{Ed} = 300\ \text{kN}$$

$$= 60,4\ \text{kN} \qquad\qquad\qquad N_{Ed} = -300\ \text{kN}$$

$$\cot\theta \;=\; \frac{1,2-1,4\,\sigma_{cd}\,/\,f_{cd}}{1-V_{Rd,c}\,/\,V_{Ed}} \;\le\; 3,0$$

$$= \frac{1,2-1,4\cdot(-2,0\,/\,11,33)}{1-60,4\,/\,100} \;=\; 3,65 \qquad N_{Ed} = -300\ \text{kN}$$

$$\ge 3,0 \quad \text{maßgebend} \quad \text{auch für} \qquad N_{Ed} = 300\ \text{kN}$$

$$a_{sw} \;=\; \frac{V_{Ed}}{z\cdot\sigma_{sd}\cdot\cot\theta} \qquad\qquad\qquad\qquad \text{Gleichung unverändert}$$

Der Nachweis erübrigt sich in diesem Beispiel, weil für V_{Ed} = 100 kN und N_{Ed} = 300 kN bzw. – 300 kN wiederum die Mindestquerkraftbewehrung maßgebend wird, vergl. Tabelle 6.3.

Die Längszugkraft bewirkt eine steilere Neigung der Druckstrebe, dadurch vergrößert sich die Querkraftbewehrung. Umgekehrt führt eine Längsdruckkraft zu einer kleineren Querkraftbewehrung. Eine zusätzliche Längskraft verändert die Querkraftbewehrung jedoch weniger als die Längsbewehrung.

6.1.3 Balken mit Kragarm

Der in Bild 6.6 dargestellte Balken befindet sich in einer offenen Halle. Die Bemessung für Biegung und Querkraft berücksichtigt die wirklichkeitsnahe Beanspruchung im Auflagerbereich dadurch, dass anstelle der Schnittgrößen in der Stützenachse die günstigeren Bemessungswerte außerhalb der Stützenachse angesetzt werden können.

Die Zugkraft der Längsbewehrung hängt sowohl vom Biegemoment als auch von der Querkraft ab. Das verdeutlicht die Gleichung für die Verankerungslänge am Endauflager und für die gestaffelte obere Bewehrung.

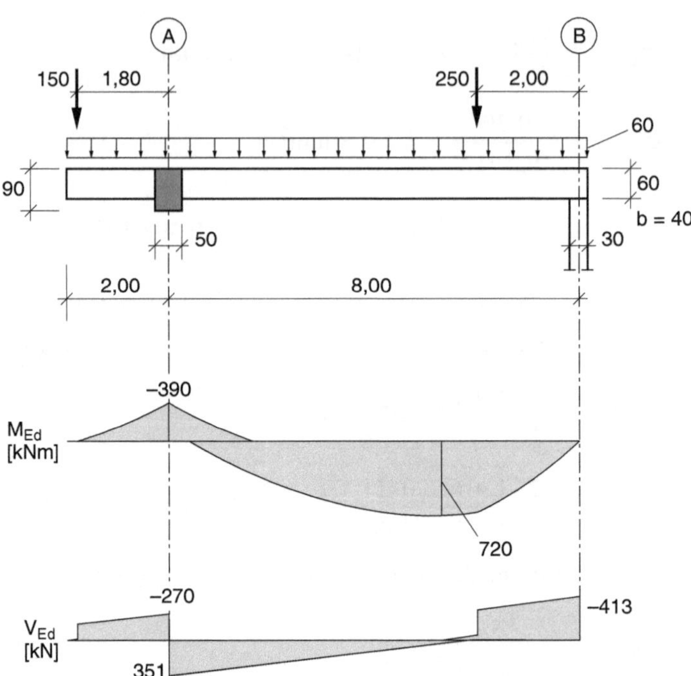

Bild 6.6: Balken mit Kragarm – System, Lasten, Schnittgrößen

Baustoffe

Beton C30/37 f_{ck} = 30 N/mm²

                        f_{cd} = 0,85 · 30/1,5 = 17 N/mm²

Betonstahl BSt 500 S f_{yk} = 500N/mm²

                        f_{yd} = 500/1,15 = 435 N/mm²

Teilsicherheitsbeiwert
Beton γ_c = 1,5
Betonstahl γ_s = 1,15
α = 0,85 für
Langzeitfestigkeit

Zu bearbeiten sind:

- Festlegung der Expositionsklassen, Mindestbetonfestigkeitsklasse, Betondeckung
- Bemessung des Feld- und Stützmoments mit k_d-Tafeln (dimensionsgebundene Beiwerte)
- Bemessung für Querkraft, Abstufung der Bügelbewehrung
- Verankerungslänge am Endauflager B
- Abstufung der oberen Bewehrung

Expositionsklassen, Mindestfestigkeitsklasse, Betondeckung

DIN 1045-1, 6.2, Tab. 3;
vergl. Anhang Tafel A7

Bewehrungskorrosion	XC3		C20/25
Betonangriff	XF1	(W0)	C25/30

DIN 1045-1, 6.3, Tab. 4;
vergl. Anhang Tafel A8

Die Mindestbetondeckung c_{min} darf um 5 mm reduziert werden, weil der gewählte Beton C30/37 um 2 Festigkeitsklassen höher ist – maßgebend ist die Mindestbetonfestigkeitsklasse für Bewehrungskorrosion.

$$c_{min} = 20 - 5 = 15 \text{ mm}$$

$$\Delta c = 15 \text{ mm}$$

$$c_{nom} = 30 \text{ mm} \qquad \text{Korrosionsschutz Bügel und Längsstab}$$

$$c_{min} = d_s = 28 \text{ mm} \qquad \text{Verbundsicherung Längsstab}$$

$$\Delta c = 10 \text{ mm}$$

$$c_{nom,l} = 28 + 10 = 38 \text{ mm}$$

$$c_v = c_{nom,l} - d_{s,bü} = 38 - 10 = 28 \text{ mm}$$

gewählt $c_v = 30 \text{ mm}$

Annahme: ⌀28, Bügel ⌀10

In den Fällen, in denen die Verbundbedingung maßgebend wird, ist ein Vorhaltemaß $\Delta c = 10$ mm ausreichend.

Bemessung für Biegung

$$b = 40 \text{ cm}$$

$$d = h - c_v - d_{s,bü} - d_{s,l}/2 \qquad \text{Nutzhöhe}$$

$$d = 60 - 3{,}0 - 1{,}0 - 2{,}8/2 = 54{,}6 \text{ cm} \qquad \text{untere Bewehrung}$$

$$d = 54{,}5 \text{ cm} \qquad \text{gewählt}$$

$$d = 60 - 3{,}0 - 1{,}0 - 2{,}0/2 = 55 \text{ cm} \qquad \text{obere Bewehrung}$$

bei Balken Genauigkeit auf halbe cm begrenzen

Annahme: obere Bewehrung ⌀20

Gewählt werden Tafeln mit dimensionsgebundenen Beiwerten; der Einstieg erfolgt über

$$k_d = \frac{d\,[\text{cm}]}{\sqrt{M_{Ed}\,[\text{kNm}]/b\,[\text{m}]}}$$

Anhang Tafel A3

mit den vorgegebenen Dimensionen. Beim Ablesen des k_s-Wertes zur Berechnung der Bewehrung ist die Betonfestigkeitsklasse zu berücksichtigen.

verkürzte Schreibweise, weil keine Längskraft N_{Ed} vorhanden ist

$$A_s\,[\text{cm}^2] = k_s \frac{M_{Ed}\,[\text{kNm}]}{d\,[\text{cm}]}$$

k_s für nächst kleineren k_d-Wert ablesen, Ergebnis liegt – geringfügig – auf der sicheren Seite

Aus der Tabelle können außerdem die bezogene Druckzone $\xi = x/d$ und der bezogene innere Hebelarm $\zeta = z/d$, die Dehnungen ε_{c2} und ε_{s1} und die Stahlspannung σ_{sd} abgelesen werden.

Der Vorteil der k_d-Tafeln liegt darin, dass die Differenz von einem k_s-Wert zum anderen nur ungefähr 1 % beträgt, so dass es nicht nötig ist zu interpolieren, wenn der k_s-Wert für den jeweils kleineren k_d-Wert abgelesen wird.

Bei Unterschreitung des Wertes k_d^* – abhängig von der Betonfestigkeit – ist Druckbewehrung erforderlich. Dann sind zusätzliche Faktoren ρ_1 und ρ_2 zu berücksichtigen, die die Lage und damit die Wirksamkeit der Druckbewehrung erfassen.

$$d_2 = 3{,}0 + 1{,}0 + 2{,}0/2 = 5{,}0 \text{ cm}$$

$$d_2/d = 5{,}0/54{,}5 = 0{,}09$$

Abstand Druckbewehrung vom oberen Rand Annahme: obere Bewehrung ⌀ 20

Feldmoment

$$M_{Ed} = 720 \text{ kNm}$$

$$k_d = \frac{54,5}{\sqrt{720 / 0,40}} = 1,28 < k_d^* = 1,41$$

Druckbewehrung erforderlich

$$k_{s1} = 2,74 \qquad\qquad k_{s2} = 0,42$$

$$\rho_1 = 1,01 \qquad\qquad \rho_2 = 1,07$$

$$A_{s1} = 2,74\frac{720}{54,5}1,01 \qquad\qquad A_{s2} = 0,42\frac{720}{54,5}1,07$$

$$= 36,6 \text{ cm}^2 \qquad\qquad = 5,9 \text{ cm}^2$$

gewählt   6⌀28: 37,0 cm^2 2⌀20: 6,3 cm^2

Die verwendete Tabelle begrenzt die Betondruckzone auf $x/d = 0,45$, demzufolge ist bei höherer Beanspruchung Druckbewehrung erforderlich. Es gibt auch k_d-Tabellen, die eine Betondruckzone bis $x/d = 0,617$ zulassen; das ist der Grenzwert bei dem die Stahlspannung gerade noch $\sigma_s = f_{yd}$ erreicht. Bei der in [7] abgedruckten k_d-Tabelle wird der geneigte Ast der Spannungs-Dehnungs-Linie mit dem zusätzlichen Faktor κ erfasst. Danach ergibt sich $k_s = 3,06$ für $k_d = 1,27$:

$$A_s = 3,06\frac{720}{54,5} = 40,4 \text{ cm}^2$$

gewählt   7⌀28: 43,1 cm^2

[8] Tabelle für größte Anzahl von Stäben in einer Lage

Es passen nur 6⌀28 in eine Lage, für die Differenz sind Stäbe in der 2. Lage erforderlich, z. B. 2⌀20.

Die Zugbewehrung ist größer als zuvor berechnet, weil mit zunehmender Druckzone – $x/d > 0,45$ – der innere Hebelarm abnimmt. In der Regel liegt die Druckbewehrung oberhalb der resultierenden Betondruckkraft, so dass mit zunehmender Druckbewehrung der gemeinsame innere Hebelarm wieder zunimmt, was zu kleineren k_{s1}-Werten führt, s. Anhang Tafel A3.

In diesem Beispiel ist die Bemessung mit Druckbewehrung günstiger, weil für die etwas geringere Zugbewehrung 6⌀28 ausreichen, die in eine Lage passen. Von der Stützbewehrung brauchen lediglich 2 Stäbe für die Druckbewehrung durchgeführt zu werden.

Stützmoment

DIN 1045-1, 7.3.2 (3); vergl. Abschnitt 3.1

Für die Bemessung darf das Moment am Auflagerrand zugrunde gelegt werden, weil der Balken monolithisch mit dem Auflager – Balken in Achse A – verbunden ist.

$$\left|M_{Ed,red}\right| = \left|M_{Ed}\right| - \left|V_{Ed}\right|_{min} \cdot a/2$$

$\left|V_{Ed}\right|_{min}$ kleinerer Betrag der Querkraft

$\left|M_{Ed,red}\right| = 390 - 270 \cdot 0{,}50 / 2 = 323 \text{ kNm}$

$k_d = \dfrac{55}{\sqrt{323 / 0{,}40}} = 1{,}94$

$k_s = 2{,}47$

$A_s = 2{,}47 \dfrac{323}{55} = 14{,}5 \text{ cm}^2$

gewählt   5∅20: 15,7 cm^2

Einzusetzen ist die dem Betrage nach kleinere Querkraft, weil links und rechts der Unterstützung die gleiche Bewehrung liegt.

Bemessung für Querkraft

Der Balken ist am Auflager A indirekt gelagert – die Last des Balkens wird nicht in der oberen Hälfte des unterstützenden Bauteils eingeleitet, damit ist der Bemessungswert am Auflagerrand zugrunde zu legen.

DIN 1045-1, 7.3.1, Bild 8; vergl. Abschnitt 3.1, Bild 3.1

links $\left|V_{Ed,red}\right| = 270 - 60 \cdot 0{,}50 / 2 = 255 \text{ kN}$

rechts $V_{Ed,red} = 351 - 60 \cdot 0{,}50 / 2 = 336 \text{ kN}$

Zur Abstufung wird die Querkraft $x = 1{,}50$ m weiter im Feld nachgewiesen

$V_{Ed} = 351 - 60 \cdot 1{,}50 = 261 \text{ kN}$

Der Balken ist am Auflager B direkt gelagert, so dass der Bemessungswert im Abstand d vom Auflagerrand ermittelt werden darf.

$\left|V_{Ed,red}\right| = 413 - 60 \cdot (0{,}30 / 2 + 0{,}545) = 371 \text{ kN}$

DIN 1045-1, 10.3.2 (1) und (2): auflagernahe Lastanteile werden direkt in das Auflager eingeleitet. vergl. Abschnitt 4.2.1

Der Querkraftanteil der Einzellast kann nicht abgemindert werden, weil der Abstand vom Auflagerrand

$\bar{x} = 2{,}00 - 0{,}30 / 2 = 1{,}75$ m größer als

$2{,}5\,d = 2{,}5 \cdot 0{,}545 = 1{,}36$ m ist.

Traganteil des Betons

DIN 1045-1, 10.3.4; vergl. Abschnitt 4.2.3

$V_{Rd,c} = 0{,}24\, f_{ck}^{1/3} \cdot b_w \cdot z$

innerer Hebelarm

$c_{nom,l}$ ist die Betondeckung der Längsbewehrung in der Betondruckzone. Zur Vereinfachung wird $z = 47{,}5$ cm auch für die Querkraftbemessung im Bereich Auflager A zugrunde gelegt.

$z = 0{,}9\,d \le d - c_{nom,l} - 30 \text{ mm}$

$z = 0{,}9 \cdot 54{,}5 = 49{,}1 \text{ cm}$

$z = 54{,}5 - (3{,}0 + 1{,}0) - 3{,}0 = 47{,}5 \text{ cm}$ maßgebend

$$V_{Rd,c} = 0,24 \cdot 30^{1/3} \cdot 0,4 \cdot 0,475 \cdot 10^3 = 142 \text{ kN}$$

Druckstrebenneigung

$$\cot\theta = \frac{1,2}{1 - V_{Rd,c}/V_{Ed}} \leq 3,0$$

Bügelbewehrung

$$a_{sw} = \frac{V_{Ed}}{z \cdot f_{yd} \cdot \cot\theta} \qquad \text{mit } f_{yd} = 435 \text{ N/mm}^2$$

DIN 1045-1, 13.2.3,
Tabelle 31
Näherungsweise darf
$\theta = 40°$ gesetzt werden,
was $\cot\theta = 1,2$ entspricht.

Bügelabstand abhängig von $V_{Ed}/V_{Rd,max}$

$$V_{Rd,max} = \frac{b_w \cdot z \cdot \alpha_c \cdot f_{cd}}{\cot\theta + \tan\theta} \qquad \text{mit } \alpha_c = 0,75 \qquad \theta = 40°$$

$$= \frac{0,40 \cdot 0,475 \cdot 0,75 \cdot 17,0}{1,2 + 1/1,2} \cdot 10^3 = 1191 \text{ kN}$$

DIN 1045-1,
13.2.3 (4), (5);
vergl. Abschnitt 5.2

Mindestquerkraftbewehrung

$$a_{sw,min} = \rho_{w,min} \cdot b_w \cdot s_w$$

$$= 0,93 \cdot 10^{-3} \cdot 40 \cdot 100 = 3,72 \text{ cm}^2/\text{m}$$

Die Berechnung der Querkraftbewehrung ist Tabelle 6.5 zu entnehmen.

Tabelle 6.5: Querkraftbewehrung

Ort	$|V_{Ed}|$	$\cot\theta$	a_{sw}	$\dfrac{V_{Ed}}{V_{Rd,max}}$	s_{max}	gewählt
	kN	–	cm^2/m	–	mm	cm^2/m
A_{links}	255	2,71	4,55	0,21	300	∅10-30: 5,24
A_{rechts}	336	2,08	7,81	0,28	300	∅10-20: 7,85
x = 1,50	261	2,63	4,80	0,22	300	∅10-30: 5,24
B	371	1,94	9,23	0,31	300	∅10-15: 10,47

Einzelschritte für A_{links}

$$\cot\theta = \frac{1,2}{1 - 142/255} = 2,71$$

Die Berechnung wird
übersichtlicher, wenn
$f_{yd} = 43,5$ kN/cm^2 einge-
setzt wird.

$$a_{sw} = \frac{255}{0,475 \cdot 43,5 \cdot 2,71} = 4,55 \text{ cm}^2/\text{m}$$

$$V_{Ed}/V_{Rd,max} = 255/1191 = 0,21 \quad < 0,30$$

$$s_{max} = 0,7\,h = 0,7 \cdot 600 = 420\,\text{mm} \quad \text{maßgebend} \quad 300\,\text{mm}$$

Bild 6.7 zeigt die Abstufung der Bügelbewehrung.

Eine Vergrößerung der Balkenhöhe vermindert die Biegezugbewehrung und die Querkraftbewehrung, vergl. Übungsaufgabe.

Für die Bauausführung ist es vorteilhaft, den Bügeldurchmesser beizubehalten und den Abstand zu variieren.

Verankerungslänge am Endauflager B

Zugkraft am Endauflager

DIN 1045-1, 13.2.2 (7); vergl. Abschnitt 5.2

$$F_{sd} = V_{Ed} \cdot a_l / z$$

Versatzmaß

$$a_l = z \cdot \cot\theta / 2$$

$$= z \cdot 1,94 / 2 = 0,97z$$

$$F_{sd} = 413 \cdot 0,97z / z = 401\,\text{kN}$$

$$A_{s,erf} = \frac{F_{sd}}{f_{yd}} = \frac{401}{43,5} = 9,2\,\text{cm}^2$$

$$A_{s,vorh} = 37,0\,\text{cm}^2$$

Annahme: alle Stäbe – 6⌀28 – laufen bis zum Auflager; Abstufung zum Auflager lohnt nicht

Grundmaß der Verankerungslänge

DIN 1045-1, 12.4, Bild 54; vergl. Abschnitt 5.1 Anhang Tafel A9

$$l_b = 101\,\text{cm} \quad\quad \text{guter Verbundbereich}$$

Verankerungslänge

DIN 1045-1, 12.6.2

$$l_{b,net} = \alpha_a \cdot l_b \cdot A_{s,erf} / A_{s,vorh} \geq l_{b,min} = 0,3\,l_b \geq 10\,d_s$$

$\alpha_a = 1,0$ für gerade Stabenden

$$l_{b,net} = 101 \cdot 9,2 / 37,0 = 25,1\,\text{cm}$$

$$\geq 0,3\,l_b = 0,3 \cdot 101 = 30,3\,\text{cm} \quad\quad \text{maßgebend}$$

Verankerungslänge bei direkter Auflagerung

$$l_{b,dir} = (2/3)\,l_{b,net} \geq 6\,d_s$$

$$= (2/3)\,30,3 = 20,2 \geq 6\,d_s = 16,8\,\text{cm}$$

Zweckmäßigerweise werden die Stäbe so weit wie möglich auf das Auflager geführt, d. h. Abstand $c_{nom,l} = 4$ cm vom Rand.

Abstufung der oberen Bewehrung

DIN 1045-1, 13.2.2; vergl. Abschnitt 5.2

Von den 5⌀20 der oberen Bewehrung sollen 3 Stäbe nur so weit wie erforderlich ins Feld geführt werden. Schnitt $x = 1,00$ m vom Auflager A

Einzellast nur auf Kragarm:
$V_{Ed} = 289$ kN

$$M_{Ed} = -390 + 289 \cdot 1,00 - 60 \cdot 1,00^2 / 2 = -131 \text{ kNm}$$

$$k_d = \frac{54,5}{\sqrt{131 / 0,4}} = 3,01 \qquad k_s = 2,29$$

$$A_s = 2,29 \frac{131}{54,5} = 5,5 \text{ cm}^2 \qquad < 2\varnothing20 : 6,3 \text{ cm}^2$$

Maßgebend für die Abstufung der Zugbewehrung ist die Zugkraftlinie. Sie ergibt sich aus der Biegezugkraft M_{Ed}/z, deren Verlauf um das Versatzmaß a_l verschoben wird.

Maßgebend für die Querkraftbemessung ist der in Bild 6.6 angegebene Verlauf der Querkraft. Für den Schnitt $x = 1,00$ m ergibt sich $\cot\theta = 2,34$

$$a_l = z \cdot \cot\theta / 2$$

$$= 47,5 \cdot 2,34 / 2 = 58 \text{ cm}$$

Über den rechnerischen Endpunkt hinaus sind die nicht mehr benötigten Stäbe mit $l_{b,net}$ zu verankern.

$$l_b = 104 \text{ cm} \qquad\qquad \text{mäßiger Verbundbereich}$$

Die Stäbe liegen in den oberen 30 cm des Balkens. Es besteht die Gefahr, dass sich der Frischbeton an der Unterseite der Stäbe absetzt und damit der Verbund reduziert ist.

DIN 1045-1, 12.6.2 (3); vergl. Abschnitt 5.1

$\alpha_a = 1,0$ für gerade Stabenden

$$l_{b,net} = \alpha_a \cdot l_b \cdot A_{s,erf} / A_{s,vorh}$$

$$= 104 \cdot 5,5 / 15,7 = 36 \text{ cm}$$

$$\geq 0,3 l_b = 0,3 \cdot 104 = 31 \text{ cm} \qquad \geq 10 d_s = 20 \text{ cm}$$

Damit können $3\varnothing20$ im Abstand $x = 1,00 + 0,58 + 0,36 = 1,94$ m von der Auflagerachse enden, Bild 6.7.

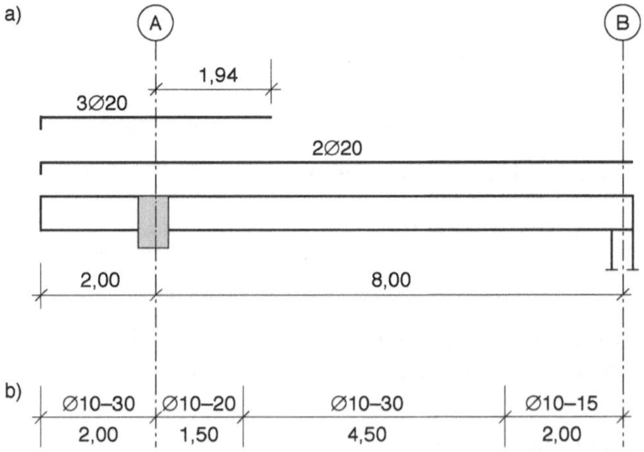

Bild 6.7: Balken mit Kragarm
a) Abstufung der oberen Bewehrung
b) Abstufung der Bügel

6.2 Platte

Die in Bild 6.8 dargestellte Platte eines Bürogebäudes lagert an den Enden auf Mauerwerk und ist in Achse B monolithisch mit dem Stahlbetonbalken verbunden. Während die Bemessung für Biegung wie beim Balken erfolgt – einachsige Lastabtragung bezogen auf 1 m Breite – wird die Abtragung der Querkraft mit einem anderen Bemessungsmodell nachgewiesen. Bei der Staffelung der Bewehrung ist wiederum die Verknüpfung von Biegung und Querkraft zu berücksichtigen. Darüber hinaus werden die Vorteile und Grenzen der Momentenumlagerung dargestellt.

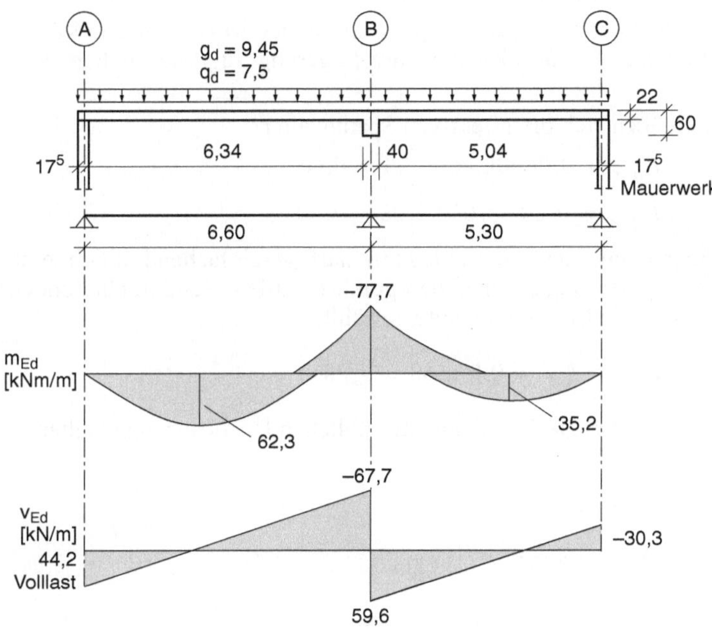

Bild 6.8: Platte – System, Lasten, Schnittgrößen

Baustoffe

Beton	C20/25	$f_{ck} = 20\,\text{N/mm}^2$	

$$f_{cd} = 0,85 \cdot 20/1,5 = 11,33\,\text{N/mm}^2$$

Betonstahl	BSt 500 S	$f_{yk} = 500\,\text{N/mm}^2$

$$f_{yd} = 500/1,15 = 435\,\text{N/mm}^2$$

Teilsicherheitsbeiwert
Beton $\gamma_c = 1,5$
Betonstahl $\gamma_s = 1,15$
$\alpha = 0,85$ für Langzeitfestigkeit

Lasten

Eigenlast zuzüglich Ausbaulast 1,5 kN/m²

Nutzlast q_k = 5,0 kN/m²

Zu bearbeiten sind:

- Festlegung des statischen Systems, Kontrolle der Biegeschlankheit
- Ermittlung der Bemessungslasten
- Festlegung der Expositionsklasse, Betondeckung
- Bemessung für Biegung
- Bemessung für Querkraft
- Abstufung der unteren Bewehrung im Feld 1
- Neubemessung nach Momentenumlagerung

DIN 1045-1, 7.3.1;
vergl. Abschnitt 3.1

Statisches System, Biegeschlankheit

Die Achse des Endauflagers darf bei Mauerwerk im Drittelspunkt angenommen werden: 17,5/3 = 6 cm

DIN 1045-1, 7.3.2 (1)

Die Achse des Zwischenauflagers ist in der Mitte des Unterzugs: 40/2 = 20 cm. Es darf frei drehbare Lagerung zugrunde gelegt werden.

Damit ergeben sich die effektiven Spannweiten

$$l_{eff,1} = 0,06+6,34+0,20 = 6,60\,\text{m}$$

$$l_{eff,2} = 0,20+5,04+0,06 = 5,30\,\text{m}$$

DIN 1045-1, 11.3.2 (1);
vergl. Abschnitt 4.3

Die Begrenzung der Durchbiegung darf vereinfachend durch eine Begrenzung der Biegeschlankheit geführt werden. Bei durchlaufenden Platten wird die Ersatzstützweite gewählt.

DIN 1045-1,
11.3.2 (4) und Tab. 22
Verhältnis angrenzender
Stützweiten
$l_{eff,1}/l_{eff,2} = 6,60/5,30$
$\quad\quad\quad = 1,25$

$$l_i = \alpha \cdot l_{eff} = 0,8 \cdot 6,60 = 5,28\,\text{m}$$

Allgemein ist bei Deckenplatten des üblichen Hochbaus einzuhalten:

$$\frac{l_i}{d} \leq 35$$

$$d \geq 5,28/35 = 0,151\,\text{m}$$

In Hinblick auf Schäden angrenzender Bauteile – Trennwände – gilt:

$$\frac{l_i}{d} \leq \frac{150}{l_i}$$

$$d \geq 5,28^2/150 = 0,186\,\text{m}$$

Die Plattendicke h = 22 cm ist ausreichend, vergl. Berechnung d für Bemessung.

DIN 1045-1, 5.3.3, Tab. 1
Teilsicherheitsbeiwert
ständige Lasten
γ_G = 1,35
veränderliche Lasten
γ_Q = 1,5

Bemessungslasten

ständige Lasten

$$g_k = 25 \cdot 0,22+1,5 = 7,0\,\text{kN/m}^2$$

$$g_d = 1,35 \cdot 7,0 = 9,45\,\text{kN/m}^2$$

Nutzlast

$$q_d = 1,5 \cdot 5,0 = 7,5 \text{ kN/m}^2$$

Die in Bild 6.8 dargestellten Schnittgrößen sind für die o. g. Lasten und Stützweiten berechnet.

Expositionsklasse, Betondeckung

Innenbauteil

XC1   (W0)   C16/20   gewählt: C20/25

c_{min} = 10 mm   Korrosionsschutz und Verbundsicherung

Δc = 10 mm

$c_{nom} = c_v = 10 + 10 = 20$ mm

Bemessung für Biegung

Es werden 2 Lagen Matten R524A angenommen:

Längsstäbe   10,0 mm   Querstäbe   8,0 mm

$$d = 22 - 2,0 - (1,0 + 0,8/2) = 18,6 \text{ cm}$$

$$= 18,6 \text{ cm} \quad \text{ungünstigster Wert}$$
$$\text{Biegeschlankheit}$$

Die Biegeschlankheit ist nur ein Kriterium für die Festlegung der Plattendicke. Außerdem sollte die Biegebewehrung baupraktisch sinnvoll sein und zweckmäßigerweise sollte keine Querkraftbewehrung erforderlich sein.

Für die Bemessung des Stützmoments darf das Moment am Auflagerrand zugrunde gelegt werden, weil die Platte monolithisch – Ortbeton – mit dem unterstützenden Balken verbunden ist.

$$\left| m_{Ed,red} \right| = 77,7 - 59,6 \cdot 0,40 / 2 = 65,8 \text{ kNm/m}$$

Gewählt werden k_d –Tafeln (dimensionsgebundene Beiwerte), die Biegebemessung ist Tabelle 6.6 zu entnehmen.

Tabelle 6.6: Biegebemessung

	$\left\| m_{Ed} \right\|$	k_d	σ_s	k_s	a_s	gewählt
	kNm/m		N/mm²		cm²/m	cm²/m
Feld 1	62,3	2,35	445	2,47	8,27	2R524: 10,48
Feld 2	35,2	3,14	455	2,32	4,39	R524: 5,24
Stützmom	65,8	2,29	443	2,52	8,91	2R524: 10,48

Zu beachten ist, dass für die maximalen Feldmomente und das Stützmoment die veränderliche Last jeweils in ungünstigster Stellung anzuordnen ist, s. Abschnitt 3.2.

DIN 1045-1, 7.3.2 (3); vergl. Abschnitt 3.1, Bild 3.2

Einzusetzen ist die dem Betrage nach kleinere Querkraft, weil links und rechts der Unterstützung die gleiche Bewehrung liegt.

Einzelschritte Feld 1

$$k_d = \frac{d\ [\text{cm}]}{\sqrt{m_{Ed}\ [\text{kNm/m}]}}$$

$$k_d = \frac{18,6}{\sqrt{62,3}} = 2,35$$

$$a_s = k_s\,\frac{m_{Ed}\ [\text{kNm/m}]}{d\ [\text{cm}]}$$

$$k_s = 2,47$$

k_s für nächst kleineren k_d-Wert ablesen

$$a_s = 2,47\,\frac{62,3}{18,6} = 8,27\ \text{cm}^2/\text{m}$$

Bemessung für Querkraft

DIN 1045-1, 7.3.2 (5)

Querkräfte dürfen bei üblichen Hochbauten für Vollbelastung aller Felder ermittelt werden.

DIN 1045-1, 7.3.1 (7); Bild 3.1: direkte Lagerung

Achse A

Bemessungswert im Abstand d vom Auflagerrand

$$v_{Ed,red} = 44{,}2-(9{,}45+7{,}5)\cdot(0{,}175/3+0{,}186) = 40{,}1\ \text{kN/m}$$

vergl. Abschnitt 4.2.2

Tragfähigkeit ohne Querkraftbewehrung

$$v_{Rd,ct} = 0{,}1\,\kappa\cdot(100\,\rho_l\cdot f_{ck})^{1/3}\cdot d$$

$$\kappa = 1+\sqrt{\frac{200}{d}} = 1+\sqrt{\frac{200}{186}} = 2{,}04 \qquad \text{maßgebend 2,0}$$

Es wird nur eine Matte R524 bis zum Auflager geführt

$$\rho_l = \frac{a_{sl}}{b\cdot d} = \frac{5{,}24}{100\cdot 18{,}6} = 0{,}0028$$

$$v_{Rd,ct} = 0{,}1\cdot 2{,}0\cdot(100\cdot 0{,}0028\cdot 20)^{1/3}\cdot 0{,}186\cdot 10^3 = 66{,}0\ \text{kN/m}$$

$$> 40{,}1\ \text{kN/m}$$

DIN 1045-1, 10.3.2 (1); vergl. Abschnitt 4.2.1, Bild 4.4: auflagernahe Lastanteile werden direkt in das Auflager eingeleitet
Maßgebend ist die obere Bewehrung: 2R524

Achse B

$$\left|v_{Ed,red}\right| = 67{,}7-(9{,}45+7{,}5)\cdot(0{,}40/2+0{,}186) = 61{,}2\ \text{kN/m}$$

$$\kappa = 2{,}0\ \text{unverändert}$$

$$\rho_l = \frac{10{,}48}{100\cdot 18{,}6} = 0{,}0056$$

$$v_{Rd,ct} = 0{,}1\cdot 2{,}0\cdot(100\cdot 0{,}0056\cdot 20)^{1/3}\cdot 0{,}186\cdot 10^3 = 83{,}2\ \text{kN/m}$$

$$> 61{,}2\ \text{kN/m}$$

Zu prüfen bleibt die Mindestquerkrafttragfähigkeit:

[2] Für die Festigkeitsklasse f_{ck} = 20 N/mm² ist bis zu einem Bewehrungsgrad $\rho \approx 0{,}5\ \%$ die Mindestquerkrafttragfähigkeit maßgebend.

$$v_{Rd,ct,min} = \left(0{,}035\cdot\sqrt{\kappa^3\cdot f_{ck}}\right)\cdot d$$

$$= \left(0{,}035\cdot\sqrt{2{,}0^3\cdot 20}\right)\cdot 0{,}186\cdot 10^3 = 82{,}3\ \text{kN/m}$$

$$> 66{,}0 \ \text{kN/m}$$

$$\approx 83{,}2 \ \text{kN/m}$$

Die Mindestquerkrafttragfähigkeit ist in Achse A größer als $v_{Rd,ct}$ und entspricht in Achse B dem Wert $v_{Rd,ct}$. Es ist keine Querkraftbewehrung in der Platte erforderlich. Bei baupraktisch üblichen Abmessungen kann im Allgemeinen auf die extra Berechnung von $v_{Ed,red}$ verzichtet werden, weil genügend Reserve vorhanden ist, vergl. Übungsaufgabe.

Abstufung der unteren Bewehrung

Bei verschränkter Staffelung der Betonstahlmatten, Bild 6.9, endet eine Matte jeweils im Feld. Nachzuweisen ist, dass die verbleibende Matte das Biegemoment aufnehmen kann. Die endende Matte muss über den rechnerischen Endpunkt um das Versatzmaß a_l und die Verankerungslänge $l_{b,net}$ geführt werden.

DIN 1045-1, 13.2.2; vergl. Abschnitt 5.2, Bild 5.3: Maßgebend für die Abstufung der Bewehrung ist die Zugkraftlinie, die um das Versatzmaß a_l gegenüber dem Momentenverlauf verschoben ist.

Gewählt wird der Schnitt $x = 1{,}00$ m vom Auflager A

$$m_{Ed} = 45{,}9 \cdot 1{,}0 - (9{,}45 + 7{,}5) 1{,}00^2 / 2 = 37{,}4 \ \text{kNm/m}$$

$$k_d = \frac{18{,}6}{\sqrt{37{,}4}} = 3{,}04$$

$$a_s = 2{,}32 \frac{37{,}4}{18{,}6} = 4{,}66 \ \text{cm}^2/\text{m}$$

$$\sigma_s = 455 \ \text{N/mm}^2$$

Nutzlast nur im Feld 1: $v_{Ed} = 45{,}9$ kN/m

Eine Matte R524 ist ausreichend.

Verankerungslänge

DIN 1045-1, 12.6.2 (3); vergl. Abschnitt 5.1

$$l_{b,net} = \alpha_a \cdot l_b \cdot \frac{a_{s,erf}}{a_{s,vorh}}$$

$$\alpha_a = 0{,}7 \qquad \text{berücksichtigt angeschweißte Querstäbe}$$

$$\frac{a_{s,erf}}{a_{s,vorh}} = \frac{4{,}66}{10{,}48} \qquad \text{berücksichtigt Auslastung}$$

Versatzmaß bei Platten ohne Querkraftbewehrung

$$a_l = d = 18{,}6 \ \text{cm}$$

$$l_b = 47 \ \text{cm} \qquad \text{guter Verbundbereich}$$

DIN 1045-1, 13.3.2 (1); vergl. Abschnitt 5.2, Gl. (5.11)
DIN 1045-1, 12.4; vergl. Abschnitt 5.1, Bild 5.1
Anhang Tafel A9

Das Grundmaß der Verankerungslänge l_b ist zu vergrößern, wenn der Anstieg der Stahlspannung – maximal 5 % – oberhalb der Streckgrenze berücksichtigt wird.

$$\sigma_s = 455 \ \text{N/mm}^2 > f_{yd} = 500 / 1{,}15 = 435 \ \text{N/mm}^2$$

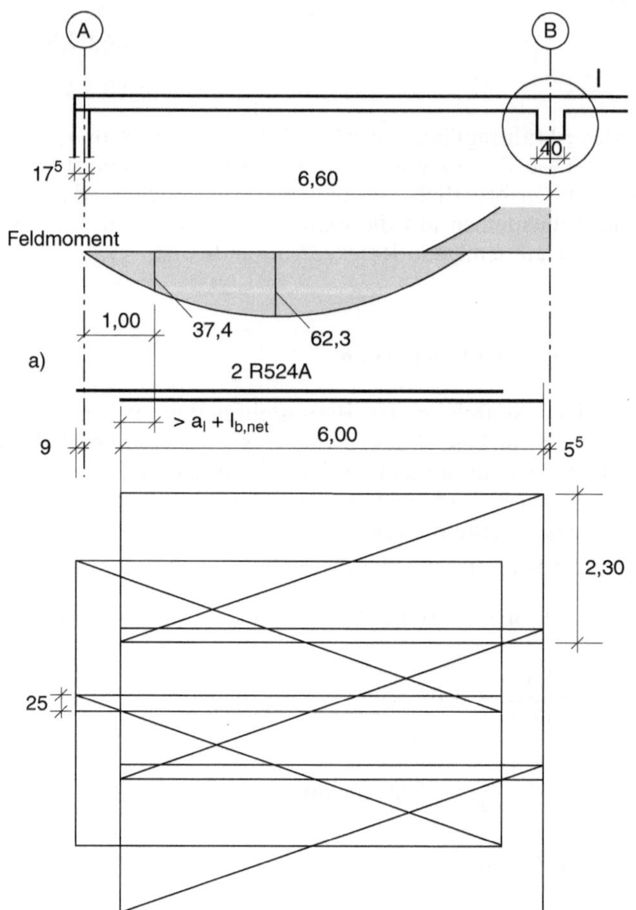

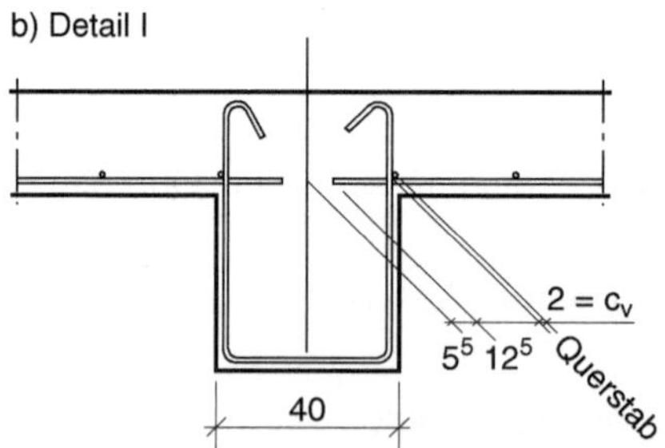

Bild 6.9: Plattenbewehrung
a) verschränkte Staffelung im Feld 1
b) Detail Mattenende am Balken

$$l_{b,net} = 0,7\,(1,05\cdot 47)\frac{4,66}{10,48} = 15,4 \text{ cm}$$

$$\geq l_{b,min} = 0,3\cdot\alpha_a\cdot l_b = 0,3\cdot 0,7\cdot(1,05\cdot 47) = 10,4 \text{ cm}$$

$$> 10\,d_s \;=\; 10\,\text{cm}$$

Bezogen auf den gewählten rechnerischen Endpunkt $x = 1{,}00$ m vom Auflager A ist die Matte um

$$a_l + l_{b,net} \;=\; 18{,}6 + 15{,}4 \;=\; 34\,\text{cm}$$

weiter zum Auflager zu führen. Daraus ergibt sich eine erforderliche Mattenlänge von $6{,}60 - 1{,}00 + 0{,}34 = 5{,}94$ m.

Die 6,00 m lange Matte ist für eine verschränkte Staffelung ausreichend. Tatsächlich reicht die Matte noch weiter zum Endauflager A, denn sie kann nicht ganz bis zur Achse B geführt werden, weil die Querstäbe – Abstand 12,5 cm vom Mattenende – gegen die Bügel des Balkens stoßen, Bild 6.9.

Zweckmäßigerweise werden die Matten im Grundriss gegeneinander versetzt angeordnet, damit nicht 2 Stöße übereinander liegen. Die Stoßlänge in Querrichtung beträgt für die Matte R524 mehr als eine Masche, weil die Mindestübergreifungslänge 250 mm maßgebend ist.

DIN 1045-1, 12.8.4,
Tab. 28

Neubemessung nach Momentenumlagerung

Die mit linear-elastischen Verfahren ermittelten Biegemomente dürfen umgelagert werden, d.h. es darf ein abgemindertes Stützmoment bei der Bemessung angesetzt werden. Konsequenterweise müssen die zugehörigen Feldmomente vergrößert werden. Die Momentenumlagerung ist bei Stahl mit normaler Duktilität – Dehnfähigkeit – auf 15 % begrenzt, bei hochduktilem Stahl auf 30 %.

DIN 1045-1, 8.3;
vergl. Abschnitt 3.2

Ermäßigung des Stützmoments um 15 %

$$\Delta m_{Ed} \;=\; -0{,}15 \cdot 77{,}7 \;=\; -11{,}7\,\text{kNm/m}$$

$$m'_{Ed} \;=\; -77{,}7 - (-11{,}7)$$

$$\;=\; -66{,}0\,\text{kNm/m}$$

Veränderung der Querkräfte

Achse A $\qquad\quad v'_{Ed} \;=\; 44{,}2 - (-11{,}7\,/\,6{,}6) \;=\; 46{,}0\,\text{kN/m}$

Achse B$_{\text{rechts}}$ $\quad v'_{Ed} \;=\; 59{,}6 + (-11{,}7\,/\,5{,}3) \;=\; 57{,}4\,\text{kN/m}$

Moment am Rand der Unterstützung

$$\left| m'_{Ed,red} \right| \;=\; 66{,}0 - 57{,}4 \cdot 0{,}4\,/\,2 \;=\; 54{,}5\,\text{kNm/m}$$

Zur Berücksichtigung einer teilweisen Einspannung in die Unterstützung ist ein Mindestmoment einzuhalten.

DIN 1045-1, 8.2 (5);
vergl. Abschnitt 3.1,
Bild 3.3

$$\left| m_{Ed,min} \right| \;=\; 0{,}65\,(g_d + q_d)\,l_n^{\,2}\,/\,8$$

$$l_n = 6{,}34\,\text{m} \qquad\qquad \text{lichte Stützweite}$$

$$\left| m_{Ed,min} \right| = 0,65(9,45+7,5)\cdot 6,34^2 / 8 = 55,4\,\text{kNm/m}$$

Das Mindestmoment ist für die Bemessung anzusetzen.

$$k_d = \frac{18,6}{\sqrt{55,4}} = 2,50$$

$$a_s = 2,47\frac{55,4}{18,6} = 7,36\,\text{cm}^2/\text{m}$$

gewählt 2R424A

DIN 1045-1, 8.3 (3); vergl. Abschnitt 3.2

Es ist ein ausreichendes Rotationsvermögen mit Hilfe der bezogenen Druckzonenhöhe nachzuweisen.

$$\xi = x / d = 0,22$$

$$\delta \geq 0,64+0,8\,x / d = 0,64+0,8\cdot 0,22 = 0,82$$

Verhältnis des umgelagerten Moments zum Ausgangsmoment

geschweißte Betonstahl-matten sind als normal-duktil eingestuft

$$\delta \geq 0,85 \qquad\qquad \text{bei normalduktilem Stahl}$$

Im Allgemeinen erübrigt sich dieser Nachweis bei Platten, weil die Druckzonenhöhe gering ist, vergl. Übungsaufgabe. Einige Bemessungstabellen geben den zulässigen δ-Wert mit an.

Das zugehörige Feldmoment – Volllast – ist mit dem maximalen Feldmoment – Nutzlast nur in Feld 1 – zu vergleichen.

$$m_{Ed} = \frac{v'_{Ed}{}^2}{2(g_d + q_d)} = \frac{46,0^2}{2(9,45+7,5)} = 62,4\,\text{kNm/m}$$

$$\approx max\ m_{Ed} = 62,3\,\text{kNm/m}$$

Die Bemessung mit Momentenumlagerung ist vorteilhaft.

Es ist keine Neubemessung für das Feld erforderlich. Das trifft häufig zu, weil das maximale Feldmoment für eine andere Laststellung als das Stützmoment berechnet wird, vergl. Abschnitt 3.2, Bild 3.5.

6.3 Fußgängerplattform

6.3.1 Allgemeines

Die in Bild 6.10 dargestellte Fußgängerplattform besteht aus den separat hergestellten Bauteilen Platte und Balken. Zwischen der Platte und dem Balken ist ein Streifenlager angeordnet, auch zwischen Balken und Stütze befindet sich ein Lager, damit die Last mittig übertragen wird und Verdrehungen am Auflager nicht behindert sind. Bei monolitischer Verbindung von Platte und Balken – Ortbeton – liegt ein Plattenbalken vor, der in Abschnitt 7.2 bearbeitet wird.

Dieses Beispiel soll das Zusammenwirken von Bauteilen und die Weiterleitung der Lasten verdeutlichen. Für Platte und Balken werden die Tragfähigkeit – Bemessung für Biegung und Querkraft – und die Gebrauchstauglichkeit – Begrenzung der Rissbreite – nachgewiesen.

Das Bauwerk ist der Außenluft ausgesetzt. Aufgrund der Kunststoffbeschichtung ist die Plattenoberfläche vor direkter Beregnung geschützt.

Baustoffe

Beton C30/37

$$f_{ck} = 30\,\text{N/mm}^2$$

$$f_{cd} = 0,85 \cdot 30 / 1,5 = 17\,\text{N/mm}^2$$

Betonstahl BSt 500 S und BSt 500 M

$$f_{yk} = 500\,\text{N/mm}^2$$

$$f_{yd} = 500 / 1,15 = 435\,\text{N/mm}^2$$

Teilsicherheitsbeiwert
Beton $\gamma_c = 1,5$
Betonstahl $\gamma_s = 1,15$
$\alpha = 0,85$ für Langzeitfestigkeit

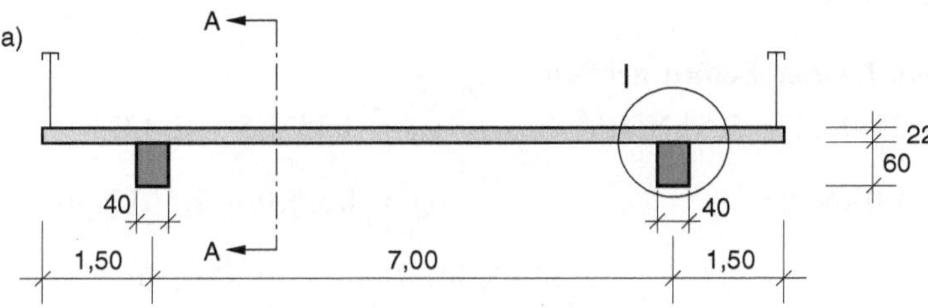

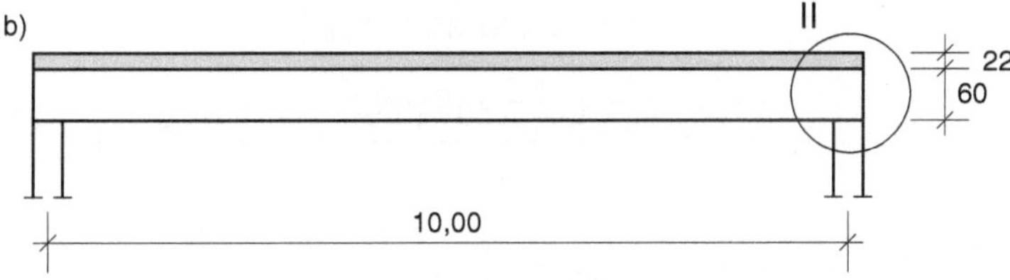

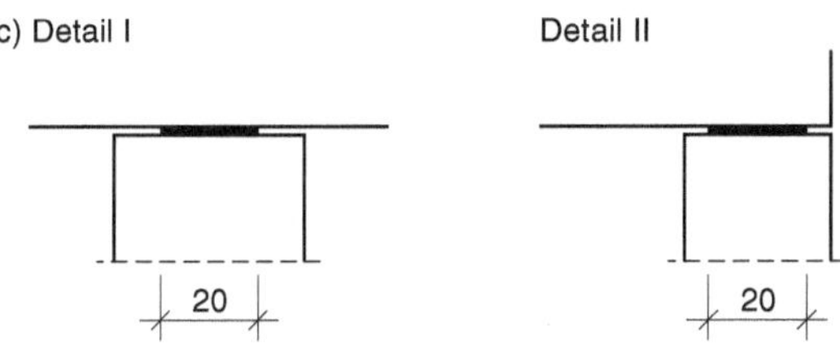

Bild 6.10: Fußgängerplattform
    a) Querschnitt
    b) Längsschnitt
    c) Detail Auflagerung

Lasten

Eigenlast der Betonkonstruktion

Geländer und Beschichtung werden vernachlässigt

DIN 1055-3, Tab. 1, Kategorie C5: Flächen für große Menschenansammlungen; z. B. Eingangsbereiche

Nutzlast $\qquad q_k = 5{,}0\,\text{kN/m}^2$

Eine mögliche Abminderung für die Weiterleitung bleibt zur Vereinfachung unberücksichtigt.

Für die Platte und den Balken sind zu bearbeiten:
- Ermittlung der Lasten und Schnittgrößen
- Festlegung der Expositionsklassen, Mindestbetonfestigkeitsklasse, Betondeckung
- Bemessung für Biegung
- Bemessung für Querkraft
- Begrenzung der Rissbreite, s. Abschnitt 14.2

6.3.2 Platte

Teilsicherheitsbeiwert ständige Lasten
$\gamma_G = 1{,}35$
veränderliche Lasten
$\gamma_Q = 1{,}5$

System, Lasten, Schnittgrößen

$$g_k = 25 \cdot 0{,}22 = 5{,}5\,\text{kN/m}^2 \qquad g_d = 1{,}35 \cdot 5{,}5 = 7{,}43\,\text{kN/m}^2$$

$$q_k = 5{,}0\,\text{kN/m}^2 \qquad q_d = 1{,}5 \cdot 5{,}0 = 7{,}50\,\text{kN/m}^2$$

Feld
$$m_{Ed} = \frac{(7{,}43+7{,}50) \cdot 7{,}00^2}{8} - \frac{7{,}43 \cdot 1{,}50^2}{2}$$

$$= 91{,}5 - 8{,}4 = 83{,}1\,\text{kNm/m}$$

Kragarm
$$m_{Ed} = \frac{-(7{,}43+7{,}50) \cdot 1{,}50^2}{2} = -16{,}8\,\text{kNm/m}$$

Die ungünstigste Auflagerkraft – maßgebende Last für den Balken – ergibt sich für die Anordnung der Nutzlast L2, Bild 6.11. Diese Lastanordnung wird auch für die Berechnung der Querkraft angesetzt.

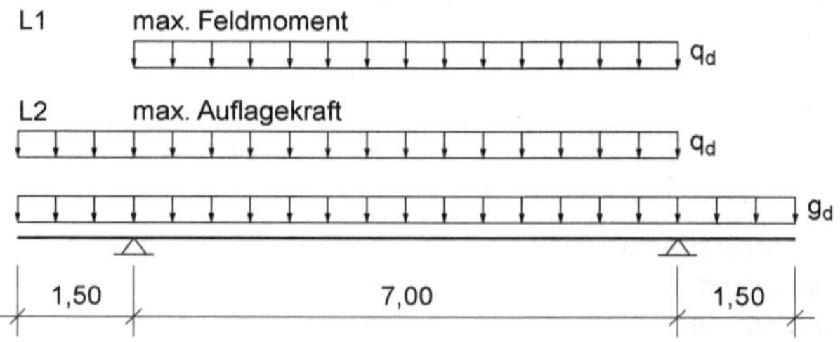

Bild 6.11: Platte – System, Lasten

Querkraft rechts $\quad v_{Ed,r} = \dfrac{(7,43+7,50)\cdot 7,00}{2} + \dfrac{8,44}{7,00} = 53,5\,\text{kN/m}$

Querkraft links $\quad v_{Ed,l} = (7,43+7,50)\cdot 1,50 = 22,4\,\text{kN/m}$

Auflagerkraft $\quad a_{Ed} = 53,5+22,4 = 75,9\,\text{kN/m}$

infolge g $\quad a_{Ed,g} = \dfrac{7,43\cdot 10,0}{2} = 37,2\,\text{kN/m}$

infolge q $\quad a_{Ed,q} = 75,9-37,2 = 38,7\,\text{kN/m}$

Expositionsklassen, Mindestfestigkeitsklasse, Betondeckung

Die Platte ist durch die Beschichtung der Oberseite gegen direkte Beregung geschützt, so dass folgende Expositionsklassen zugrunde zu legen sind:

XC3 $\qquad$ C20/25 $\qquad$ Bewehrungskorrosion $\qquad$ DIN 1045-1, 6.2, Tab. 3;

XF1 $\quad$ (W0) $\quad$ C25/30 $\qquad$ Betonangriff $\qquad$ vergl. Anhang Tafel A7

Die Mindestbetondeckung c_{min} darf um 5 mm reduziert werden, weil der gewählte Beton C30/37 um 2 Festigkeitsklassen höher ist – maßgebend ist die Mindestbetonfestigkeitsklasse für Bewehrungskorrosion.

DIN 1045-1, 6.3, Tab. 4;
vergl. Anhang Tafel A8

$$c_{min} = 20-5 = 15\,\text{mm}$$

$$\Delta c = 15\,\text{mm}$$

$$c_{nom} = c_v = 30\,\text{mm}$$

Bemessung für Biegung

$$d = h-c_v-d_s/2 \qquad \text{Nutzhöhe}$$

$$= 22-3,0-1,2/2 = 18,4\,\text{cm}$$

Annahme:
Stabstahl $\varnothing 12$

Feld $\quad k_d = \dfrac{18,4}{\sqrt{83,1}} = 2,02$

$k_s = 2,47$

$$a_s = 2,47\,\dfrac{83,1}{18,4} = 11,2\,\text{cm}^2/\text{m}$$

$$k_d = \dfrac{d\,[\text{cm}]}{\sqrt{m_{Ed}\,[\text{kNm/m}]}}$$

$$a_s = k_s\,\dfrac{m_{Ed}\,[\text{kNm/m}]}{d\,[\text{cm}]}$$

k_s für nächst kleineren k_d-Wert ablesen

gewählt $\varnothing 12{-}10$: 11,3 cm^2/m, verschwenkte Staffelung, d. h. nur jeder 2. Stab wird bis zum Auflager geführt.

Kragarm: Momentenausrundung über die Breite des Lagers

DIN 1045-1, 7.3.2 (2);
vergl. Abschnitt 3.1

$$\left| m_{Ed,red} \right| = 16,8-75,9\cdot 0,20/8 = 14,9\,\text{kNm/m}$$

$$k_d = \frac{18,4}{\sqrt{14,9}} = 4,77$$

$$k_s = 2,24$$

$$a_s = 2,24 \cdot \frac{14,9}{18,4} = 1,8 \ \text{cm}^2/\text{m}$$

DIN 1045-1,
13.1.1 (1)

Ein Versagen des Bauteils ohne Vorankündigung muss vermieden werden – Duktilitätskriterium. Demzufolge ist eine Mindestbewehrung erforderlich, die in der Lage ist, das Rissmoment aufzunehmen. Dabei ist vom Mittelwert der Zugfestigkeit des Betons f_{ctm} und der Stahlspannung $\sigma_s = f_{yk}$ auszugehen. Bezogen auf einen Rechteckquerschnitt entspricht das näherungsweise einem Bewehrungsgrad

vergl. Abschnitt 5.2

$$\rho = \frac{A_s}{b \cdot h} = 0,2 \, \frac{f_{ctm}}{f_{yk}}$$

$$\rho = 0,0004 \, f_{ctm}$$

DIN 1045-1, 9.1.7, Tab. 9:
Festigkeitswerte

$$a_s = 0,0004 \cdot 2,9 \cdot 22 \cdot 100 = 2,55 \ \text{cm}^2/\text{m}$$

Das Duktilitätskriterium erfordert mehr Bewehrung als die Bemessung für Biegung.

gewählt   R257A: 2,57 cm²/m

Die Mindestbewehrung zur Sicherstellung der Duktilität ist wesentlich geringer als die Mindestbewehrung für die Begrenzung der Rissbreite.

Bemessung für Querkraft

DIN 1045-1, 10.3.2 (1);
vergl. Abschnitt 4.2.1,
Bild 4.4: auflagernahe
Lastanteile werden direkt
in das Auflager eingeleitet.

Bemessungswert im Abstand d vom Auflagerrand – maßgebend ist die Breite des Lagers:

links

$$|v_{Ed,red}| = 22,4 - (7,43 + 7,50)\,(0,20/2 + 0,184) = 18,2 \ \text{kN/m}$$

Aufnehmbare Querkraft ohne Querkraftbewehrung

vergl. Abschnitt 4.2.2

$$v_{Rd,ct} = 0,1\,\kappa \cdot (100\,\rho_l \cdot f_{ck})^{1/3} \cdot d$$

$$\kappa = 1 + \sqrt{\frac{200}{d}} = 1 + \sqrt{\frac{200}{184}} = 2,04 \quad \text{maßgebend } 2,0$$

Maßgebend ist die gewählte Bewehrung.

$$\rho_l = \frac{2,57}{100 \cdot 18,4} = 0,00140$$

$$v_{Rd,ct} = 0,1 \cdot 2,0\,(100 \cdot 0,00140 \cdot 30)^{1/3} \cdot 0,184 \cdot 10^3$$

$$= 59,4 \ \text{kN/m}$$

$$> 18,2 \ \text{kN/m}$$

Zu prüfen bleibt die Mindestquerkrafttragfähigkeit

$$v_{Rd,ct,\mathrm{min}} = \left(0{,}035 \cdot \sqrt{\kappa^3 \cdot f_{ck}}\right) \cdot d$$

$$= \left(0{,}035 \cdot \sqrt{2{,}0^3 \cdot 30}\right) \cdot 0{,}184 \cdot 10^3 = 99{,}8\ \mathrm{kN/m}$$

$$> 59{,}4\ \mathrm{kN/m}$$

Die Mindestquerkrafttragfähigkeit ist deutlich höher als die Querkrafttragfähigkeit $v_{Rd,ct}$. Für den rechten Schnitt erübrigt sich ein Nachweis, selbst für den Wert $v_{Ed} = 53{,}5$ kN/m in der Achse, so dass keine Querkraftbewehrung erforderlich ist.

Für die Festigkeitsklasse $f_{ck} = 30$ N/mm² ist bis zu einem Bewehrungsgrad $\rho \approx 0{,}7\,\%$ die Mindestquerkrafttragfähigkeit maßgebend; vergl. [2] Darstellung zu DIN 1045-1, 10.3.3.

6.3.3 Balken

System, Lasten, Schnittgrößen

Eigenlast Platte $\qquad g_{d,1} = 37{,}2\ \mathrm{kN/m}$

vergl. Auflagerkraft Platte

Eigenlast Balken $\qquad g_{d,2} = 1{,}35 \cdot 25 \cdot 0{,}40 \cdot 0{,}60 = 8{,}1\ \mathrm{kN/m}$

$$g_d = 45{,}3\ \mathrm{kN/m}$$

Nutzlast $\qquad q_d = 38{,}7\ \mathrm{kN/m}$

Gesamtlast $\qquad g_d + q_d = 84{,}0\ \mathrm{kN/m}$

$$M_{Ed} = 84{,}0 \cdot 10{,}0^2 / 8 = 1050\ \mathrm{kNm}$$

$$V_{Ed} = 84{,}0 \cdot 10{,}0 / 2 = 420\ \mathrm{kN}$$

Expositionsklassen, Mindestfestigkeitsklasse, Betondeckung

XC3	C20/25	Bewehrungskorrosion
XF1 (W0)	C25/30	Betonangriff

vergl. Platte, keine direkte Beregnung des Balkens

Bei der Betondeckung ist das Kriterium $c_{min} > d_s$ zur sicheren Übertragung der Verbundkräfte zu überprüfen. Angenommen werden Längsstäbe Ø28, Bügel Ø10.

DIN 1045-1, 6.3 (4); vergl. Abschnitt 2.3 Anhang Tafel Λ8

Bügel $\qquad c_{min} = 20 - 5 = 15\ \mathrm{mm} \geq d_{s,bü} = 10\ \mathrm{mm}$

$$\Delta c = 15\ \mathrm{mm}$$

$$c_{nom} = 15 + 15 = 30\ \mathrm{mm}$$

Verminderung, weil gewählter Beton 2 Festigkeitsklassen höher ist

Längsstäbe $\qquad c_{min} \geq d_s = 28\ \mathrm{mm}$

$$\Delta c = 10\ \mathrm{mm}$$

DIN 1045-1, 6.3 (8): Wenn die Verbundbedingung maßgebend wird, ist ein Vorhaltemaß $\Delta c = 10$ mm ausreichend.

$$c_{nom,l} = 28 + 10 = 38 \text{ mm}$$

$$c_v \geq c_{nom,l} - d_{s,bü} = 38 - 10 = 28 \text{ mm}$$

Verlegemaß $\qquad c_v = 30 \text{ mm}$

Bemessung für Biegung

$$d = h - c_v - d_{s,bü} - d_{s,l}/2 \qquad \text{Nutzhöhe}$$

$$d = 60 - 3,0 - 1,0 - 2,8/2 = 54,6 \text{ cm}$$

$$k_d = \dfrac{d\,[\text{cm}]}{\sqrt{\dfrac{M_{Ed}\,[\text{kNm}]}{b\,[\text{m}]}}}$$

$$A_s = k_s \dfrac{M_{Ed}\,[\text{kNm}]}{d\,[\text{cm}]}$$

Anhang Tafel A3

gewählt $\quad d = 54,5 \text{ cm}$

$$k_d = \frac{54,5}{\sqrt{\dfrac{1050}{0,4}}} = 1,06 \qquad < k_d^* = 1,41$$

Es ist Druckbewehrung erforderlich.

$$k_{s1} = 2,62 \qquad\qquad\qquad k_{s2} = 1,02$$

Berücksichtigung der Lage/Wirksamkeit der Druckbewehrung

Korrekturfaktoren für $d_2/d = 5,5/54,5 = 0,10$

$$\rho_1 = 1,03 \qquad\qquad\qquad \rho_2 = 1,08$$

$$A_{s1} = 2,62 \cdot \frac{1050}{54,5} \cdot 1,03 \qquad\qquad A_{s2} = 1,02 \cdot \frac{1050}{54,5} \cdot 1,08$$

$$= 52,0 \text{ cm}^2 \qquad\qquad\qquad = 21,2 \text{ cm}^2$$

gewählt $\quad 9\,\varnothing 28 : 55,4 \text{ cm}^2 \qquad\qquad 2\varnothing 20 + 3\varnothing 28 : 24,7 \text{ cm}^2$

DIN 1045-1, 12.2 (2): lichter Stababstand zwischen parallelen Stäben 20 mm $\geq d_s$. Für Größtkorn $d_g > 16$ mm ist der Abstand auf $d_g + 5$ mm zu vergrößern; vergl. Abschnitt 5.1

In einer Lage finden nur 6$\varnothing$28 Platz, so dass 3$\varnothing$28 in der 2. Lage angeordnet werden, Bild 6.12. Dadurch vermindert sich die statische Nutzhöhe um

$$\Delta d = \frac{3 \cdot 2\, d_s}{3 + 6} = \frac{6}{9} 28 = 19 \text{ mm}.$$

Bezogen auf den angenommenen Wert $d = 54,5$ cm sind das $1,9/54,5 = 3,5\,\%$. Andererseits bietet die gewählte Bewehrung $A_{s1,vorh} - A_{s1,erf} = 55,4 - 52,0 = 3,4 \text{ cm}^2$ mehr Querschnitt als erforderlich. Die Reserve beträgt $3,4/52,0 = 6,5\,\%$, so dass der Nachteil des kleineren Hebelarms mehr als ausgeglichen ist und eine Neubemessung nicht erforderlich ist.

Die vergleichsweise hohe Druckbewehrung $- A_{s2} = 0,4\, A_{s1} -$ zeigt, dass der Betonquerschnitt knapp ausgelegt ist. Es ist zweckmäßig, die Querschnittsabmessungen zu vergrößern und/oder eine höhere Betonfestigkeitsklasse zu wählen, vergl. Übungsaufgabe.

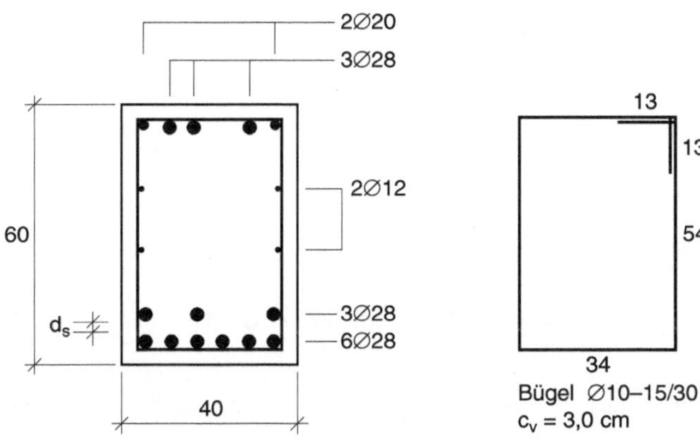

Bild 6.12: Balken – Bewehrung im Querschnitt

Querstab ⌀28 als Abstandshalter erforderlich

Bemessung für Querkraft

Bemessungswert im Abstand d vom Auflagerrand; es werden nur die Stäbe der unteren Lage bis zum Auflager geführt, so dass der ursprüngliche Wert $d = 54{,}5$ cm zutreffend ist.

$$V_{Ed,red} = 420 - 84{,}0\,(0{,}2/2 + 0{,}545) = 366\ \text{kN}$$

Vom Beton wird übertragen

$$V_{Rd,c} = 0{,}24\,f_{ck}^{1/3} \cdot b_w \cdot z$$

$$= 0{,}24 \cdot 30^{1/3} \cdot 0{,}40 \cdot 0{,}475 \cdot 10^3 = 142\ \text{kN}$$

DIN 1045-1, 10.3.4; vergl. Abschnitt 4.2.2

innerer Hebelarm

$$z = 0{,}9\,d \le d - c_{nom,l} - 30\ \text{mm}$$

$$z = 0{,}9 \cdot 54{,}5 = 49{,}1\ \text{cm}$$

$$z = 54{,}5 - (3{,}0 + 1{,}0) - 3{,}0 = 47{,}5\ \text{cm} \qquad \text{maßgebend}$$

$c_{nom,l}$ ist die Betondeckung der Längsbewehrung in der Betondruckzone.

Druckstrebenneigung

$$\cot\theta = \frac{1{,}2}{1 - V_{Rd,c}/V_{Ed}} = \frac{1{,}2}{1 - 142/366} = 1{,}96$$

Bügelbewehrung

$$a_{sw} = \frac{V_{Ed}}{z \cdot f_{yd} \cdot \cot\theta} = \frac{0{,}366}{0{,}475 \cdot 435 \cdot 1{,}96}\,10^4 = 9{,}04\ \text{cm}^2/\text{m}$$

Alternativ lässt sich die Querkraftbewehrung auch für die verbleibende Querkraft – nach Abzug des Betontraganteils – mit $\cot\theta = 1{,}2$ ermitteln.

$$a_{sw} = \frac{V_{Ed} - V_{Rd,c}}{z \cdot f_{yd} \cdot 1,2}$$

vereinfachte Schreibweise
mit kN, kN/cm^2

$$= \frac{366 - 142}{0,475 \cdot 43,5 \cdot 1,2} = 9,04 \ \text{cm}^2/\text{m}$$

Der Bügelabstand ist vom Verhältnis $V_{Ed} / V_{Rd,max}$ abhängig.

DIN 1045-1, 13.2.3
Tab. 31: größte Abstände
von Bügelschenkeln;
vergl. Abschnitt 5.2

$$V_{Rd,max} = \frac{b_w \cdot z \cdot \alpha_c \cdot f_{cd}}{\cot \theta + \tan \theta} \quad \text{mit } \alpha_c = 0,75$$

Näherungsweise darf $\theta = 40$ gesetzt werden, was $\cot \theta = 1,2$ entspricht.

$$V_{Rd,max} = \frac{0,40 \cdot 0,475 \cdot 0,75 \cdot 17}{1,2 + 1/1,2} 10^3 = 1191\,\text{kN}$$

$$V_{Ed} / V_{Rd,max} = 366/1191 = 0,31 > 0,30$$

$$< 0,60$$

Damit beträgt der maximale Längsabstand der Bügel

$$s_{max} = 0,5h \leq 300\,\text{mm}$$

gewählt Bügel Ø10, Abstand 15 cm: 10,5 cm^2/m

Der Abstand kann im mittleren Bereich auf 30 cm vergrößert werden,
s. Übungsaufgabe.

DIN 1045-1, 12.7,
Bild 56:
Verankerung von Bügeln

Die Bügel sind in der Druckzone zu schließen, Bild 6.12.

7 Plattenbalken

Der Plattenbalken als typischer Stahlbetonquerschnitt ergibt sich durch die monolithische Verbindung der Platte mit dem Balken. Am Beispiel der Fußgängerplattform – Abschnitt 7.1 – wird der Vorteil gegenüber dem Rechteckquerschnitt herausgestellt.

Die Weiterleitung der Lasten und das Tragverhalten durchlaufender Plattenbalken behandelt Abschnitt 7.2 am Beispiel einer Geschossdecke. Im Anschluss an die Bemessung werden die Zugkraftdeckungslinie gezeichnet und die Verankerungslängen berechnet. Darauf aufbauend folgt eine ausführungsreife Bewehrungsskizze.

Im Abschnitt 7.3 werden die Lasteinzugsflächen für den Randbalken, den ersten Innenbalken und die übrigen Innenbalken dargestellt. Bei dem über 3 Felder durchlaufenden Plattenbalken werden die Möglichkeiten und Grenzen der Momentenumlagerung verdeutlicht.

7.1 Mitwirkende Plattenbreite

Bei Plattenbalken beteiligt sich die Platte rechts und links des Steges – auch Gurte genannt – an der Aufnahme der Druckkraft infolge Biegung. Mit zunehmendem Abstand vom Steg werden die Druckspannungen im Gurt kleiner, d. h. die weiter entfernt liegenden Bereiche entziehen sich der Mitwirkung als Druckgurt. Zur Vereinfachung wird eine mitwirkende Plattenbreite definiert, für die die gleiche Druckspannung – bezogen auf den gleichen Abstand zur Spannungsnulllinie – zugrunde gelegt wird.

Die mitwirkende Plattenbreite b_{eff} darf für Biegebeanspruchung infolge annähernd gleichmäßig verteilter Einwirkungen angenommen werden zu:

$$b_{eff} = \sum b_{eff,i} + b_w \qquad (7.1a)$$

mit: $\qquad b_{eff,i} = 0,2\,b_i + 0,1\,l_0 \qquad \leq 0,2\,l_0 \qquad \leq b_i \qquad (7.1b)$

$\qquad l_0 \qquad$ wirksame Stützweite

$\qquad b_i \qquad$ tatsächlich vorhandene Gurtbreite

$\qquad b_w \qquad$ Stegbreite

DIN 1045-1, 7.3.1
Die mitwirkende Plattenbreite b_{eff} ist von den Gurt- und Stegabmessungen, von der Stützweite, den Auflagerbedingungen und von der Art der Belastung abhängig.

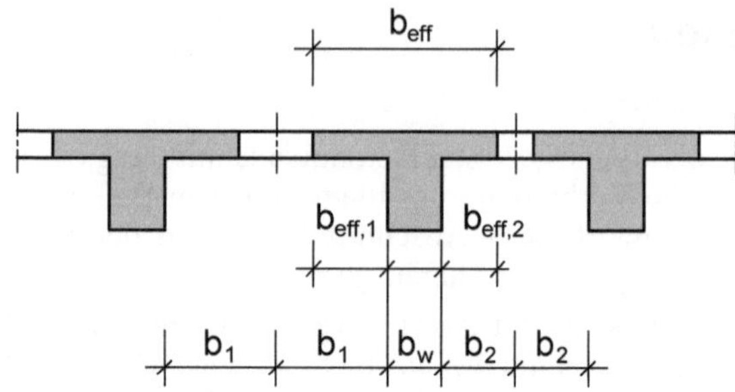

Bild 7.1:   Mitwirkende Plattenbreite

Maßgebend für die Verteilungsbreite der Druckspannungen im Gurt sind die Verformungen des Plattenbalkens. Diese sind bei durchlaufenden Systemen kleiner als bei Einfeldbalken. Näherungsweise kann die wirksame Stützweite l_0 zugrunde gelegt werden, die dem Abstand der Momentennullpunkte entspricht.

Für annähernd gleichmäßig verteilte Einwirkungen darf die wirksame Stützweite Bild 7.2 entnommen werden. Voraussetzung sind etwa gleiche Steifigkeitsverhältnisse und ein Verhältnis der Stützweiten benachbarter Felder $l_{eff,i} / l_{eff,i+1} \geq 0{,}8$. Bei größeren Stützweitenunterschieden ist der Abstand der Momentennullpunkte aus dem zugehörigen Momentenverlauf anzusetzen.

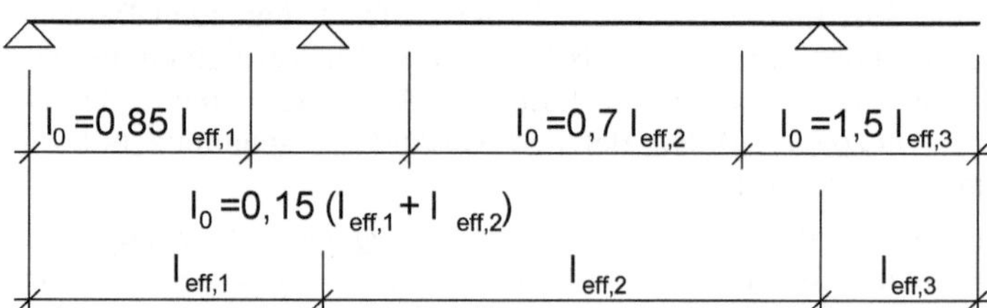

Bild 7.2:   Angenäherte wirksame Stützweiten l_0 zur Berechnung der mitwirkenden Plattenbreite

Bei durchlaufenden Plattenbalken sollte ein Teil der oberen Zugbewehrung in der Platte angeordnet werden. Es ist sinnvoll, den Durchmesser der ausgelagerten Bewehrung auf die Plattendicke abzustimmen:

- Stabdurchmesser [mm] $\leq$ Plattendicke [cm]

In der Praxis ist es üblich, etwa die Hälfte der oberen Zugbewehrung in die Gurte auszulagern. Doch letztlich hängt der gewählte Anteil vom Durchmesser der ausgelagerten Stäbe und der Verteilungsbreite ab.

Die Bewehrung darf auf einer Breite bis zur halben rechnerischen Gurtbreite $b_{eff,i} = 0{,}2b_i + 0{,}1l_0 < 0{,}2l_0$ neben dem Steg angeordnet werden. Zu beachten ist, dass die mitwirkende Plattenbreite über Innenstützen wesentlich kleiner ist als im Feld, weil die wirksame Stützweite nur mit $l_0 = 0{,}15\,(l_{eff,1} + l_{eff,2})$ in Gleichung (7.1b) eingeht.

DIN 1045-1, 13.2.1 (2)

Für den Einbau der Bewehrung ist es vorteilhaft, dass bei Plattenbalken offene Bügel verwendet werden dürfen. Voraussetzung ist, dass der Bemessungswert der Querkraft V_{Ed} höchstens 2/3 der maximalen Querkrafttragfähigkeit $V_{Rd,max}$ beträgt.

DIN 1045-1, 12.7 (5) und Bild 56 i)

7.2 Fußgängerplattform

Die in Abschnitt 6.3 vorgestellte Fußgängerplattform wird als monolithische Konstruktion – Ortbeton – nachgewiesen, Bild 7.3. Die Lastabtragung der Platte ist unverändert, in Längsrichtung nehmen der Balken und die angrenzende Platte gemeinsam die Druckkräfte auf. Um die günstige Lastabtragung des Plattenbalkens zu verdeutlichen, beträgt die Bauhöhe $h = 60$ cm wie zuvor beim Rechteckbalken.

Baustoffe

Beton	C30/37
Betonstahl	BSt 500 S und BSt 500 M

System, Lasten, Schnittgrößen s. Abschnitt 6.3.3

$$M_{Ed} = 1050 \text{ kNm} \qquad \text{Feldmitte}$$

$$V_{Ed} = 420 \text{ kN} \qquad \text{Auflagerachse}$$

Zu bearbeiten sind:

- Bemessung für Biegung
- Bemessung für Querkraft einschließlich Gurtanschluss

Bemessung für Biegung

Übernommen werden $h = 60$ cm, $c_v = 3{,}0$ cm

Längsstäbe Ø28, Bügel Ø10, damit unveränderte Nutzhöhe:

$d = 60 - 3{,}0 - 1{,}0 - 2{,}8/2 = 54{,}6$ cm $\qquad$ gewählt $\qquad d = 54{,}5$ cm

Mitwirkende Plattenbreite

$$b_{eff} = \sum b_{eff,i} + b_w$$

$$b_{eff,i} = 0{,}2\,b_i + 0{,}1\,l_0 \qquad \leq 0{,}2\,l_0 \qquad \leq b_i$$

DIN 1045-1,
7.3.1 (2), Bild 2;
vergl. Abschnitt 7.1

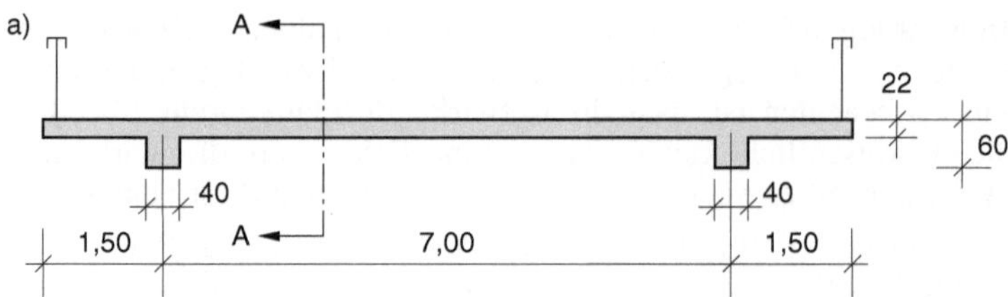

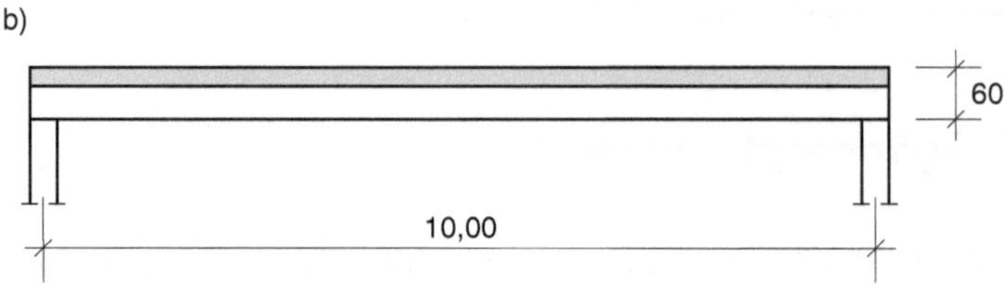

Bild 7.3: Fußgängerplattform – Plattenbalken
a) Querschnitt
b) Längsschnitt

mitwirkende Plattenbreite links (Kragarm)

$$b_1 = 1{,}50 - 0{,}40/2 = 1{,}30 \text{ m}$$

$$l_0 = l_{eff} = 10{,}00 \text{ m}$$

DIN 1045-1,
7.3.1 (3), Bild 3;
vergl. Abschnitt 7.1:
für Einfeldträger gilt
$l_0 = l_{eff}$

$$b_{eff,1} = 0{,}2 \cdot 1{,}30 + 0{,}1 \cdot 10{,}00 = 1{,}26 \text{ m}$$

$$< 0{,}2\, l_0 = 0{,}2 \cdot 10{,}00 = 2{,}00 \text{ m}$$

$$< b_1 = 1{,}30 \text{ m}$$

mitwirkende Plattenbreite rechts (Feld)

$$b_2 = (7{,}00 - 0{,}40)/2 = 3{,}30 \text{ m}$$

$$b_{eff,2} = 0{,}2 \cdot 3{,}30 + 0{,}1 \cdot 10{,}00 = 1{,}66 \text{ m}$$

$$< 0{,}2\, l_0 = 2{,}00 \text{ m}$$

$$< b_2 = 3{,}30 \text{ m}$$

mitwirkende Plattenbreite

$$b_{eff} = 1{,}26 + 1{,}66 + 0{,}40 = 3{,}32 \text{ m}$$

Angenommen wird, dass die Spannungsnulllinie in der Platte liegt, dann können die Tafeln für Rechteckquerschnitte angewendet werden. Als Breite ist die mitwirkende Plattenbreite b_{eff} einzusetzen.

Spezielle Bemessungstafeln für Plattenbalken sind nur erforderlich, wenn bei sehr dünnen Platten die Spannungsnulllinie im Steg liegt.

Gewählt wird die k_d-Tafel, s. Anhang Tafel A3

$$k_d = \frac{54,5}{\sqrt{\dfrac{1050}{3,32}}} = 3,06$$

$$k_d = \frac{d\,[\mathrm{cm}]}{\sqrt{\dfrac{M_{Ed}\,[\mathrm{kNm}]}{b\,[\mathrm{m}]}}}$$

$$A_s = k_s \frac{M_{Ed}\,[\mathrm{kNm}]}{d\,[\mathrm{cm}]}$$

$$k_s = 2,29 \qquad \xi = x/d = 0,11 \qquad \zeta = z/d = 0,96$$

k_s für nächst kleineren k_d-Wert ablesen

Kontrolle der Spannungsnulllinie

$$x = 0,11 \cdot 54,5 = 6,0\ \mathrm{cm} \qquad\qquad < h_f = 22\ \mathrm{cm}$$

Die Anwendung der Tafel für Rechteckquerschnitte ist zulässig.

$$A_s = 2,29\,\frac{1050}{54,5} = 44,1\ \mathrm{cm}^2$$

gewählt
$$6\varnothing 28 = 37,0\ \mathrm{cm}^2 \qquad 1.\ \text{Lage}\ .$$
$$2\varnothing 25 = \underline{\ 9,8\ \mathrm{cm}^2} \qquad 2.\ \text{Lage (Zulage)}$$
$$46,8\ \mathrm{cm}^2$$

Durch die 2. Lage verändert sich die Nutzhöhe d, jedoch ist eine Neubemessung wegen der Reserve $A_{s,vorh} - A_{s,erf}$ nicht erforderlich, s. Abschnitt 6.3.3.

Verglichen mit dem Ergebnis für den Rechteckbalken $40 \cdot 60$ cm

$$A_{s1} = 52,0\ \mathrm{cm}^2 \qquad\qquad A_{s2} = 21,2\ \mathrm{cm}^2$$

erfordert der Plattenbalken 7,9 cm^2 weniger Zugbewehrung ($\approx 15\,\%$) und keine Druckbewehrung.

Zur Aufnahme der Biegedruckkraft stehen $b_{eff} = 3,32$ m anstelle von 40 cm Balkenbreite zur Verfügung. Damit erübrigt sich die Druckbewehrung und aufgrund des vergrößerten inneren Hebelarms, vergl. Bild 6.2, reduziert sich die Zugbewehrung.

Bemessung für Querkraft

Der Querkraftnachweis für den Steg – Berechnung des Bügelquerschnitts – ist für Plattenbalken und Rechteckquerschnitte gleich. Der günstige innere Hebelarm der Biegebemessung kommt nicht zum Tragen, weil

$$z \leq d - c_{nom,l} - 30\ \mathrm{mm} = 47,5\ \mathrm{cm}$$

vergl. Abschnitt 4.2.3

maßgebend ist; auch die Breite ist unverändert. Es werden wiederum Bügel $\varnothing 10$ im Abstand von 15 bzw. 30 cm gewählt. Allerdings dürfen sie bei Plattenbalken offen sein für $V_{Ed} \leq 2/3\,(V_{Rd,max})$, was mit $V_{Ed} = 0,31\ V_{Rd,max}$ (s. Abschnitt 6.3.3) gegeben ist.

DIN 1045-1, 12.7,
Bild 56 i)

Bei Plattenbalken ist der Anschluss der Druckkräfte in den Gurten an den Balkensteg nachzuweisen. Die Längskraft in den Gurten verändert sich analog zum Momentenverlauf. Die Längskraftdifferenz darf

DIN 1045-1, 10.3.5,
Einzelheiten vergl. [7]
Abschnitt 5.2.5

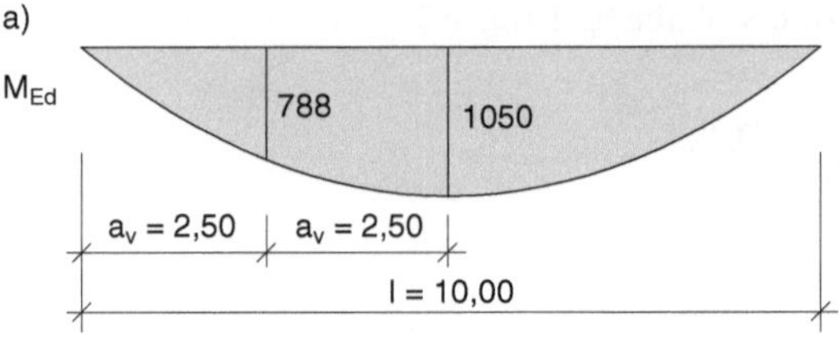

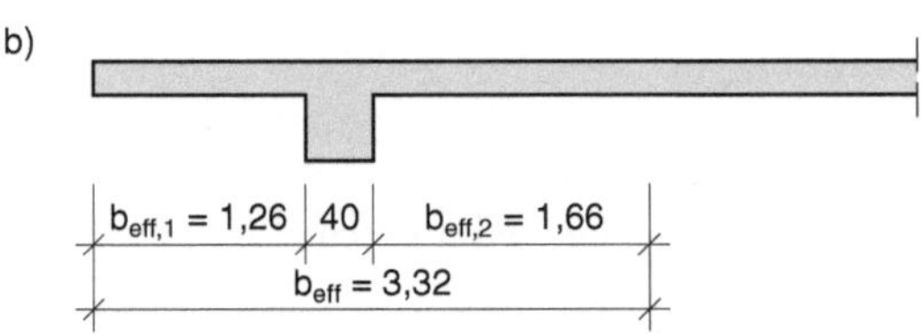

Bild 7.4:   Plattenbalken – Gurtanschluss
a) Momentenverlauf
b) mitwirkende Plattenbreite

über die Länge a_v – höchstens der halbe Abstand zwischen Momentenhöchstwert und Momentennullpunkt – konstant angenommen werden, das entspricht der Längsschubkraft V_{Ed}, s. Bild 7.4.

$$0 \le x \le a_v$$

$$\sum \Delta F_d = \frac{M_{Ed}(x=a_v)}{z} = \frac{788}{0,523} = 1506 \text{ kN}$$

$$a_v \le x \le 2\,a_v$$

$$\sum \Delta F_d = \frac{M_{Ed,max} - M_{Ed}(x=a_v)}{z} = \frac{1050 - 788}{0,523} = 501 \text{ kN}$$

Die Längskraftdifferenz wird im Verhältnis der Gurtbreite zur gesamten mitwirkenden Plattenbreite aufgeteilt.

$$V_{Ed} = \Delta F_{d,1} = \frac{b_{eff,1}}{b_{eff}} \sum \Delta F_d$$

linker Gurt (Kragarm)

$$V_{Ed} = \frac{1,26}{3,32}\, 1506 = 572 \text{ kN}$$

$z = \zeta \cdot d = 0,96 \cdot 0,545$
$= 0,523 \text{ m}$
aus Biegebemessung

Anschlussbewehrung je Längeneinheit

$$a_{sf} = \frac{V_{Ed}}{a_v \cdot f_{yd} \cdot \cot\theta} = \frac{572}{2{,}50 \cdot 43{,}5 \cdot 1{,}2} = 4{,}38 \text{ cm}^2/\text{m}$$

vereinfachte Schreibweise mit kN, kN/cm^2

$\cot\theta = 1{,}2$ für Druckgurte

rechter Gurt (Feld)

$$V_{Ed} = \frac{1{,}66}{3{,}32} \, 1506 = 753 \text{ kN}$$

$$a_{sf} = \frac{753}{2{,}50 \cdot 43{,}5 \cdot 1{,}2} = 5{,}76 \text{ cm}^2/\text{m}$$

Bei gleichzeitiger Wirkung von Biegemomenten in der Platte darf der größere erforderliche Stahlquerschnitt zugrunde gelegt werden.

Für die Oberseite der Platte – Biegezugzone – wird maßgebend:

$$a_{s,Biegung} \qquad \text{oder} \qquad \frac{a_{sf}}{2}$$

Die Biegebemessung der Platte bzw. das Duktilitätskriterium erfordert, s. Abschnitt 6.3.2:

Mindestbewehrung zur Aufnahme des Rissmoments

$$a_{s,Biegung} = 2{,}55 \text{ cm}^2/\text{m}$$

Maßgebend ist der Gurtanschluss:

$$a_{sf}/2 = 5{,}76/2 = 2{,}88 \text{ cm}^2/\text{m}$$

gewählt Betonstahlmatte R335A

Zur Feldmitte könnte eine Abstufung auf R257A erfolgen; ob sich der Wechsel lohnt, ist im Einzelfall zu prüfen. Auf der Plattenunterseite ist die vorhandene Bewehrung – im Feld Ø12–20, im Kragarm konstruktiv gewählt – im Steg zu verankern.

7.3 Geschossdecke – Zweifeldbalken

Die in Bild 7.5 dargestellte Geschossdecke eines Geschäftshauses besteht aus der über fünf Felder durchlaufenden Platte und den Zweifeldbalken in den Achsen 2 bis 5. Platte und Balken sind monolithisch verbunden, so dass sie als Plattenbalken zu bemessen sind.

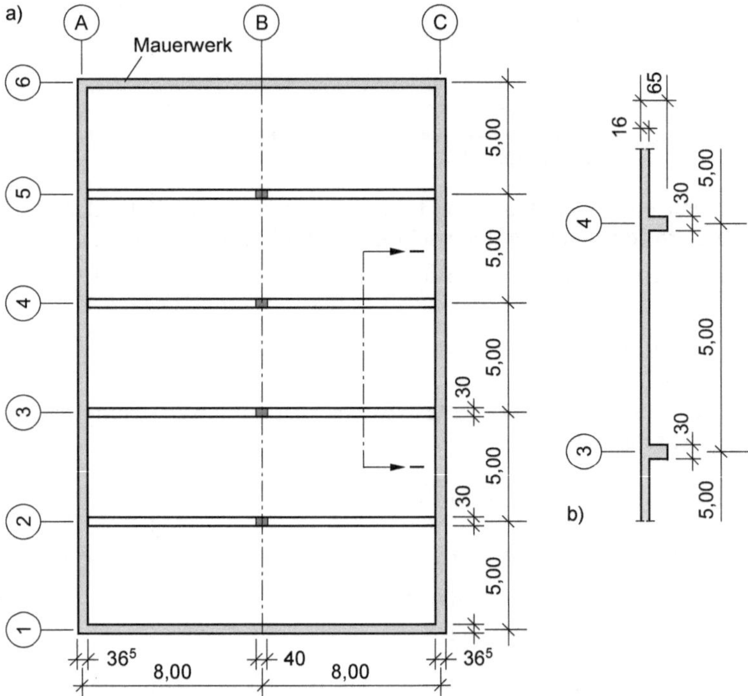

Bild 7.5: Geschossdecke – Zweifeldbalken
    a) Grundriss
    b) Schnitt I-I (anderer Maßstab)

Das Beispiel soll die Weiterleitung der Lasten und das Tragverhalten durchlaufender Plattenbalken verdeutlichen. Die Konstruktionsregeln werden angewendet, damit eine ausführungsreife Bewehrungsskizze erstellt werden kann.

Baustoffe

Teilsicherheitsbeiwert
Beton $\gamma_c = 1{,}5$
Betonstahl $\gamma_s = 1{,}15$
$\alpha = 0{,}85$ für Langzeitfestigkeit

Beton	C20/25	$f_{ck} = 20 \text{ N/mm}^2$
		$f_{cd} = 0{,}85 \cdot 20 / 1{,}5 = 11{,}33 \text{ N/mm}^2$
Betonstahl	BSt 500 S	$f_{yk} = 500 \text{ N/mm}^2$
		$f_{yd} = 500 / 1{,}15 = 435 \text{ N/mm}^2$

Lasten

Eigenlast zuzüglich Ausbaulast 1,0 kN/m^2

Nutzlast q_k = 5,0 kN/m^2

Eine mögliche Abminderung für die Weiterleitung bleibt zur Vereinfachung unberücksichtigt.

Zu bearbeiten sind:

- Lastermittlung für den Balken Achse 3
- Festlegung der Expositionsklasse, Betondeckung
- Bemessung für Biegung
- Bemessung für Querkraft
- Zugkraftdeckungslinie
- Verankerungslängen
- Anordnung und Länge Übergreifungsstöße
- ausführungsreife Bewehrungsskizze – Längs- und Querschnitt –

Lastermittlung Balken Achse 3

Die Balken bilden die Auflager für die durchlaufende Platte. Bei durchlaufenden Systemen ist die Auflagerkraft der ersten Innenunterstützung größer als die der übrigen Unterstützungen.

Demzufolge sind die Balken Achse 2 und 5 für eine größere Last zu bemessen als die Balken Achse 3 und 4.

Vereinfachend dürfen die auf unterstützende Bauteile wirkenden Kräfte ohne Berücksichtigung der Durchlaufwirkung berechnet werden. Damit erhält der Balken Achse 3 jeweils die halbe Last aus dem linken und rechten Plattenfeld.

$$g_{k,Platte} = 25 \cdot 0{,}16 + 1{,}0 = 5{,}0 \text{ kN/m}^2$$

$$g_{k,Balken} = 5{,}0 \ (5{,}00/2 + 5{,}00/2) = 25{,}0 \text{ kN/m}$$

$$g_{k,Steg} = 25 \cdot 0{,}3 \ (0{,}65 - 0{,}16) = \underline{3{,}7 \text{ kN/m}}$$

$$g_k = 28{,}7 \text{ kN/m}$$

Bemessungslasten

$$g_d = 1{,}35 \cdot 28{,}7 = 38{,}8 \text{ kN/m}$$

$$q_d = 1{,}5 \cdot 25{,}0 = 37{,}5 \text{ kN/m}$$

Für diese Lasten sind die in Bild 7.6 angegebenen Schnittgrößen ermittelt. Zu beachten ist, dass für das maximale Feldmoment und das Stützmoment die veränderliche Last jeweils in ungünstigster Stellung anzuordnen ist.

Die Stützen sind monolithisch mit dem Balken verbunden, so dass ein rahmenartiges Tragwerk vorliegt. Die Rahmenwirkung darf bei Innenstützen vernachlässigt werden.

DIN 1055-3, Tab. 1, Kategorie D2: Flächen in Einzelhandelsgeschäften und Warenhäusern

DIN 1055-3, 6.1 (5) und (6)

DIN 1045-1, 7.3.2 (4) Die Durchlaufwirkung ist jedoch stets für das erste Innenauflager zu berücksichtigen.

Geometrie s. Bild 7.5

Teilsicherheitsbeiwert ständige Lasten γ_G = 1,35 veränderliche Lasten γ_Q = 1,5

vergl. [8] Abschnitt Statik: Tafeln für Durchlaufträger

DIN 1045-1, 7.3.2 (6)

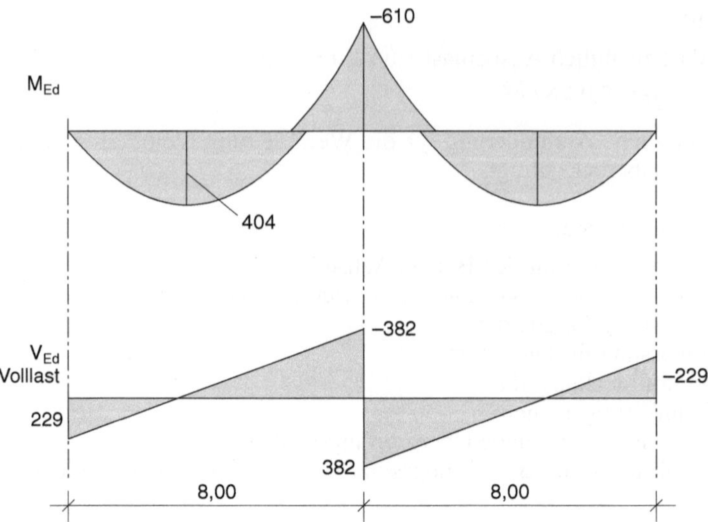

Bild 7.6: Zweifeldbalken – Schnittgrößen

Expositionsklasse, Betondeckung

Innenbauteil

XC1 (W0) C16/20 gewählt C20/25

Angenommen werden Längsstäbe $\varnothing 25$, Bügel $\varnothing 10$:

Bügel	$c_{min} = 10$ mm	Korrosionsschutz und Verbundsicherung
	$\Delta c = 10$ mm	
Längsstab	$c_{min} = 25$ mm	Verbundsicherung
	$c_{nom,l} = 25 + 10 = 35$ mm	
Verlegemaß	$c_v = c_{nom,l} - d_{s,bü} = 35 - 10 = 25$ mm	

Bemessung für Biegung

$d = 65 - 2,5 - 1,0 - 2,5/2 = 60,2$ cm   gewählt   60 cm

Mitwirkende Plattenbreite

$$b_{eff} = \sum b_{eff,i} + b_w$$

$$b_{eff,i} = 0,2\, b_i + 0,1\, l_0 \qquad \leq 0,2\, l_0 \qquad \leq b_i$$

DIN 1045-1, 7.3.1 (3), Bild 3; vergl. Abschnitt 7.1

Maßgebend für die Verteilungsbreite der Druckspannungen im Gurt sind die Verformungen des Plattenbalkens. Diese sind bei durchlaufenden Systemen kleiner als bei Einfeldbalken. Näherungsweise kann

die wirksame Stützweite l_0 zugrunde gelegt werden. Für den Zwei-
feldträger gilt:

$$l_0 = 0,85\, l_{eff} = 0,85 \cdot 8,00 = 6,80 \text{ m}$$

$$b_1 = b_2 = (5,00 - 0,30)/2 = 2,35 \text{ m} \qquad \text{vorhandene Gurtbreite}$$

$$b_{eff,1} = b_{eff,2} = 0,2 \cdot 2,35 + 0,1 \cdot 6,80 = 1,15 \text{ m}$$

$$< 0,2\, l_0 = 0,2 \cdot 6,80 = 1,36 \text{ m}$$

$$< b_1 = 2,35 \text{ m}$$

$$b_w = 0,30 \text{ m} \qquad \text{Stegbreite}$$

$$b_{eff} = 2 \cdot 1,15 + 0,30 = 2,60 \text{ m}$$

Feldmoment

Angenommen wird, dass die Spannungsnulllinie in der Platte liegt,
dann können die Tafeln für Rechteckquerschnitte verwendet werden.

$$k_d = \frac{60}{\sqrt{\dfrac{404}{2,60}}} = 4,81$$

$$k_s = 2,24 \qquad\qquad \sigma_s = 45,7 \text{ kN/cm}^2$$

$$\xi = x/d = 0,07 \qquad\qquad \zeta = z/d = 0,98$$

Anhang Tafel A3

$$k_d = \frac{d\,[\text{cm}]}{\sqrt{\dfrac{M_{Ed}\,[\text{kNm}]}{b\,[\text{m}]}}}$$

$$A_s = k_s \frac{M_{Ed}\,[\text{kNm}]}{d\,[\text{cm}]}$$

Kontrolle der Spannungsnulllinie

$$x = 0,07 \cdot 60 = 4,2 \text{ cm} \qquad < h_f = 16 \text{ cm}$$

$$A_s = 2,24 \frac{404}{60} = 15,1 \text{ cm}^2$$

gewählt $4\varnothing 25 = 19,6 \text{ cm}^2$

Anwendung der Tafel für
Rechteckquerschnitte ist
zulässig.

Alternativ können auch
$5\varnothing 20 = 15,7 \text{ cm}^2$ oder
$3\varnothing 28 = 18,5 \text{ cm}^2$ gewählt
werden.

Stützmoment

am Rand der Unterstützung

$$\left| M_{Ed,red} \right| = 610 - 382 \cdot 0,40 / 2 = 534 \text{ kNm}$$

Die Druckzone liegt im Steg, somit ist die Breite $b_w = 0,30$ m einzusetzen.

$$k_d = \frac{60}{\sqrt{\dfrac{534}{0,30}}} = 1,42 \qquad < k_d^* = 1,73$$

vergl. Abschnitt 3.1:
monolithische Verbindung
von Balken und Stützen

Es ist Druckbewehrung erforderlich.

$$k_{s1} = 2{,}67 \qquad\qquad k_{s2} = 0{,}78$$

ρ_1 , ρ_2 berücksichtigen die Wirksamkeit der Druckbewehrung.

Korrekturfaktoren für $d_2/d = 5/60 = 0{,}08$

$$\rho_1 = 1{,}02 \qquad\qquad \rho_2 = 1{,}07$$

$$A_{s1} = 2{,}67\,\frac{534}{60}\,1{,}02 \qquad\qquad A_{s2} = 0{,}78\,\frac{534}{60}\,1{,}07$$

$$= 24{,}2 \ \text{cm}^2 \qquad\qquad = 7{,}4 \ \text{cm}^2$$

Die Durchmesser der Stäbe im Steg und in den Gurten brauchen nicht aufeinander abgestimmt zu sein, weil sie sich im vergleichsweise dicken Steg anders als in der dünneren Platte verhalten.

Die Zugbewehrung wird auf den Steg und die Gurte verteilt. Üblicherweise orientiert sich der Durchmesser der ausgelagerten Stäbe an der Gurtdicke: $d_s \leq h_f/10$.

gewählt $\quad 3\varnothing25 = 14{,}7 \ \text{cm}^2 \qquad$ Steg

$\qquad\quad 2\cdot3\,\varnothing16 = \underline{12{,}0 \ \text{cm}^2} \qquad$ ausgelagert

$$26{,}7 \ \text{cm}^2$$

Die Druckbewehrung besteht aus Stäben der Feldbewehrung, die über die Stütze durchgeführt werden.

gewählt $\quad 2\varnothing25 = 9{,}8 \ \text{cm}^2$

Bei Plattenbalken ist die Bemessung des Feldmoments unkritisch, während für das Stützmoment – die Druckzone liegt im Steg – in der Regel Druckbewehrung erforderlich ist. Mit Momentenumlagerung – Einzelheiten s. Abschnitt 3.2 – steigt aufgrund der Begrenzung der Druckzonenhöhe x/d die Druckbewehrung weiter an, vergl. Übungsaufgabe.

Bemessung für Querkraft

DIN 1045-1, 10.3.2 (1): auflagernahe Lastanteile werden direkt in das Auflager eingeleitet. vergl. Abschnitt 4.2.1

Die Lagerung in Achse A und B ist direkt, damit kann als Bemessungswert die Querkraft im Abstand d vom Auflagerrand gewählt werden. Zur Abstufung der Bügelbewehrung wird außerdem der Schnitt $\bar{x} = 2{,}00$ aus der Achse B nachgewiesen.

Achse A: $V_{Ed,red} = 229 - (38{,}8 + 37{,}5)\cdot(0{,}365/3 + 0{,}60) = 174 \ \text{kN}$

Achse B: $V_{Ed,red} = 382 - (38{,}8 + 37{,}5)\cdot(0{,}40/2 + 0{,}60) = 321 \ \text{kN}$

$\bar{x} = 2{,}00 : \quad V_{Ed} = 382 - (38{,}8 + 37{,}5)\cdot2{,}00 = 229 \ \text{kN}$

vergl. Abschnitt 4.2.3

Vom Beton wird übertragen

$$V_{Rd,c} = 0{,}24\cdot f_{ck}^{1/3}\cdot b_w\cdot z$$

$c_{nom,l}$ ist die Betondeckung der Längsbewehrung in der Betondruckzone. Mit $z = d - c_{nom,l} - 30$ mm liegt die Betondruckstrebe 30 mm unter Innenkante Bügel.

innerer Hebelarm

$$z = 0{,}9d \ \leq \ d - c_{nom,l} - 30 \ \text{mm}$$

$$z = 0{,}9\cdot60 = 54 \ \text{cm}$$

$$z = 60 - (2{,}5 + 1{,}0) - 3{,}0 = 53{,}5 \ \text{cm} \qquad\qquad \text{maßgebend}$$

$$V_{Rd,c} = 0,24 \cdot 20^{1/3} \cdot 0,3 \cdot 0,535 \cdot 10^3 = 104,5 \text{ kN}$$

Druckstrebenneigung

$$\cot\theta = \frac{1,2}{1 - V_{Rd,c}/V_{Ed}} \leq 3,0$$

Bügelbewehrung

$$a_{sw} = \frac{V_{Ed}}{z \cdot f_{yd} \cdot \cot\theta} \qquad \text{mit } f_{yd} = 43,5 \text{ kN/cm}^2$$

Der Bügelabstand ist vom Verhältnis $V_{Ed}/V_{Rd,max}$ abhängig

$$V_{Rd,max} = \frac{b_w \cdot z \cdot \alpha_c \cdot f_{cd}}{\cot\theta + \tan\theta} \qquad \text{mit } \alpha_c = 0,75$$

DIN 1045-1, 13.2.3, Tab. 31: größte Abstände von Bügelschenkeln; vergl. Abschnitt 5.2

Näherungsweise darf $\theta = 40°$ gesetzt werden, was $\cot\theta = 1,2$ entspricht.

$$V_{Rd,max} = \frac{0,30 \cdot 0,535 \cdot 0,75 \cdot 11,33}{1,2 + 1/1,2} \cdot 10^3 = 671 \text{ kN}$$

Es ist eine Mindestquerkraftbewehrung erforderlich.

DIN 1045-1, 13.2.3, Tab. 29

$$a_{sw,min} = \rho_{w,min} \cdot b_w \cdot s_w$$

Mit $s_w = 1 \text{ m} = 100 \text{ cm}$ ergibt sich der Bügelquerschnitt pro Längeneinheit.

$$a_{sw,min} = 0,70 \cdot 10^{-3} \cdot 30 \cdot 100 = 2,1 \text{ cm}^2/\text{m}$$

Tabelle 7.1: Querkraftbemessung

Ort	$V_{Ed,red}$	$\cot\theta$	a_{sw}	$\dfrac{V_{Ed}}{V_{Rd,max}}$	s_{max}	gewählt
	kN	–	cm²/m	–	mm	cm²/m
A	174	3,00	2,49	0,26	300	∅10–30: 5,24
$\bar{x} = 2,00$	229	2,21	4,45	0,34	300	∅10–30: 5,24
B	321	1,78	7,75	0,48	300	∅10–20: 7,85

Einzelschritte für Achse A

$$\cot\theta = \frac{1,2}{1 - \dfrac{104,5}{174}} = 3,00$$

vereinfachte Schreibweise
mit kN, kN/cm^2

$$a_{sw} = \frac{174}{0,535 \cdot 43,5 \cdot 3,00} = 2,49 \ \text{cm}^2/\text{m}$$

$$\frac{V_{Ed}}{V_{Rd,max}} = \frac{174}{671} = 0,26 < 0,3$$

$$s_{max} = 0,7 \ h = 0,7 \cdot 65 = 45,5 \ \text{cm} \quad \text{maßgebend 300 mm}$$

DIN 1045-1,
12.7 (5)

In allen Schnitten ist $V_{Ed}/V_{Rd,max} < 2/3$, so dass offene Bügel zulässig sind.

Die Auswirkung veränderter Querschnittsabmessungen auf die Querkraftbewehrung geht aus der Übungsaufgabe hervor.

DIN 1045-1,
10.3.5 (4)

Nachweis Gurtanschluss

Auf der Plattenoberseite ist die größere Bewehrung aus dem Nachweis der Plattenbiegung oder des Gurtanschlusses einzulegen:

$$a_{s,Biegung} \qquad \text{oder} \qquad \frac{a_{sf}}{2}$$

Bei typischen Platte-Balken-Konstruktionen üblicher Hochbauten ist durchweg mehr Bewehrung für die Plattenbiegung erforderlich als für den Gurtanschluss, so dass sich der Nachweis des Gurtanschlusses erübrigt [12].

Zugkraftdeckungslinie

DIN 1045-1, 13.2.2;
vergl. Abschnitt 5.2

Für die Abstufung der Zugbewehrung ist die Zugkraftlinie F_{sd} maßgebend. Sie ergibt sich aus der Biegezugkraft M_{Ed}/z, deren Verlauf um das Versatzmaß a_l verschoben wird. Die aufnehmbare Zugkraft der vorhandenen Bewehrung wird durch die Zugkraftdeckungslinie dargestellt; der treppenförmige Verlauf entspricht der Abstufung der Bewehrung.

$$\frac{M}{z} - \text{Linie}$$

Maßgebend ist der innere Hebelarm der Biegebemessung.

Feldmoment $\qquad \dfrac{M}{z} = \dfrac{404}{0,98 \cdot 0,60} = 687 \ \text{kN}$

Stützmoment $\qquad \dfrac{M}{z} = \dfrac{534}{0,86 \cdot 0,60} = 1035 \ \text{kN}$

Bei Querschnitten mit Druckbewehrung vergrößert sich der innere Hebelarm mit zunehmender Druckbewehrung. Er kann aus den k_d-Tabellen für den jeweiligen k_s-Wert aus dem oberen Tabellenteil abgelesen werden: $k_d = 1,42$: $k_{s1} = 2,66$ dafür $\zeta = z/d = 0,86$. Zur Vereinfachung wird für den Bereich positiver bzw. negativer Momente jeweils der gleiche innere Hebelarm angesetzt.

Zugkraftlinie

Das Versatzmaß

$$a_l = \frac{z}{2} \cot \theta$$

berücksichtigt die Querkraftabtragung am Fachwerkmodell, demzufolge ist der innere Hebelarm $z = d - c_{nom,l} - 30$ mm $= 0,535$ m anzusetzen.

Feldbewehrung $\qquad a_l = \dfrac{0,535}{2} \, 3,00 = 0,80$ m

Stützbewehrung $\qquad a_l = \dfrac{0,535}{2} \, 1,78 = 0,48$ m

Das Versatzmaß der ausgelagerten Stäbe – Gurtplatte: $\varnothing 16$ – ist um den Abstand der Stäbe vom Steg zu erhöhen.

Die Zugkraft am Endauflager beträgt

$$F_{sd} = V_{Ed} \cdot \frac{a_l}{z} = 229 \cdot \frac{0,80}{0,535} = 343 \text{ kN}$$

Zur Vereinfachung wird für den Bereich positiver bzw. negativer Momente jeweils nur ein Versatzmaß berechnet.

DIN 1045-1, 13.2.2 (4) Zur Vereinfachung wird die Verankerungslänge entsprechend erhöht.

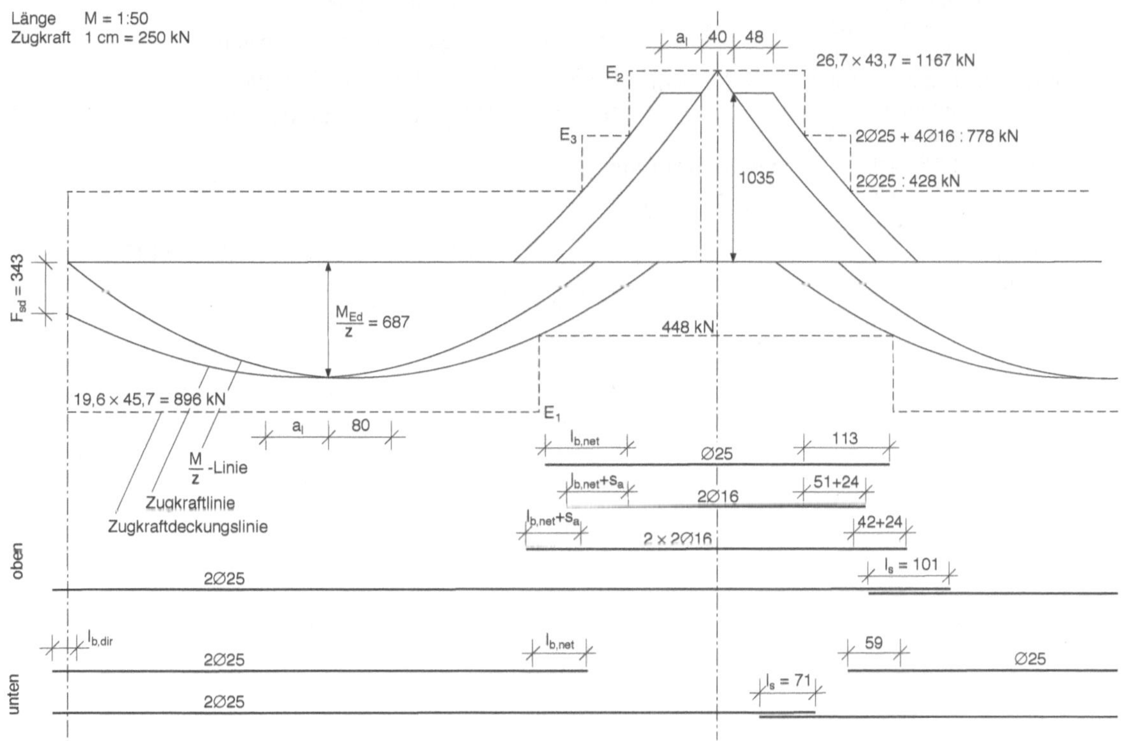

Bild 7.7: Zweifeldbalken – Zugkraftdeckungslinie

Zugkraftdeckungslinie

Die gewählte Bewehrung kann die Zugkraft $F_{sd} = A_{s,vorh} \cdot \sigma_s$ aufnehmen. σ_s ist der k_d-Tabelle zu entnehmen.

Tabelle 7.2: Zugkraftdeckung

	vorhanden	$A_{s,vorh}$	σ_s	F_{sd}
		cm^2	kN/cm^2	kN
Feldbewehrung	4⌀25	19,6	45,7	896
	2⌀25	9,8	45,7	448
Stützbewehrung	3⌀25 + 6⌀16	26,7	43,7	1167
	2⌀25 + 4⌀16	17,8	43,7	778
	2⌀25	9,8	43,7	428

Zur Vereinfachung wird durchweg für die untere bzw. obere Bewehrung jeweils die gleiche Stahlspannung angesetzt.

Verankerungslängen

DIN 1045-1, 12.6.2; vergl. Abschnitt 5.1

Die gestaffelte Zugbewehrung ist über den rechnerischen Endpunkt E zu führen und mit $l_{b,net}$ zu verankern.

$$l_{b,net} = \alpha_a \cdot l_b \cdot A_{s,erf} / A_{s,vorh} \geq l_{b,min} = 0,3 \, \alpha_a \cdot l_b$$

$$\geq 10 \, d_s$$

Anhang Tafel A9 obere Stäbe im Steg liegen im mäßigen Verbundbereich: < 30 cm von der Oberkante, obere Stäbe im Gurt liegen im guten Verbundbereich: < 30 cm vom Schalungsboden

$\alpha_a = 1$ gerade Stabenden

$l_b = 118$ cm   ⌀25 guter Verbundbereich

$l_b = 169$ cm   ⌀25 mäßiger Verbundbereich

$l_b = 76$ cm   ⌀16 guter Verbundbereich

Feldbewehrung: E$_1$
2⌀25 enden

$$A_{s,erf} = 9,8 \text{ cm}^2 \ (2⌀25), \qquad A_{s,vorh} = 19,6 \text{ cm}^2 \ (4⌀25)$$

$$l_{b,net} = 118 \cdot 9,8/19,6 = 59 \text{ cm}$$

Stützbewehrung: E$_2$
⌀25 und 2⌀16 enden

$$A_{s,erf} = 17,8 \text{ cm}^2 \ (2⌀25 + 4⌀16)$$

$$A_{s,vorh} = 26,7 \text{ cm}^2 \ (3⌀25 + 6⌀16)$$

$$l_{b,net} = 169 \cdot 17,8/26,7 = 113 \text{ cm} \qquad ⌀25$$

$$l_{b,net} = 76 \cdot 17,8/26,7 = 51 \text{ cm} \qquad ⌀16$$

zuzüglich Abstand vom Steg 24 cm, Bild 7.8

Stützbewehrung: E$_3$
4⌀16 enden

$$A_{s,erf} = 9,8 \text{ cm}^2 \ (2⌀25), \quad A_{s,vorh} = 17,8 \text{ cm}^2 \ (2⌀25 + 4⌀16)$$

$$l_{b,net} = 76 \cdot 9,8/17,8 = 42 \text{ cm}$$

Endverankerung Achse A

Die Verankerung ist nachzuweisen für

$$F_{sd} = V_{Ed}\,\frac{a_l}{z} = 229\,\frac{0,80}{0,535} = 343\,\text{kN}$$

vergl. Zugkraftlinie

$$A_{s,erf} = \frac{F_{sd}}{\sigma_s} = \frac{343}{43,5} = 7,9\,\text{cm}^2$$

$$A_{s,vorh} = 19,6\,\text{cm}^2 \qquad (4\varnothing25)$$

$$l_{b,net} = 118\cdot7,9/19,6 = 48\,\text{cm}$$

gerade Stabenden

$$> 0,3\,l_b = 0,3\cdot118 = 35\,\text{cm}$$

$$> 10\,d_s = 25\,\text{cm}$$

Aufgrund der günstigen Wirkung des Querdrucks bei direkter Auflagerung darf die Verankerungslänge auf $l_{b,dir}$ verringert werden.

vergl. Abschnitt 5.2

$$l_{b,dir} = (2/3)\,l_{b,net} = (2/3)\,48 = 32\,\text{cm}$$

$$\geq 6\,d_s = 15\,\text{cm}$$

Zweckmäßigerweise werden die Stäbe so weit wie möglich auf das Endauflager geschoben – $36,5 - (c_v = 2,5\,\text{cm}) = 34\,\text{cm}$, so dass die erforderliche Verankerungslänge gegeben ist.

Übergreifungsstöße

Von der Feldbewehrung werden $2\varnothing25$ über das Auflager B geführt und wirken dort als Druckbewehrung. Sie werden außerhalb der Stütze gestoßen, Bild 7.7, so dass die Mindestübergreifungslänge ausreichend ist.

$$l_{s,min} = 0,3\,\alpha_a\cdot\alpha_1\cdot l_b \geq 15\,d_s > 200\,\text{mm}$$

$$\alpha_1 = 2,0 \qquad d_s > 16\,\text{mm, Stoßanteil} > 33\,\%$$

DIN 1045-1, 12.8.2
$\alpha_a = 1,0$ gerade Stabenden;
vergl. Abschnitt 5.1

$$l_{s,min} = 0,3\cdot2,0\cdot118 = 71\,\text{cm}$$

$$> 15\,d_s = 37,5\,\text{cm}$$

Von der Stützbewehrung werden $2\varnothing25$ außerhalb des Bereichs gestoßen, der durch das ungünstigste Stützmoment – Belastung beider Felder – gekennzeichnet ist, Momentennullpunkte s. Bild 7.7. Wird die veränderliche Last nur im Feld 1 angeordnet, ist das zugehörige Stützmoment betragsmäßig kleiner, erstreckt sich jedoch weiter ins Feld 2. Insofern wirkt im gewählten Stoßbereich eine Zugkraft, näherungsweise kann $A_{s,erf}\leq 0,3\,A_{s,vorh}$ angenommen werden. Damit gilt wiederum die Mindestübergreifungslänge.

$$l_{s,min} = 0,3\cdot2,0\cdot169 = 101\,\text{cm}$$

Die Stäbe liegen im mäßigen Verbundbereich.

Bewehrungsskizze und Querschnitt

Die Anordnung und die Länge der Bewehrungsstäbe sind in Bild 7.7 dargestellt. Bild 7.8 zeigt die Bewehrung im Querschnitt im Bereich der Stütze.

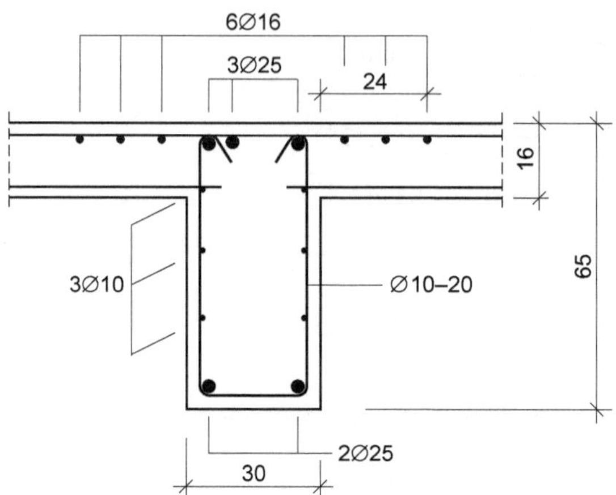

Bild 7.8: Querschnitt – Bewehrung Bereich Stütze

Die Bewehrung zur Abdeckung der Stützmomente wird auf den Steg und die Gurte verteilt. Die Verteilungsbreite richtet sich nach der mitwirkenden Plattenbreite. Diese ist über Innenstützen wesentlich kleiner als im Feld, weil die wirksame Stützweite nur mit $l_0 = 0,15 \, (l_{eff,1} + l_{eff,2})$ eingeht.

$$l_0 = 2 \cdot 0,15 \cdot 8,00 = 2,40 \, \text{m}$$

$$b_{eff,1} = b_{eff,2} = 0,2 \cdot 2,35 + 0,1 \cdot 2,40 = 0,71 \, \text{m}$$

$$\leq 0,2 \, l_0 = 0,2 \cdot 2,40 = 0,48 \, \text{m}$$

$$b_{eff} = 2 \cdot 0,48 + 0,30 = 1,26 \, \text{m}$$

DIN 1045-1, 7.3.1 (3); vergl. Abschnitt 7.1

DIN 1045-1, 13.2.1 (2)

Für die ausgelagerte Bewehrung steht die halbe mitwirkende Gurtbreite zur Verfügung, d. h. rechts und links des Steges jeweils 0,48/2 = 0,24 m.

An den Seitenflächen der Stege sind jeweils 3⌀10 konstruktiv angeordnet, die eine Sicherheit zur Begrenzung der Rissbreite – Sammelrisse – darstellen.

DIN 1045-1, 12.7, Bild 56 i)

Bei Plattenbalken können offene Bügel verwendet werden, die durch die durchgehenden Querstäbe der Platte geschlossen werden. Mit $V_{Ed}/V_{Rd,max} = 0,48 \leq 2/3$ ist die Voraussetzung erfüllt.

7.4 Dreifeldbalken mit Momentenumlagerung

Die in Bild 7.9 und 7.10 dargestellte Decke eines Lagergebäudes besteht aus der über 5 Felder durchlaufenden Platte und den Dreifeldbalken in den Achsen 1 bis 6. Das Gebäude ist unten offen und oben geschlossen.

Das Beispiel soll die unterschiedliche Belastung der Balken – Randbalken, erster bzw. übrige Innenbalken – sowie die Vorteile und Grenzen der Momentenumlagerung verdeutlichen.

Baustoffe

Beton   C30/37   Betonstahl BSt 500 S

Lasten

Eigenlast zuzüglich Ausbaulast 1,0 kN/m^2

Nutzlast q_k = 6,0 kN/m^2

Zu bearbeiten sind:

- Lastermittlung für den Balken Achse 2
- Darstellung der Lasteinzugsflächen im Grundriss
- Momentenumlagerung
- Festlegung der Expositionsklassen, Mindestbetonfestigkeitsklasse, Betondeckung
- Bemessung für Biegung
- Darstellung der Bewehrung im Querschnitt

Lastermittlung Balken Achse 2

Die Auflagerkraft der durchlaufenden Platte ist an der ersten Innenstütze – Balken Achse 2 und 5 – größer als an den übrigen Innenstützen – Balken Achse 3 und 4. Konsequenterweise erhalten die Endauflager – Balken Achse 1 und 6 – weniger als die Hälfte der Last des ersten Plattenfeldes.

Näherungsweise können die Lasteinzugsflächen gemäß Bild 7.9 gewählt werden. Demzufolge entfallen 40 % der Last des Randfeldes auf den Balken Achse 1, während 60 % auf den Balken Achse 2 entfallen. Die Last der übrigen Felder wird je zur Hälfte auf die angrenzenden Balken verteilt.

DIN 1055-3, Tab. 1, Kategorie E2: Lagerflächen

vergl. [8] Abschnitt Statik: Durchlaufträger mit gleichen Stützweiten und feldweiser Belastung

vergl. DIN 1055-3, Bild 1

analog DIN 1045-1, 7.3.2 (4); vergl. Abschnitt 3.1

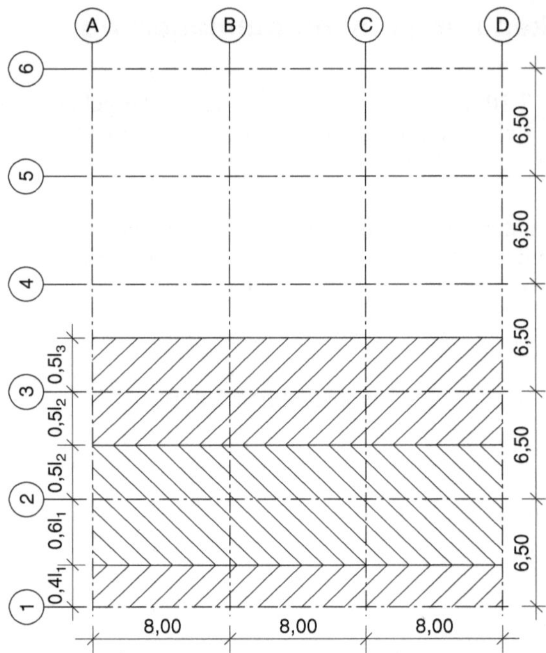

Bild 7.9:   Geschossdecke – Lasteinzugsbereich

$$g_{k,Platte} = 25 \cdot 0{,}20 + 1{,}0 = 6{,}0 \ \text{kN/m}^2$$

$$g_{k,Balken} = 6{,}0 \ (0{,}6 \cdot 6{,}5 + 0{,}5 \cdot 6{,}5) = 42{,}9 \ \text{kN/m}$$

$$g_{k,Steg} = 25 \cdot 0{,}35 \ (0{,}60 - 0{,}20) = \underline{\quad 3{,}5 \ \text{kN/m}}$$

$$46{,}4 \ \text{kN/m}$$

$$q_{k,Platte} = 6{,}0 \ \text{kN/m}^2$$

DIN 1055-3,
6.1 (5) und (7)

Für die Weiterleitung der Lasten auf sekundäre Tragglieder – Unterzüge, Stützen, Gründungen usw. – dürfen die Nutzlasten der Platte abgemindert werden. Der Abminderungsbeiwert α_A für die Kategorien C bis E1 beträgt:

$$\alpha_A = 0{,}7 + \frac{10}{A} \leq 1{,}0$$

A Einzugsfläche des sekundären Tragglieds in m², s. Bild 7.9

$$A = (0{,}6 \cdot 6{,}5 + 0{,}5 \cdot 6{,}5) \ 8{,}0 = 57{,}2 \ \text{m}^2$$

$$\alpha_A = 0{,}7 + \frac{10}{57{,}2} = 0{,}87$$

$$q_{k,Balken} = 0{,}87 \cdot 6{,}0 \ (0{,}6 \cdot 6{,}5 + 0{,}5 \cdot 6{,}5) = 37{,}3 \ \text{kN/m}$$

Bemessungslasten

$$g_d = 1{,}35 \cdot 46{,}4 = 62{,}7 \text{ kN/m}$$

$$q_d = 1{,}5 \cdot 37{,}3 = 56{,}0 \text{ kN/m}$$

Für diese Lasten sind die in Bild 7.10 angegebenen Schnittgrößen ermittelt.

Teilsicherheitsbeiwert ständige Lasten $\gamma_G = 1{,}35$ veränderliche Lasten $\gamma_Q = 1{,}5$

Zu beachten ist, dass für das maximale Feldmoment und das Stützmoment die veränderliche Last jeweils in ungünstigster Stellung anzuordnen ist, s. Abschnitt 3.2.

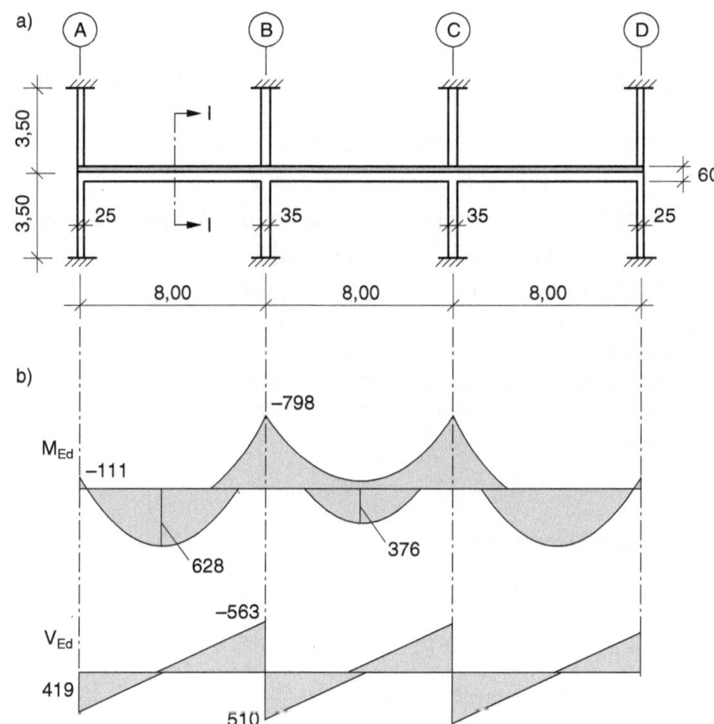

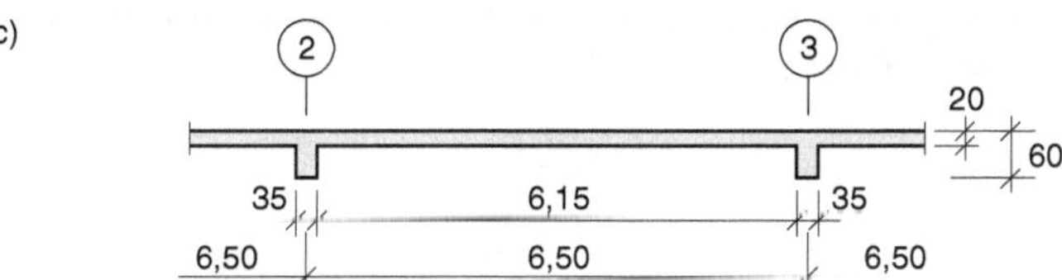

Bild 7.10: Dreifeldbalken
    a)   System in Längsrichtung
    b)   Schnittgrößen
    c)   Schnitt I–I (anderer Maßstab)

Die Stützen sind monolithisch mit dem Balken verbunden, so dass ein rahmenartiges Tragwerk vorliegt. Die Rahmenwirkung darf bei Innenstützen des üblichen Hochbaus vernachlässigt werden, d. h. gelenkige Lagerung. Zur Vereinfachung wird diese Regelung auch im Beispiel ($q_k = 6{,}0 > 5{,}0 \text{ KN/m}^2$) für die Ermittlung der Balkenschnittgrö-

DIN 1045-1, 7.3.2 (6) und (7)

ßen zugrunde gelegt. Die Randstützen sind jedoch stets als Rahmenstäbe in biegefester Verbindung mit dem Balken zu berechnen.

Momentenumlagerung

Die mit linear-elastischen Verfahren ermittelten Biegemomente dürfen umgelagert werden, d. h. es darf ein abgemindertes Stützmoment M' bei der Bemessung angesetzt werden. Konsequenterweise müssen die zugehörigen Feldmomente vergrößert werden.

DIN 1045-1, 8.3 (3);
vergl. Abschnitt 3.2

Es ist ein ausreichendes Rotationsvermögen nachzuweisen, das näherungsweise über eine Begrenzung der bezogenen Druckzonenhöhe erfolgen kann.

$$\delta \geq 0{,}64 \; + 0{,}8 \, x/d \; \geq 0{,}7 \qquad \text{hochduktiler Stahl}$$

$$\geq 0{,}85 \quad \text{normalduktiler Stahl}$$

δ Verhältnis des umgelagerten Moments zum Ausgangsmoment

x/d bezogene Druckzonenhöhe nach Umlagerung

Stabstahl BSt 500 S nach DIN 488 ist hochduktil, d. h. eine Momentenumlagerung bis zu 30 % ist zulässig. Allerdings ist bei Balken im Allgemeinen die bezogene Druckzonenhöhe so groß, dass der Nachweis des Rotationsvermögens mit der o. g. Gleichung nur für eine geringere Momentenumlagerung gelingt. Gewählt wird eine Momentenumlagerung von 15 %, d. h. $\delta = 0{,}85$.

$$M'_{Ed} \; = \; -0{,}85 \cdot 798 \; = \; -678 \text{ kNm}$$

Veränderung der Querkräfte

Zur Vereinfachung wird das ungünstigste Einspannmoment in Achse A übernommen.

Achse A $V'_{Ed} = (62{,}7 + 56{,}0) \cdot 8{,}0 / 2 - (678 - 111) / 8{,}0 = 404 \text{ kN}$

Achse B, rechts $V'_{Ed} = 510 - 0{,}15 \cdot 798 / 8{,}0 = 495 \text{ kN}$

Moment am Rand der Unterstützung

$$\left| M'_{Ed,red} \right| = 678 - 495 \cdot 0{,}35 / 2 = 591 \text{ kNm}$$

vergl. Abschnitt 3.1,
Bild 3.3

Zur Berücksichtigung einer teilweisen Einspannung in die Unterstützung ist ein Mindestmoment einzuhalten.

$$\left| M_{Ed,min} \right| = 0{,}65 \, (g_d + q_d) \, l_n^2 / 8$$

$$l_n = 8{,}00 - 0{,}25/2 - 0{,}35/2 = 7{,}70 \text{ m} \qquad \text{lichte Stützweite}$$

$$\left| M_{Ed,min} \right| = 0{,}65 \, (62{,}7 + 56{,}0) \, 7{,}70^2 / 8 = 572 \text{ kNm}$$

$$< 591 \text{ kNm}$$

Tatsächlich ist das zugehörige Feldmoment etwas größer, weil sich $M_{Ed} (x = 0) = -111 \text{ kNm}$ aus einer anderen

Das zugehörige Feldmoment ist zu überprüfen.

$$M_{Ed} \; = \; M_{Ed} \, (x = 0) + \frac{V'^2_{Ed}}{2 \, (g_d + q_d)}$$

$$= -111 + \frac{404^2}{2\,(62,7+56,0)} = 577 \text{ kNm}$$

$$< M_{Ed,max} = 628 \text{ kNm}$$

Laststellung ergibt. Das ist bei der Reserve zu $M_{Ed,max} = 628$ kNm nicht relevant.

Expositionsklassen, Mindestfestigkeitsklasse, Betondeckung

Unterseite

XC3	C20/25	Bewehrungskorrosion
XF1 (W0)	C25/30	Betonangriff

DIN 1045-1, 6.2, Tab. 3: Außenluft hat Zugang, keine direkte Beregnung

Bügel $c_{min} = 20 - 5 = 15$ mm   Korrosionsschutz

$\geq d_{s,bü} = 10$ mm   Verbundsicherung

$\Delta c = 15$ mm

$c_{nom} = 15 + 15 = 30$ mm

Verminderung um 5 mm, weil der gewählte Beton C30/37 um 2 Festigkeitsklassen höher ist – maßgebend ist die Mindestbetonfestigkeitsklasse für Bewehrungskorrosion.

Längsstäbe $c_{min} \geq d_s = 28$ mm

$\Delta c = 10$ mm

$c_{nom,l} = 28 + 10 = 38$ mm

$c_v \geq c_{nom,l} - d_{s,bü} = 38 - 10 = 28$ mm

$\geq c_{nom,bü} = 30$ mm   maßgebend

In den Fällen, in denen die Verbundbedingung maßgebend wird, ist ein Vorhaltemaß $\Delta c = 10$ mm ausreichend.

Oberseite

XC1   C16/20

Bügel und Längsstäbe $c_{min} = 10$ mm $\Delta c = 10$ mm

Maßgebend ist die Verbundsicherung der Längsstäbe. Damit ergibt sich wiederum

$$c_v = 30 \text{ mm}.$$

Abstandshalter gibt es in Abstufungen von 5 mm.

Bemessung für Biegung

$$d = 60 - 3,0 - 1,0 - 2,8/2 = 54,6 \text{ cm} \qquad \text{gewählt } 54,5 \text{ cm}$$

Mitwirkende Plattenbreite

vergl. Abschnitt 7.1

$$b_{eff} = \sum b_{eff,i} + b_w$$

$$b_{eff,i} = 0,2\,b_i + 0,1\,l_0 \qquad \leq 0,2\,l_0 \qquad \leq b_i$$

$$l_0 = 0,85 \cdot 8,00 = 6,80 \text{ m} \qquad \text{wirksame Stützweite, Randfeld}$$

$$b_1 = b_2 = 6,15/2 = 3,08 \text{ m} \qquad \text{tatsächlich vorhandene Gurtbreite}$$

$$b_w = 0,35 \text{ m} \qquad \text{Stegbreite}$$

$$b_{eff,1} = b_{eff,2} = 0,2 \cdot 3,08 + 0,1 \cdot 6,80 = 1,30 \text{ m}$$

$$< 0,2 \, l_0 = 0,2 \cdot 6,80 = 1,36 \text{ m}$$

$$< b_1 = 3,08 \text{ m}$$

$$b_{eff} = 2 \cdot 1,30 + 0,35 = 2,95 \text{ m}$$

Feldmoment

$$k_d = \frac{54,5}{\sqrt{\dfrac{628}{2,95}}} = 3,73$$

Anhang Tafel A3:
Rechteckquerschnitt

$$k_s = 2,27 \qquad\qquad \xi = x/d = 0,09$$

$$x = 0,09 \cdot 54,5 = 4,9 \text{ cm} \qquad < h_f = 20 \text{ cm}$$

Die Spannungsnulllinie liegt in der Platte.

$$A_s = 2,27 \, \frac{628}{54,5} = 26,2 \text{ cm}^2$$

5⌀28 passen in eine Lage,
Tab. s. [8]

gewählt 5⌀28 = 30,8 cm^2

Stützmoment
Die Druckzone liegt im Steg $b = 0,35$ m

$$k_d = \frac{54,5}{\sqrt{\dfrac{591}{0,35}}} = 1,33$$

Anhang Tafel A4: Rechteckquerschnitt mit Druckbewehrung
$\xi = x/d = 0,25$

Im Zuge der Bemessung ist mit Hilfe der bezogenen Druckzonenhöhe das Rotationsvermögen nachzuweisen. Bei einer Momentenumlagerung von 15 % – $\delta = 0,85$ – ist eine Bemessungstabelle zu wählen, die $x/d = 0,25$ vorgibt. Dann ist die Gleichung

$$\delta_{zul} \geq 0,64 + 0,8 \cdot 0,25 = 0,84 \qquad < \delta_{gew} = 0,85 \text{ erfüllt.}$$

$$k_{s1} = 2,51 \qquad\qquad k_{s2} = 1,20$$

Korrekturfaktoren für $d_2/d = 5,5/54,5 = 0,10$

ρ_1 , ρ_2 berücksichtigen die Wirksamkeit der Druckbewehrung.

$$\rho_1 = 1,02 \qquad\qquad \rho_2 = 1,08$$

$$A_{s1} = 2,51 \, \frac{591}{54,5} \, 1,02 \qquad\qquad A_{s2} = 1,20 \, \frac{591}{54,5} \, 1,08$$

$$= 27,8 \text{ cm}^2 \qquad\qquad\qquad = 14,1 \text{ cm}^2$$

gewählt	$4\varnothing25$	=	$19,6$ cm^2	Steg
	$2\cdot2\varnothing16$	=	$8,0$ cm^2	ausgelagert
			$27,6$ cm^2 $\approx$ $27,8$ cm^2	

Die Abweichung ist hinnehmbar.

Als Druckbewehrung werden $3\varnothing28 = 18,5$ cm^2 der Feldbewehrung über die Stütze durchgeführt.

Bei Plattenbalken ist häufig Druckbewehrung erforderlich, weil nur die Breite des Steges zur Aufnahme der Druckkräfte zur Verfügung steht. Mit Momentenumlagerung vermindert sich die Zugbewehrung, jedoch ist für den Nachweis des Rotationsvermögens die bezogene Druckzonenhöhe x/d zu begrenzen, was in der Regel zusätzliche Druckbewehrung erfordert. Das ist nicht als Nachteil zu werten, wenn die Feldbewehrung über das Auflager geführt wird und außerhalb der Stütze gestoßen wird, vergl. Bild 7.7. Außerdem ist diese Ausführung vorteilhaft zur Abdeckung positiver Momente an Zwischenauflagern infolge außergewöhnlicher Beanspruchungen. Zum Vergleich der erforderlichen Stützbewehrung mit und ohne Momentenumlagerung erfolgt die Bemessung als Übungsaufgabe ohne Momentenumlagerung.

DIN 1045-1, 13.2.2 (10): positive Momente infolge außergewöhnlicher Belastung

Bemessung für Querkraft vergl. Übungsaufgabe.

Bewehrung im Querschnitt

Bild 7.11 zeigt die Bewehrung im Bereich der Stütze im Querschnitt. Die obere Bewehrung wird auf den Steg und die Gurte verteilt. Die Verteilungsbreite richtet sich nach der mitwirkenden Plattenbreite, die wegen der kleineren wirksamen Stützweite über Innenstützen wesentlich kleiner ist als im Feld.

Zu beachten ist, dass zwischen den oberen Stäben der Stegbewehrung eine Rüttellücke von mindestens 10 cm verbleibt:
$35 - 2(3,0 + 1,0) - (4 + 2)2,5 = 12$ cm

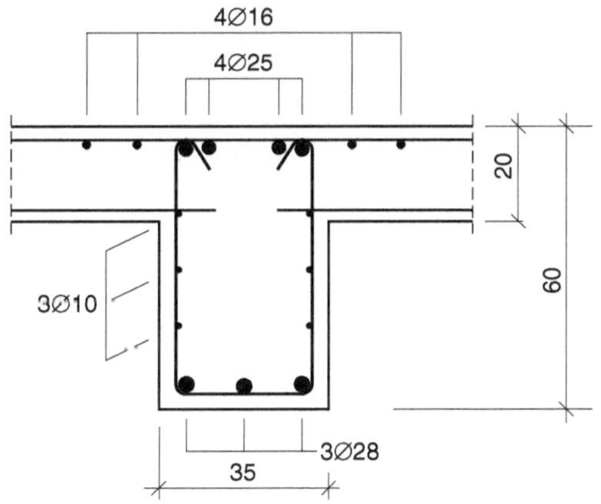

Bild 7.11: Querschnitt – Bewehrung Bereich Stütze

$$l_0 = 0,15\,(l_{eff,1} + l_{eff,2}) = 2 \cdot 0,15 \cdot 8,00 = 2,40\,\text{m}$$

$$b_{eff,1} = b_{eff,2} = 0,2 \cdot 3,08 + 0,1 \cdot 2,40 = 0,86\,\text{m}$$

$$< 0,2\,l_0 = 0,2 \cdot 2,40 = 0,48\,\text{m}$$

$$b_{eff} = 2 \cdot 0,48 + 0,35 = 1,31\,\text{m}$$

DIN 1045-1, 13.2.1 (2); vergl. Abschnitt 7.1

Die ausgelagerte Bewehrung ist innerhalb der halben mitwirkenden Gurtbreite anzuordnen, d. h. links und rechts des Steges auf jeweils $\leq 0,48/2 = 0,24$ m.

8 Stützen

Schlanke Druckglieder versagen infolge der Vergrößerung der Beanspruchung durch zunehmende Verformung (Theorie II. Ordnung), so dass der Nachweis der Tragfähigkeit unter Berücksichtigung der Stabauslenkung zu führen ist.

Bei ausgesteiften Gebäuden – alle horizontalen Kräfte werden durch Wände oder Bauwerkskerne abgetragen – erübrigt sich in vielen Fällen sowohl bei Randstützen als auch bei Innenstützen der Nachweis nach Theorie II. Ordnung – Abschnitt 8.2.

Dagegen erfolgt bei Hallenkonstruktionen die Abtragung der horizontalen Lasten häufig allein durch die Stützen, so dass ein verschiebliches System vorliegt. Die Auswirkungen nach Theorie II. Ordnung können nach dem Modellstützenverfahren oder mit Hilfe von Bemessungshilfsmitteln berechnet werden – Abschnitt 8.3 – und sind auch bei der Bemessung des Fundaments zu berücksichtigen.

Der Bemessung schließt sich die Wahl der Bewehrung an und unter Beachtung der Konstruktionsregeln für Stützen werden Bewehrungsskizzen für die baupraktische Umsetzung erstellt.

8.1 Tragverhalten und Konstruktion

8.1.1 Ersatzlänge, Schlankheit

Alle Bauteile verformen sich unter Lasten, die senkrecht zur Systemlinie wirken. Die Momentenermittlung $M_{Ed,0}$ erfolgt in der Regel ohne Berücksichtigung der Verformungen (Theorie I. Ordnung). Insoweit besteht kein Unterschied zwischen einem auskragenden Balken oder einer durch H-Kräfte belasteten auskragenden Stütze. Bei der Kragstütze bedeutet die horizontale Verformung des Stützenkopfes jedoch einen Hebelarm für die Vertikalkraft, so dass am Stützenfuß ein zusätzliches Moment $M_{Ed,2}$ entsteht (Theorie II. Ordnung). Das Gesamtmoment $M_{Ed,tot} = M_{Ed,0} + M_{Ed,2}$ beschreibt das Gleichgewicht am verformten System.

Die Auswirkungen nach Theorie II. Ordnung müssen immer dann berücksichtigt werden, wenn sie die Tragfähigkeit um mehr als 10 % verringern. Als Entscheidungskriterium dient die Schlankheit des Druckgliedes, die

- Stablänge
- Stabquerschnitt
- Randbedingungen

erfasst. Aus der Stablänge und den Randbedingungen wird die Ersatzlänge ermittelt:

Es ist nicht sinnvoll, im Stahlbetonbau weiterhin den Begriff „Knicken" zu verwenden. Konsequenterweise verwendet die DIN 1045-1 auch den Begriff Ersatzlänge anstatt Knicklänge.

$$l_0 = \beta \cdot l_{col} \tag{8.1}$$

mit: l_0 Ersatzlänge des Einzeldruckgliedes

            l_{col} Stützenlänge zwischen den ideellen Einspannstellen

Der Beiwert β beträgt:

         $\beta \leq 1{,}0$ Stabenden unverschieblich

         $\beta = 1{,}0$ beide Stabenden gelenkig angeschlossen

         $\beta = 2{,}0$ starr eingespannte Kragstütze

Für elastisch eingespannte Hochbaustützen kann β mit Hilfe des in [7] und [8] angegebenen Nomogramms bestimmt werden. Daraus können auch die übrigen Standardfälle bei unverschieblichen Systemen direkt abgelesen werden.

         $\beta = 0{,}7$ ein Stabende starr eingespannt / ein Stabende gelenkig angeschlossen

Die Schlankheit errechnet sich aus:

$$\lambda = l_0 / i \tag{8.2}$$

mit: i Trägheitsradius des Querschnitts

         $i = 0{,}289\, h$ bei Rechteckquerschnitten

         $i = 0{,}25\, h$ bei Kreisquerschnitten

Einzeldruckglieder gelten als schlank, wenn der größere der beiden Werte überschritten ist:

$$\lambda = 25 \tag{8.3a}$$

$$\lambda = 16 / \sqrt{|v_{Ed}|} \tag{8.3b}$$

mit: $v_{Ed} = \dfrac{N_{Ed}}{A_c \cdot f_{cd}}$

         N_{Ed} Bemessungswert der mittleren Längskraft

         A_c Querschnittsfläche des Druckglieds

         f_{cd} Bemessungswert der Betondruckfestigkeit

Bei geringer Stützenbeanspruchung $|v_{Ed}| < 0{,}41$ liefert Gleichung (8.3b) den größeren Wert, was folgende Schreibweise verdeutlicht:

$$\lambda = \frac{16}{\sqrt{\dfrac{N_{Ed}}{A_c \cdot f_{cd}}}} \qquad (8.3c)$$

Bei Geschossbauten, deren Stützen durchgehend den gleichen Querschnitt haben, können die weniger ausgelasteten Stützen der oberen Geschosse in der Regel als nicht schlank eingestuft werden.

Die Stützenverformung hängt außerdem vom Verlauf der Biegemomente ab. Es ist vorteilhaft, wenn die Biegemomente nicht in voller Größe über die gesamte Stablänge wirken. Demzufolge brauchen die Stützen bei unverschieblichen Tragwerken auch dann nicht nach Theorie II. Ordnung berechnet zu werden, wenn die Schlankheit folgenden Wert nicht überschreitet:

DIN 1045-1, 8.6.3 (4)

$$\lambda_{crit} = 25\left(2 - e_{01} / e_{02}\right) \qquad (8.4)$$

mit: e_{01}, e_{02} Lastausmitten an den Stützenenden

$$|e_{02}| \geq |e_{01}|$$

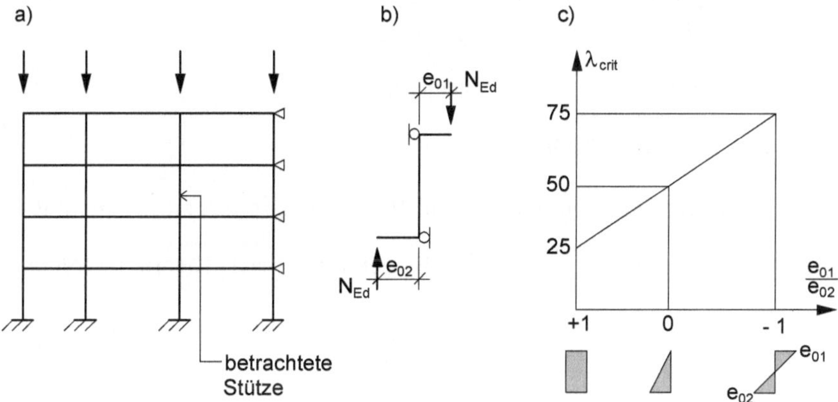

a) statisches System
b) Idealisierung der betrachteten Stütze
c) kritische Schlankheit λ_{crit}

Bild 8.1:   Grenzwerte der Schlankheit von Einzeldruckgliedern in unverschieblichen Tragwerken

Aus Bild 8.1 ist zu ersehen, dass beispielsweise bei eingespannten Randstützen in unverschieblichen Tragwerken für $\lambda \leq 62{,}5$ kein Nachweis nach Theorie II. Ordnung erforderlich ist. Die Stützen sind jedoch zusätzlich zur aufzunehmenden Längskraft N_{Ed} mindestens für $M_{Ed} = N_{Ed} \cdot h / 20$ zu bemessen.

Bei Ortbetonkonstruktionen liegt immer eine Einspannung zwischen der Decke – Balken oder Platte – und den Stützen vor. Abweichend

DIN 1045-1, 7.3.2 (6)

von den Randstützen, die stets als Rahmenstiele zu berechnen sind, dürfen bei Innenstützen üblicher Hochbauten die Biegemomente aus Rahmenwirkung vernachlässigt werden, d. h. $e_{01} = e_{02} = 0$.

8.1.2 Modellstütze, Bemessungshilfsmittel

DIN 1045-1, 8.6.5

Mit dem Modellstützenverfahren können die Auswirkungen nach Theorie II. Ordnung berechnet werden. Die Modellstütze ist eine Kragstütze mit der Länge $l = l_0 / 2$, die am Stützenfuß eingespannt und am Stützenkopf frei verschieblich ist, s. Bild 8.2.

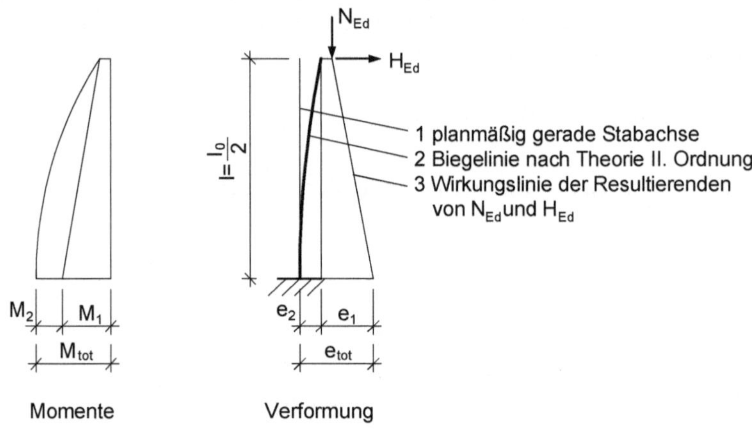

Bild 8.2: Modellstütze

Am Stützenkopf greifen N_{Ed} und H_{Ed} an, so dass sich am Stützenfuß

$$M_{Ed,0} \qquad \text{Biegemoment nach Theorie I. Ordnung}$$

$$e_0 = \frac{M_{Ed,0}}{N_{Ed}} \qquad \text{planmäßige Lastausmitte nach Theorie I. Ordnung}$$

ergibt.

DIN 1045-1, 8.6.4 (1)

Außerdem sind Imperfektionen – Abweichungen der Stabachse von der Lotrechten und nicht exakt mittige Lasteintragung – zu berücksichtigen, und zwar durch eine zusätzliche ungewollte Lastausmitte:

$$e_a = \alpha_{a1} \cdot l_0 / 2 \tag{8.5}$$

mit: $\qquad l_0 \qquad$ Ersatzlänge des Einzeldruckglieds

DIN 1045-1, 7.2 (4)

$$\alpha_{a1} = \frac{1}{100\sqrt{l_{col}}} \leq \frac{1}{200} \qquad \text{Schiefstellung} \tag{8.6}$$

$$l_{col} \qquad \text{Stützenlänge}$$

Sind mehrere lastabtragende Bauteile vorhanden, darf α_{a1} mit dem Faktor α_n abgemindert werden:

$$\alpha_n = \sqrt{\frac{1+1/n}{2}} \tag{8.7}$$

mit: n Anzahl der lastabtragenden, in einem Geschoss nebeneinander liegenden Bauteile

Damit vergrößert sich das Moment am Stützenfuß auf M_1, s. Bild 8.2, und die Ausmitte auf:

$$e_1 = e_0 + e_a \tag{8.8}$$

Hinzu kommt die Stützenverformung:

e_2 zusätzliche Lastausmitte infolge Auswirkungen nach Theorie II. Ordnung

Die gesamte Ausmitte bezogen auf den Fuß der Modellstütze beträgt:

$$e_{tot} = e_1 + e_2 \tag{8.9}$$

$$= e_0 + e_a + e_2$$

und das Gesamtmoment ergibt sich aus:

$$M_{Ed,tot} = M_{Ed,0} + N_{Ed}\left(e_a + e_2\right) \tag{8.10}$$

Die zusätzliche Ausmitte e_2 errechnet sich vereinfachend aus: DIN 1045-1, 8.6.5 (8)

$$e_2 = \frac{1}{2070} \cdot \frac{l_0^2}{d} \tag{8.11}$$

Mit dem Modellstützenverfahren wird der Nachweis nach Theorie II. Ordnung in eine Querschnittsbemessung überführt für die Bemessungswerte $M_{Ed,tot}$ und N_{Ed}.

Auf der Basis des Modellstützenverfahrens wurden Bemessungshilfsmittel für Druckglieder mit rechteckigem oder rundem Querschnitt entwickelt. Dabei wird sowohl die Gesamtausmitte e_{tot} als auch die Bewehrung des am meisten beanspruchten Querschnitts ermittelt. In [8] sind Bemessungshilfsmittel für unterschiedliche Querschnitte angegeben, s. auch Tafel A6 im Anhang.

Zu unterscheiden sind:

- μ-Nomogramme

- $e\,/\,h$-Diagramme

Das Modellstützenverfahren kann für alle typischen Querschnittsformen von Stützen angewendet werden, wenn die Zugbewehrung und die Druckbewehrung annähernd gleich groß sind.

Die μ-Nomogramme sind einfach zu handhaben, jedoch im Bereich kleiner bezogener Lastausmitten schlecht abzulesen. In diesem Fall sind die $e\,/\,h$-Diagramme vorteilhafter.

Beide verwenden als Eingangsparameter:

$$l_0\,/\,h \qquad \text{bezogene Stablänge}$$

$$v_{Ed} = \frac{N_{Ed}}{A_c \cdot f_{cd}} \qquad \text{bezogene Längskraft}$$

$$\mu_{Ed} = \frac{M_{Ed,1}}{h \cdot A_c \cdot f_{cd}} \qquad \text{bezogenes Moment}$$

Die Ergebnisse beider Verfahren sind identisch.

Zu beachten ist, dass den Bemessungshilfsmitteln

$$f_{cd} = f_{ck}\,/\,\gamma_c$$

zugrunde liegt, d. h. der Wert $\alpha = 0{,}85$ bleibt bei der Berechnung der Eingangswerte unberücksichtigt.

Den Bemessungshilfsmitteln liegt ein konstanter Querschnitt zugrunde, d. h. auch die Bewehrung ist über die Stablänge unverändert.

Bei gestaffelter Bewehrung können die Bemessungshilfsmittel dennoch angewendet werden, wenn die bezogene Stablänge um 10 % vergrößert wird.

8.1.3 Konstruktionsregeln für Stützen

Damit auch bei Druckgliedern das Zusammenwirken von Beton und Bewehrung gewährleistet ist, gibt es entsprechende Konstruktionsregeln.

DIN 1045-1, 13.5.1

Der kleinste Durchmesser der Längsstäbe beträgt 12 mm. Der Abstand der Längsstäbe ist auf 300 mm begrenzt, jedoch genügt in Stützen mit $h \le b \le 400$ mm je ein Bewehrungsstab in den Ecken.

Der Mindestwert der Längsbewehrung beträgt:

$$A_{s,min} = 0{,}15\left|N_{Ed}\right|\,/\,f_{yd} \tag{8.12}$$

mit: $\quad N_{Ed} \qquad$ **Bemessungswert der aufzunehmenden Druckkraft**

$\quad f_{yd} \qquad$ **Bemessungswert der Streckgrenze des Betonstahls**

Damit ist die Mindestbewehrung für 15 % der aufzunehmenden Längskraft ausgelegt. Beispielsweise ergibt sich für eine voll ausgenutzte Stütze der Betonfestigkeitsklasse C30/37:

$$N_{Ed} = f_{cd} \cdot A_c = 17\,A_c$$

$$A_{s,min} = 0{,}15 \cdot 17\,A_c\,/\,435 \approx 0{,}006\,A_c$$

Der Maximalwert beträgt – auch im Bereich von Übergreifungsstößen:

$$A_{s,max} = 0{,}09\,A_c \tag{8.13}$$

Die Längsbewehrung ist durch Bügel gegen Ausbrechen zu sichern, die mit Haken zu schließen sind. Bei Winkelhaken sind Maßnahmen erforderlich, um den Widerstand gegen Abplatzen der Betondeckung zu verbessern, z. B. durch Vergrößerung des Mindestbügeldurchmessers – $d_{sl} / 4 \geq 6$ mm – um eine Durchmessergröße. Der Bügelabstand darf den kleinsten der folgenden Werte nicht überschreiten, s. Bild 8.3a:

DIN 1045-1, 13.5.3 (8)

DIN 1045-1, 13.5.3 (4)

$$s_{max} \leq 12\, d_{sl,min}$$
$$\leq h_{min}$$
$$\leq 300 \text{ mm}$$

mit: $d_{sl,min}$ kleinster Durchmesser der Längsstäbe

         h_{min} kleinste Seitenlänge der Stütze

Die o.g. Bügelabstände sind mit dem Faktor 0,6 zu vermindern:

- unmittelbar ober- und unterhalb von Balken oder Platten auf einer Höhe, die der größeren Stützenseite entspricht
- bei Übergreifungsstößen von Längsstäben $d_{sl} > 14$ mm

Alle Längsstäbe sind durch Querbewehrung zu sichern. Dabei dürfen einem Bügel höchstens 5 Längsstäbe in jeder Querschnittsecke zugeordnet werden, s. Bild 8.3b.

Die engeren Bügelabstände erhöhen die Tragfähigkeit des Betonquerschnitts im Krafteinleitungsbereich.

8

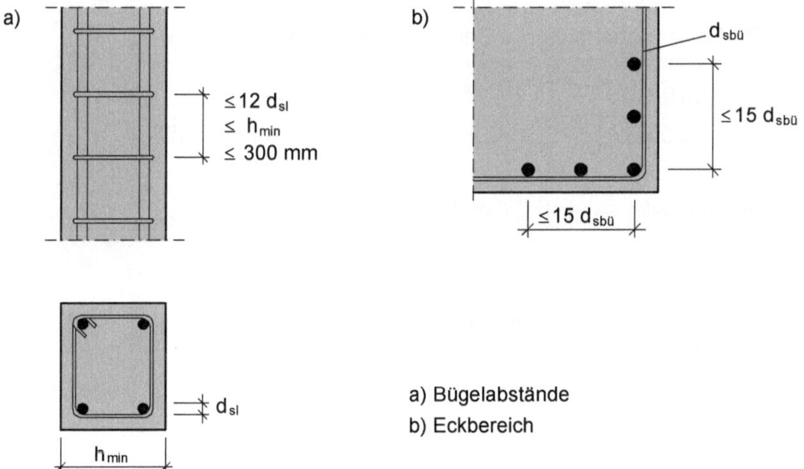

Bild 8.3:   Bügel

8.2 Gebäudestützen

8.2.1 Innenstütze

Die Stütze in Achse B des in Bild 7.10 dargestellten Lagergebäudes –
hinreichend ausgesteift – wird im Folgenden nachgewiesen. Sie ist
monolithisch mit dem Fundament und der Deckenkonstruktion verbunden, Bild 8.4. Die Stütze ist der Außenluft ausgesetzt, eine direkte
Beregnung ist ausgeschlossen; damit treffen die Expositionsklassen
und die Betondeckung wie in Abschnitt 7.4 zu.

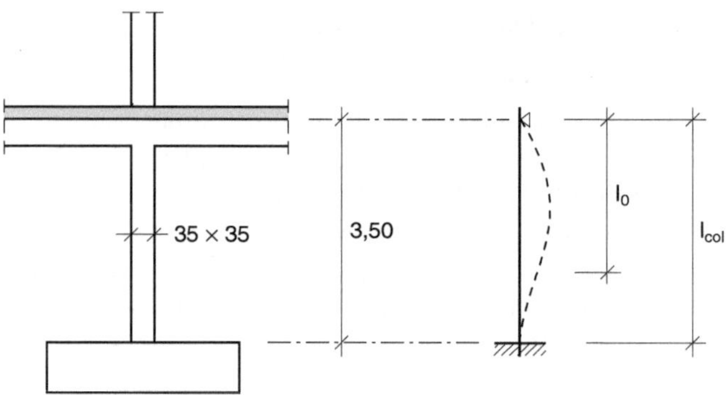

Bild 8.4:   Innenstütze – Geometrie, System

Baustoffe

Beton C30/37   Betonstahl BSt 500 S

Stützenlast $N_{Ed} = -3500$ kN

Zu bearbeiten sind:

- Nachweis der Schlankheit
- Bemessung
- Stoß der Bewehrung oberhalb des Fundaments
- Darstellung der Bewehrung im Stoßbereich

Nachweis der Schlankheit

Die Stütze ist am Kopf elastisch in die Deckenkonstruktion eingespannt, am Fuß liegt eine starre Einspannung in das Fundament vor.
Die Stützenlänge zwischen den Einspannstellen beträgt $l_{col} = 3,50$ m.

Ersatzlänge

Zur Vereinfachung bleibt die elastische Einspannung in die Deckenkonstruktion unberücksichtigt. Die Ersatzlänge für das in Bild 8.4
dargestellte System beträgt

Für elastisch eingespannte
Stützen kann β mit Hilfe
eines Nomogramms be-
stimmt werden, s. [7]
Abschnitt 7.2, Bild 7.1.

$$l_0 = \beta \cdot l_{col} = 0,7 \cdot l_{col} = 0,7 \cdot 3,50 = 2,45\,\text{m}$$

Schlankheit

$$\lambda = l_0/i$$

$$i = 0,289\,h \qquad \text{Trägheitsradius bei Rechteckquerschnitten}$$

$$\lambda = 2,45/(0,289 \cdot 0,35) = 24,2$$

Einzeldruckglieder gelten als schlank, wenn folgende Grenzwerte überschritten werden:

$$\lambda_{max} = 25 \qquad \text{für } |v_{Ed}| \geq 0,41$$

$$\lambda_{max} = 16/\sqrt{|v_{Ed}|} \qquad \text{für } |v_{Ed}| < 0,41$$

$$v_{Ed} = \frac{N_{Ed}}{A_c \cdot f_{cd}}$$

$$|v_{Ed}| = \frac{-3,5}{0,35^2 \cdot 17} = 1,68 > 0,41$$

$$\lambda = 24,2 < \lambda_{max} = 25$$

Demzufolge brauchen die Auswirkungen nach Theorie II. Ordnung nicht berücksichtigt zu werden.

Bemessung

Die Stütze ist für $N_{Ed} = -3500$ kN zu bemessen. Davon übernimmt der Beton:

$$|N_{Rd,c}| = A_c \cdot f_{cd} = 0,35^2 \cdot 17,0 \cdot 10^3 = 2083\,\text{kN}$$

Die darüber hinaus gehende Druckkraft $|N_{Ed}| - |N_{Rd,c}|$ ist durch Bewehrung aufzunehmen:

$$|N_{Rd,s}| = A_s \cdot f_{yd}$$

$$A_s = \frac{|N_{Ed}| - |N_{Rd,c}|}{f_{yd}} = \frac{3500 - 2083}{43,5} = 32,6\,\text{cm}^2$$

gewählt 6Ø28 = 37,0 cm^2 s. Bild 8.5

Alternativ kann die Bemessung mit den Tafeln für symmetrische Bewehrung erfolgen – bei zentrischer Beanspruchung unabhängig von d_1/h.

Daraus kann auch für den Standardfall mit einem starr eingespannten und einem gelenkig angeschlossenem Stabende $\beta = 0,7$ abgelesen werden.

DIN 1045-1, 8.6.3; vergl. Abschnitt 8.1.1

Die Gleichung für $|v_{Ed}| < 0,41$ kommt bei Stützen mit geringer Beanspruchung zum Tragen, z. B. in den oberen Geschossen von Gebäuden, deren Stützen durchgehend den gleichen Querschnitt haben.

$$f_{cd} = 0,85 \cdot f_{ck}/\gamma_c$$
$$= 0,85 \cdot 30/1,5$$
$$= 17\,\text{N/mm}^2$$

$$f_{yd} = f_{yk}/\gamma_s$$
$$= 500/1,15$$
$$= 435\,\text{N/mm}^2$$
$$= 43,5\,\text{kN/cm}^2$$

Es gibt Tabellen, die die aufnehmbare Druckkraft des Betons und der Bewehrung angeben, vergl. [7] Anhang Tafel A10.

Anhang Tafel A5
Einzusetzen ist h
(nicht d wie bei Biegung).
Zu beachten ist, dass bei
älteren Tafeln f_{cd} abweichend definiert ist: $f_{cd} =$
$f_{ck}/1,5$ (ohne $\alpha = 0,85$).

$$\nu_{Ed} = \frac{N_{Ed}}{b \cdot h \cdot f_{cd}} = \frac{-3,5}{0,35 \cdot 0,35 \cdot 17} = -1,68$$

$$\mu_{Ed} = \frac{M_{Ed}}{b \cdot h^2 \cdot f_{cd}} = 0$$

$$\omega_{tot} = 0,7$$

$$A_{s,tot} = \omega_{tot} \frac{b \cdot h}{f_{yd} / f_{cd}} = 0,7 \frac{35 \cdot 35}{25,59} = 33,5 \text{ cm}^2$$

Die Abweichung erklärt sich durch die Ablesegenauigkeit.

Bei zentrisch gedrückten Stützen ist die Betondruckfestigkeit entscheidend für die erforderliche Bewehrung. Mit zunehmender Druckfestigkeit vermindert sich die Bewehrung – und umgekehrt, s. Übungsaufgabe.

Stoß der Bewehrung

Alle Stäbe werden oberhalb des Fundaments gestoßen, s. Bild 8.5.

DIN 1045-1, 12.8.2;
vergl. Abschnitt 5.1

$$l_s = l_{b,net} \cdot \alpha_1 \qquad\qquad \geq 0,3\, \alpha_a \cdot \alpha_1 \cdot l_b$$

$$\geq 15 d_s \geq 200 \text{ mm}$$

$$l_{b,net} = \alpha_a \frac{A_{s,erf}}{A_{s,vorh}}\, l_b \qquad\qquad \alpha_a = 1,0 \text{ gerade Stabenden}$$

Für lotrechte Stäbe liegen
gute Verbundbedingungen
vor

$$l_b = 101 \text{ cm}$$

$$\alpha_1 = 1,0 \text{ Druckstoß}$$

$$l_s = 1,0 \frac{32,6}{37,0}\, 101 = 89 \text{ cm}$$

$$> 0,3 \cdot 101 = 30,3 \text{ cm}$$

$$> 15\, d_s = 42 \text{ cm}$$

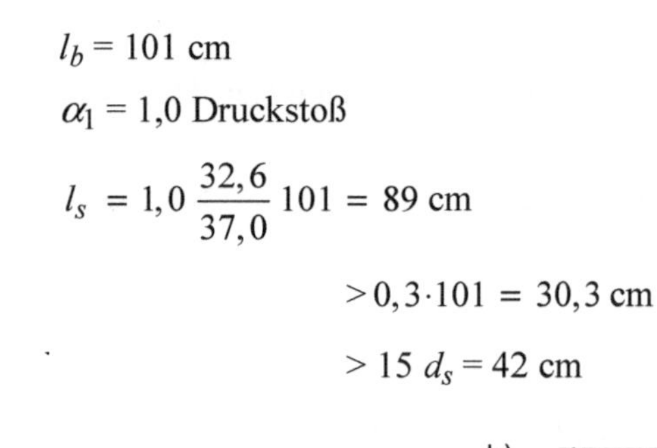
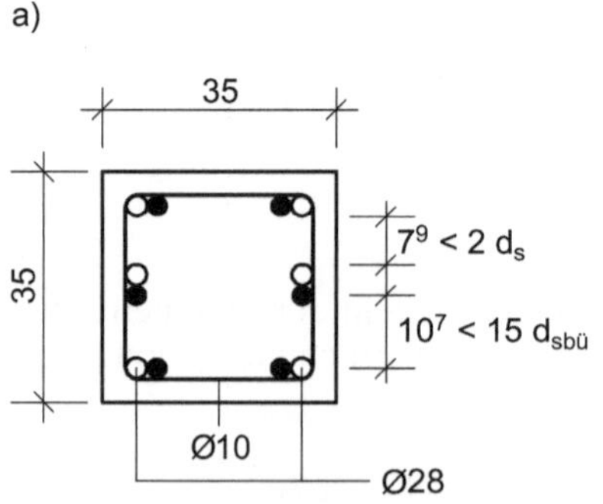

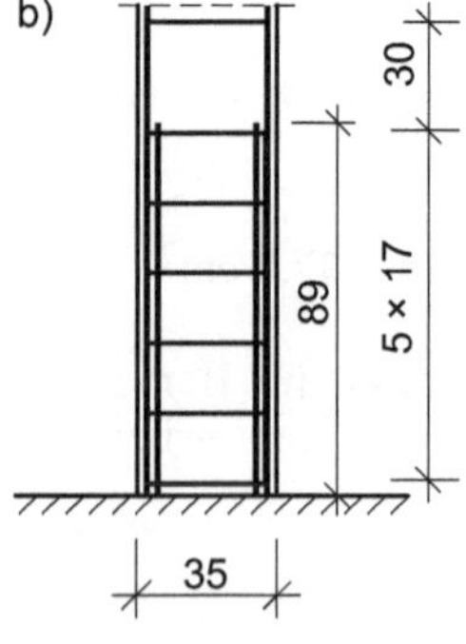

Bild 8.5: Innenstütze – Bewehrung
a) Querschnitt   b) Stoß

Zur Sicherung der Längsbewehrung Ø28 sind mindestens Bügel Ø8 erforderlich, die mit Haken zu schließen sind. Gewählt werden Bügel mit Winkelhaken, s. Bild 8.5; zur Verbesserung des Widerstands gegen Abplatzen der Betondeckung ist der Mindestbügeldurchmesser um eine Durchmessergröße vergrößert.

DIN 1045-1, 13.5.3 (1) und (8)

Mindestbügeldurchmessers: $d_{sl}/4 \geq 6$ mm

Im Bereich des Übergreifungsstoßes sind die in Bild 8.3 dargestellten Bügelabstände mit dem Faktor 0,6 zu vermindern.

Außerhalb des Stoßes werden die Bügel im Abstand

DIN 1045-1, 13.5.3; vergl. Abschnitt 8.1.3; [2]: Maximalabstände sind in einem Bild übersichtlich zusammengestellt.

$$s_w = 30 \text{ cm} \qquad \leq 12\,d_{s,l} = 12 \cdot 2,8 = 33,6 \text{ cm}$$

$$\leq h_{min} = 35 \text{ cm}$$

$$\leq 300 \text{ mm}$$

angeordnet. Unmittelbar über und unter der Deckenkonstruktion sind die Bügelabstände mit dem Faktor 0,6 zu reduzieren, d. h. es wird ein zusätzlicher Bügel angeordnet.

Im Stoßbereich beträgt der Bewehrungsgrad:

DIN 1045-1, 13.5.2: Der maximale Bewehrungsgrad beträgt 9 %.

$$A_s / A_c = 2 \cdot 37,0 / 35^2 = 0,06 < 0,09$$

Die gestoßenen Stäbe liegen nebeneinander. Zwischen den gestoßenen Stäben ist ein lichter Abstand von $2\,d_{s,l}$ erforderlich. Für die in Bild 8.5a gewählte Anordnung der Stäbe, Betondeckung $c_v = 3,0$ cm, ergibt sich ein lichter Abstand von

DIN 1045-1, 12.8.1, Bild 57

$$(35 - 2\,(3,0+1,0) - 4 \cdot 2,8)/2 = 7,9 \text{ cm}.$$

Die Bügel sichern die Längsstäbe, jedoch nur bis zu einem Abstand von $15\,d_{s,bü}$ aus der Ecke. Der Abstand des mittleren Stabes vom Eckstab beträgt

DIN 1045-1, 13.5.3 (7); vergl. Abschnitt 8.1.3, Bild 8.3

$$35/2 - (3,0 + 1,0) - 2,8 = 10,7 \text{ cm} \qquad < 15\,d_{s,bü} = 15 \text{ cm}.$$

8.2.2 Randstütze

Die Stütze in Achse A des in Bild 7.10 dargestellten Lagergebäudes – hinreichend ausgesteift – wird bemessen. Sie ist monolithisch mit dem Fundament und der Deckenkonstruktion verbunden, Bild 8.6. Aufgrund der Randlage ist sie direkter Beregnung ausgesetzt.

Baustoffe

Beton   C30/37   Betonstahl BSt 500 S

Schnittgrößen

$N_{Ed} = -1500$ kN M_{Ed} s. Bild 8.6

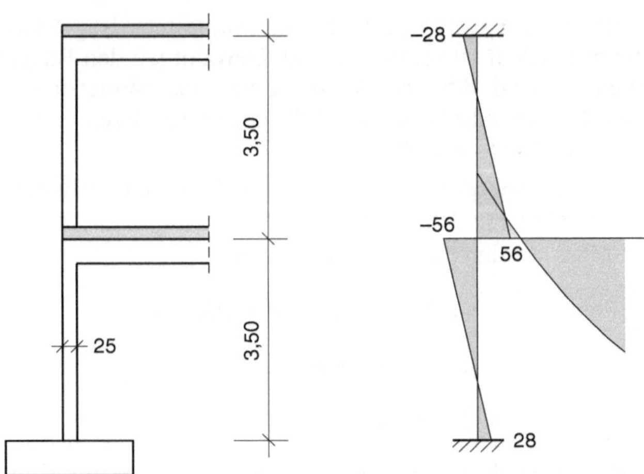

Bild 8.6: Randstütze – Ersatzrahmen, Biegemomente

Zu bearbeiten sind:

- Festlegung der Expositionsklassen, Mindestbetonfestigkeitsklasse, Betondeckung
- Nachweis der Schlankheit
- Bemessung
- Darstellung der Bewehrung im Querschnitt

DIN 1045-1, 6.2, Tab. 3; vergl. Anhang Tafel A7

Expositionsklassen, Mindestfestigkeitsklasse, Betondeckung

XC4	C25/30	Bewehrungskorrosion
XF1 (WF)	C25/30	Betonangriff

DIN 1045-1, 6.3, Tab. 4; vergl. Anhang Tafel A8

$$c_{min} = 25 \text{ mm}$$

$$\Delta c = 15 \text{ mm}$$

$$c_{nom,bü} = 25 + 15 = 40 \text{ mm}$$

Anhang Tafel A8 enthält den jeweils ungünstigsten Wert c_{nom} für Korrosionsschutz oder Verbundsicherung.

Angenommen werden Längsstäbe Ø25, Bügel Ø8. Bei dieser verhältnismäßig großen Betondeckung erübrigt sich die Überprüfung der Verbundsicherung der Längsstäbe – unabhängig vom Durchmesser.

$$c_v = 40 \text{ mm} \qquad \text{Verlegemaß}$$

Nachweis der Schlankheit

Die Stütze ist am Kopf elastisch in die Deckenkonstruktion eingespannt, am Fuß liegt eine starre Einspannung in das Fundament vor. Wie bei der Innenstütze, Abschnitt 8.2.1, bleibt zur Vereinfachung die elastische Einspannung in die Deckenkonstruktion unberücksichtigt.

$$l_{col} = 3,50 \text{ m} \qquad\qquad\qquad \text{Stützenlänge}$$

$$l_0 = 0,7\, l_{col} = 0,7 \cdot 3,50 = 2,45 \text{ m} \qquad \text{Ersatzlänge}$$

$$\lambda = l_0/i \qquad \text{Schlankheit}$$

$$i = 0,289\,h \qquad \text{Trägheitsradius bei Rechteckquerschnitten}$$

$$\lambda = 2,45/(0,289 \cdot 0,25) = 33,9$$

Die Stützenverformung hängt nicht nur von der Schlankheit der Stütze, sondern auch vom Verlauf der planmäßigen Biegemomente ab. Demzufolge brauchen die Stützen bei unverschieblichen Tragwerken auch dann nicht nach Theorie II. Ordnung berechnet zu werden, wenn die Schlankheit folgenden Wert nicht überschreitet:

vergl. Abschnitt 8.1.1

$$\lambda_{crit} = 25\,(2 - e_{01}/e_{02})$$

$$e_{01}, e_{02} \qquad \text{Lastausmitten an den Stabenden}$$

$$|e_{02}| \geq |e_{01}|$$

Die Momente sind gegenläufig

$$e_{02} = (-56)/(-1500)$$

$$e_{01} = (28)/(-1500) = -e_{02}/2$$

$$\lambda_{crit} = 25\,(2 - (-0,5)) = 62,5$$

$$> \lambda = 33,9$$

Es ist kein Nachweis nach Theorie II. Ordnung erforderlich. Auch für die Randstütze im Obergeschoss, die an beiden Enden elastisch eingespannt ist, kann der Nachweis nach Theorie II. Ordnung entfallen:

Zur Vereinfachung bleibt die elastische Einspannung bei der Ermittlung der Ersatzlänge unberücksichtigt. In der Regel erübrigt sich bei Randstützen in ausgesteiften Gebäuden der Nachweis nach Theorie II. Ordnung.

$$l_0 = l_{col}$$

$$\lambda = 3,50/(0,289 \cdot 0,25) = 48,4$$

$$< \lambda_{crit} = 62,5$$

Mindestmoment

$$M_{Ed} = N_{Ed} \cdot h/20$$

$$|M_{Ed,min}| = 1500 \cdot 0,25/20 = 18,8 \text{ kNm}$$

$$< 56 \text{ kNm}$$

Bemessung

Die Stütze ist zu bemessen für:

$$N_{Ed} = -1500 \text{ kN} \qquad\qquad M_{Ed} = 56 \text{ kNm}$$

Gewählt wird symmetrische Bewehrung mit dem Achsabstand vom Rand

$$d_1 = 4,0 + 0,8 + 2,5/2 = 6,1 \text{ cm}$$

$$d_1/h = 6{,}1/25 = 0{,}24 \qquad \text{gewählt} \qquad d_1/h = 0{,}25$$

Tafel s. [8]
Zu beachten ist, dass bei älteren Tafeln f_{cd} abweichend definiert ist:
$f_{cd} = f_{ck}/1{,}5$ (ohne $\alpha = 0{,}85$).
Einzusetzen ist h (nicht d wie bei Biegung).

$$v_{Ed} = \frac{N_{Ed}}{b \cdot h \cdot f_{cd}} = \frac{-1{,}5}{0{,}35 \cdot 0{,}25 \cdot 17} = -1{,}01$$

$$\mu_{Ed} = \frac{M_{Ed}}{b \cdot h^2 \cdot f_{cd}} = \frac{0{,}056}{0{,}35 \cdot 0{,}25^2 \cdot 17} = 0{,}15$$

$$\omega_{tot} < 0{,}55$$

$$A_{s,tot} = \omega_{tot} \, \frac{b \cdot h}{f_{yd}/f_{cd}} = 0{,}55 \, \frac{35 \cdot 25}{25{,}59} = 18{,}8 \text{ cm}^2$$

gewählt $2 \cdot 2 \, \varnothing 25 = 19{,}6 \text{ cm}^2$

Aus den Diagrammen sind zugleich die Dehnungen abzulesen: $\varepsilon_{c2} = -3{,}5\text{‰}$ und $-0{,}67 < \varepsilon_{s1} < 0$. Der Querschnitt ist voll überdrückt, auch die Bewehrung am minder beanspruchten Rand wird auf Druck beansprucht. Daraus ist zu schließen, dass bei höherer Betondruckfestigkeit weniger Bewehrung erforderlich ist – und umgekehrt, vergl. Übungsaufgabe.

Der mechanische Bewehrungsgrad ω_{tot} ist geringer als bei der Innenstütze Abschnitt 8.2.1, so dass sich die Kontrolle der Maximalbewehrung im Stoßbereich erübrigt. In Hinblick auf geringere Bewehrung in den oberen Geschossen wird die Mindestbewehrung nachgewiesen.

DIN 1045-1, 13.5.2; vergl. Abschnitt 8.1.3

$$A_{s,min} = 0{,}15 \, |N_{Ed}| / f_{yd}$$

N_{Ed} Bemessungswert der aufzunehmenden Druckkraft

$$A_{s,min} = 0{,}15 \cdot 1500 / 43{,}5 = 5{,}2 \text{ cm}^2$$

DIN 1045-1, 13.5.1

Konstruktiv ist in jeder Ecke mindestens ein Stab $\varnothing 12$ anzuordnen.

vergl. Bild 8.3

Bewehrung im Querschnitt

Bild 8.7 zeigt die Bewehrung im Querschnitt. Der Bügelabstand beträgt

$$s_w = 25 \text{ cm} \qquad \leq 12 \, d_{s,l} = 12 \cdot 2{,}5 = 30 \text{ cm}$$

$$\leq h_{min} = 25 \text{ cm}$$

$$\leq 300 \text{ mm}.$$

DIN 1045-1, 13.5.3 (8): Die Bügelschlösser sind entlang der Stütze zu versetzen.

Bei der Vermaßung der Bügel sind immer die Außenmaße anzugeben.

Die Bügel sind durch Haken zu schließen. Wegen der Vorteile auf der Baustelle – einfacherer Einbau und bessere Betonverdichtung – werden Bügel mit üblichen Winkelhaken gewählt. Eine Verbesserung des Widerstands gegen Abplatzen der Betondeckung, z. B. durch Vergrößerung des Mindestbügeldurchmessers – $d_{sl}/4 \geq 6$ mm – um eine Durchmessergröße – gewählt $\varnothing 8$ – ist praktisch (so gut wie) erfüllt.

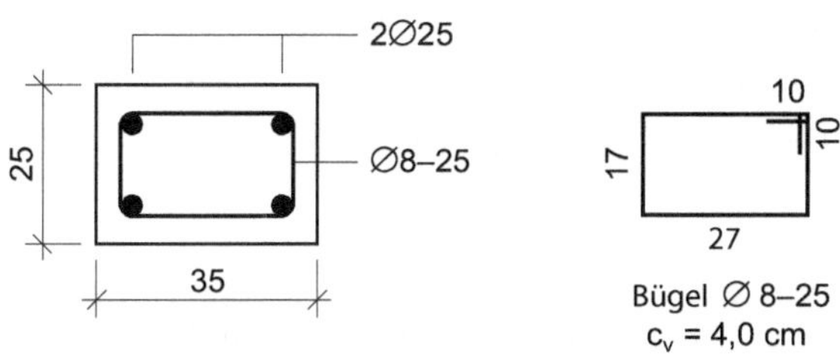

Bild 8.7: Randstütze – Bewehrung

8.3 Hallenstütze

Die Stützen der in Bild 8.8 dargestellten Halle sind nach Theorie II. Ordnung zu bemessen, weil die Schlankheit die Grenzwerte überschreitet. Zu den planmäßigen Biegemomenten infolge Wind kommen die Momente infolge ungewollter Ausmitte. Die daraus resultierenden Verformungen, die das Biegemoment vergrößern, sind in den Nomogrammen enthalten, die gleichzeitig zur Bemessung dienen. In Längsrichtung ist die Halle ausgesteift; sie ist als geschlossenes Gebäude einzustufen.

DIN 1045-1, 8.6.3; vergl. Abschnitt 8.1.2

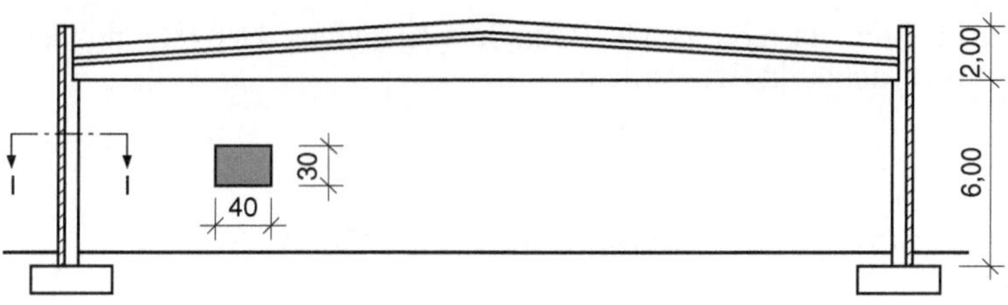

Bild 8.8: Hallenstütze

Baustoffe

Beton	C40/50	Betonstahl BSt 500 S

Die Stütze wird als Fertigteil hergestellt. Die werkseitig geforderte Frühfestigkeit ergibt eine Betonfestigkeit, die größer ist als für die Bemessung erforderlich.

Schnittgrößen

Die charakteristischen Lasten – ohne Teilsicherheitsbeiwert – erzeugen am Stützenfuß:

Eigenlast	$N_k = -100$ kN	$M_k = 0$
Schnee	$N_k = -150$ kN	$M_k = 0$
Wind	$N_k = 0$	$M_k = \pm 112$ kNm

Zu bearbeiten sind:

- Ermittlung der ungewollten Ausmitte e_a
- Ermittlung der Schnittgrößen für verschiedene Lastkombinationen
- Bemessung mit dem μ-Nomogramm

- Ermittlung der zusätzlichen Ausmitte e_2 nach dem Modellstützenverfahren

- Nachweis der 2. Richtung (Hallenlängsrichtung)

Ungewollte Lastausmitte

DIN 1045-1, 7.2 und 8.6.4: Imperfektionen; vergl. Abschnitt 8.1.2

Maßgebend für die anzusetzende Stützenlänge ist die Höhe der Vertikallast über dem Fundament – die Gesamthöhe von $6{,}00 + 2{,}00 = 8{,}00$ m liegt der Momentenermittlung infolge Wind zugrunde.

$$l_{col} = 6{,}00 \text{ m} \qquad\qquad \text{Stützenlänge}$$

$$l_0 = 2\, l_{col} = 2 \cdot 6{,}00 = 12{,}00 \text{ m} \qquad\qquad \text{Ersatzlänge}$$

Ungewollte Lastausmitte

$$e_a = \alpha_{a1} \cdot l_0 / 2$$

$$\alpha_a = \frac{1}{100\,\sqrt{l_{col}}} \le \frac{1}{200} \qquad\qquad \text{Schiefstellung}$$

$$= \frac{1}{100\,\sqrt{6{,}00}} = 4{,}08 \cdot 10^{-3} < \frac{1}{200}$$

Sind mehrere lastabtragende Bauteile vorhanden, darf α_{a1} mit dem Faktor α_n abgemindert werden:

$$\alpha_n = \sqrt{\frac{1 + 1/n}{2}}$$

$n = 2$ Anzahl der nebeneinander liegenden Stützen

$$\alpha_n = \sqrt{\frac{1 + 1/2}{2}} = 0{,}866$$

$$\alpha_{a1} \cdot \alpha_n = 4{,}08 \cdot 10^{-3} \cdot 0{,}866 = 3{,}54 \cdot 10^{-3}$$

$$e_a = 3{,}54 \cdot 10^{-3} \cdot 12{,}00 / 2 = 0{,}021 \text{ m} \quad \text{ungewollte Lastausmitte}$$

Momente infolge ungewollter Lastausmitte

$$M_{k,a} = \left| N_k \right| e_a$$

Die Schnittgrößen infolge planmäßiger Lastausmitte e_0 und ungewollter Lastausmitte e_a ergeben die Schnittgrößen nach Theorie I. Ordnung, Tabelle 8.1.

Tabelle 8.1: Schnittgrößen nach Theorie I. Ordnung: charakteristische Werte

		ständig	veränderlich	
		G_k	S_k	W_k
N_k	kN	− 100	− 150	0
$M_{k,0}$	kNm	0	0	112
$M_{k,a} = \lvert N_k \rvert \cdot e_a$	kNm	2,1	3,2	0
$M_{k,1} = M_{k,0} + M_{k,a}$	kNm	2,1	3,2	112

Lastkombinationen

Bei der Ermittlung der Schnittgrößen für die Anwendung des μ-Nomogramms sind die Teilsicherheitsbeiwerte γ und die Kombinationsbeiwerte ψ zu berücksichtigen. Es ist nur eine veränderliche Einwirkung in voller Größe anzusetzen, die anderen veränderlichen Einwirkungen werden mit dem Kombinationsbeiwert abgemindert. Mit

DIN 1055-100, 9.4 (4)

$$\psi_0 = 0{,}5 \qquad \text{für Schnee}$$

$$\psi_0 = 0{,}6 \qquad \text{für Wind}$$

ergeben sich folgende Kombinationen:

(1) $\qquad 1{,}35\, G_k + 1{,}5\,(S_k + 0{,}6\, W_k)$

$$N_{Ed} = -(1{,}35 \cdot 100 + 1{,}5 \cdot 150) = -360\,\text{kN}$$

$$M_{Ed} = 1{,}35 \cdot 2{,}1 + 1{,}5\,(3{,}2 + 0{,}6 \cdot 112) = 108\,\text{kNm}$$

(2) $\qquad 1{,}35\, G_k + 1{,}5\,(0{,}5\, S_k + W_k)$

$$N_{Ed} = -(1{,}35 \cdot 100 + 1{,}5 \cdot 0{,}5 \cdot 150) = -248\,\text{kN}$$

$$M_{Ed} = 1{,}35 \cdot 2{,}1 + 1{,}5\,(0{,}5 \cdot 3{,}2 + 112) = 173\,\text{kNm}$$

DIN 1055-100, Tab. A2: Beiwerte ψ, vergl. Abschnitt 1.4, Tab. 1.3

ständige Lasten $\gamma_G = 1{,}35$ veränderliche Lasten $\gamma_Q = 1{,}5$

Bemessung

Mit den μ-Nomogrammen wird sowohl die Gesamtausmitte e_{tot} als auch die Bewehrung ermittelt. Eingangsparameter:

$l_0/h \qquad$ bezogene Stablänge

$$v_{Ed} = \frac{N_{Ed}}{A_c \cdot f_{cd}} \qquad \text{bezogene Längskraft}$$

$$\mu_{Ed} = \frac{M_{Ed}}{h \cdot A_c \cdot f_{cd}} \quad \text{bezogenes Moment, Theorie I. Ordnung}$$

[8] und Anhang Tafel A6: Zu beachten ist, dass in den Nomogrammen f_{cd} abweichend definiert ist: $f_{cd} = f_{ck}/\mathbf{1{,}5}$ Einzusetzen ist h (nicht d wie bei Biegung).

Auswahlkriterium ist die Lage der Bewehrung vom Rand. Angenommen werden Ø20, Bügel Ø6:

vergl. Anhang Tafel A8
Die Verbundsicherung der
Längsstäbe
$c_{nom} \geq d_s + \Delta c$ ist ausschlaggebend.

$c_v = 2,5$ cm   Innenbauteil

$h_1 = 2,5 + 0,6 + 2,0/2 = 4,1$ cm

$h_1/h = 4,1/40 = 0,10$

Tabelle 8.2: Hallenstütze: Bemessung

Kombination	N_{Ed}	M_{Ed}	v_{Ed}	μ_{Ed}	ω	A_s
	kN	kNm	–	–	–	cm^2
(1)	– 360	108	– 0,113	0,084	0,23	16,9
(2)	– 248	173	– 0,078	0,135	0,34	25,0

Einzelschritte für Kombination (2)

$$\frac{l_0}{h} = \frac{12,00}{0,40} = 30$$

$$v_{Ed} = \frac{-0,248}{0,3 \cdot 0,4 \cdot 26,67} = -0,078$$

$$\mu_{Ed} = \frac{0,173}{0,3 \cdot 0,4^2 \cdot 26,67} = 0,135$$

$$A_s = 0,34 \frac{30 \cdot 40}{16,30} = 25,0 \text{ cm}^2$$

gewählt $2 \cdot 4 \, \varnothing 20 = 25,1$ cm^2

Das Gesamtmoment am Stützenfuß $M_{Ed,tot}$ kann mit Hilfe des Nomogramms ermittelt werden, indem der Schnittpunkt der ω-Linie mit
der v_{sd}-Linie mit dem Fußpunkt der rechten Leiter – $l_0/h < 4,3$ – verbunden wird, s. gestrichelte Linie (4) in den Erläuterungen Tafel A6.
Die Verlängerung ergibt auf der Ordinate

$$\mu_{Ed,tot} = 0,17$$

$$M_{Ed,tot} = \mu_{Ed,tot} \cdot h \cdot A_c \cdot f_{cd}$$

$$= 0,17 \cdot 0,4 \cdot 0,3 \cdot 0,4 \cdot 26,67 \cdot 10^3 = 218 \, \text{kNm}$$

Erläuterungen und Bei-
spiel in [7] Abschnitt 7.7

Zu prüfen bleibt, ob die Bemessung mit kleinerer Normalkraft ungünstig wirkt. Anstelle einer Neubemessung kann die erforderliche
Bewehrung für eine geringere Normalkraft direkt aus dem Nomogramm abgelesen werden. Die Verbindungslinie von der Ordinate μ
zur Leiter l_0/h verläuft steiler als die ω-Linie, d. h. eine größere Normalkraft erfordert mehr Bewehrung. Damit ist die Kombination mit
$1,0 \, G_k$ und ohne Schnee nicht maßgebend. Dennoch wird dieser
Nachweis – einschließlich Ermittlung der Bemessungsschnittgrößen –
als Übungsaufgabe geführt.

Zusätzliche Ausmitte nach dem Modellstützenverfahren

Zusätzliche Ausmitte e_2 infolge Auswirkungen nach Theorie II. Ordnung:

DIN 1045-1, 8.6.5;
vergl. Abschnitt 8.1.2

$$e_2 = \frac{1}{2070}\,\frac{l_0^2}{d} = \frac{1}{2070}\,\frac{12{,}00^2}{0{,}9\cdot 0{,}40} = 0{,}193\ \text{m}$$

Damit ergibt sich das zusätzliche Moment für die Kombination (2)

$$M_{Ed,2} = \left|N_{Ed}\right|\cdot e_2 = 248\cdot 0{,}193 = 48\ \text{kNm}$$

Gesamtmoment am Stützenfuß

$$M_{Ed,tot} = M_{Ed,1} + M_{Ed,2} = 173 + 48 = 221\ \text{kNm}$$

Die Abweichung zum zuvor berechneten Wert $M_{Ed,tot} = 218$ kNm erklärt sich durch die Ablesegenauigkeit.

Mit $M_{Ed,tot} = 221$ kNm und $N_{Ed} = -248$ kN kann die Bewehrung mit Hilfe der Bemessungstafel A5 – Diagramm für symmetrische Bewehrung – ermittelt werden; das Ergebnis stimmt mit Tabelle 8.2 überein.

Nachweis der 2. Richtung

In Hallenlängsrichtung sind die Stützen in 6 m Höhe mit der aussteifenden Scheibe verbunden, Bild 8.9. Die planmäßige Beanspruchung ist zentrisch, hinzu kommt ein Moment infolge der ungewollten Lastausmitte e_a. Vereinfachend wird die Schiefstellung der z-Richtung übernommen, dann ergibt sich in y-Richtung:

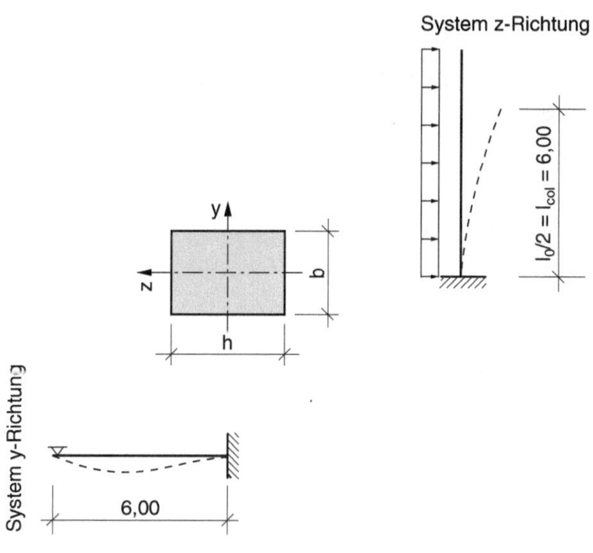

Bild 8.9: Hallenstütze – Ersatzlänge

$$l_0 = 0,7 \cdot 6,00 = 4,20\,\text{m}$$

$$e_a = 3,54 \cdot 10^{-3} \cdot 4,20 / 2 = 0,007\,\text{m}$$

Dagegen beträgt die Lastausmitte nach Theorie I. Ordnung in z-Richtung

$$e_1 = 173/248 = 0,698\ \text{m}.$$

DIN 1045-1, 8.6.6
Dabei darf der Nachweis in jeder der beiden Richtungen mit der gesamten im Querschnitt angeordneten Bewehrung durchgeführt werden.

Getrennte Nachweise in y- und z-Richtung sind zulässig, wenn die bezogene Lastausmitte in einer Richtung untergeordnet ist, Bild 8.10.

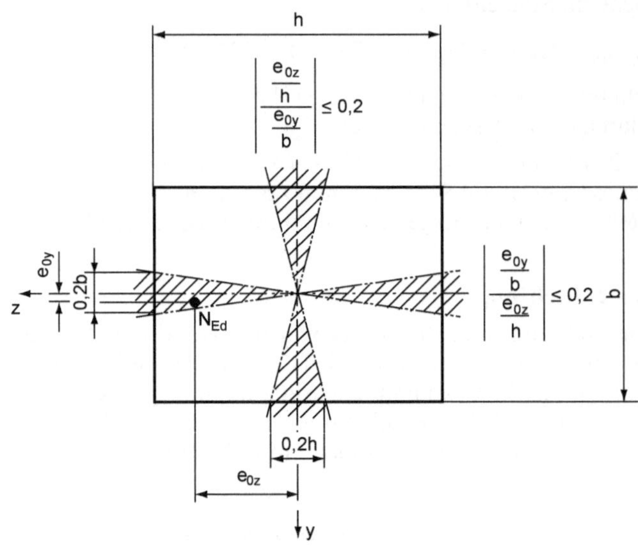

Bild 8.10: Grenzen für getrennte Nachweise in Richtung der beiden Hauptachsen

$$\left| \dfrac{\dfrac{e_{0y}}{b}}{\dfrac{e_{0z}}{h}} \right| = \dfrac{\dfrac{0,007}{0,30}}{\dfrac{0,698}{0,40}} = 0,013 < 0,2$$

DIN 1045-1, 8.6.6 (3):
Biegung über die schwächere Achse mit h_{red}

Der Nachweis in y-Richtung kann getrennt für N_{Ed} und $M_{Ed} = 0,007\,N_{Ed}$ geführt werden. Angesichts der sehr geringen Ausmitte erübrigt sich der Rechengang, auch wenn als Breite ein abgeminderter Wert h_{red} zu berücksichtigen ist.

9 Fundamente

Fundamente übertragen die Stützenkraft auf den Baugrund, d. h. die Stützenkraft steht mit den Bodenpressungen im Gleichgewicht. Die Beanspruchung ist im unmittelbaren Bereich um die Stütze am größten, und zwar sowohl infolge Biegung als auch hinsichtlich der Übertragung der Querkraft.

Die Übertragung der Querkraft erfolgt radial um die Stütze; in Anlehnung an den Bruchmechanismus ist der Begriff Durchstanzen üblich. Es werden Möglichkeiten aufgezeigt, die Querkrafttragfähigkeit ohne Durchstanzbewehrung nachzuweisen.

In Abschnitt 9.2 erfolgt die Bemessung eines typischen Einzelfundaments. Die Besonderheiten für gedrungene Fundamente werden in Abschnitt 9.3 behandelt.

9.1 Tragverhalten

Die Stützenkraft wird in beide Richtungen verteilt, damit entspricht das Fundament einer zweiachsig auskragenden Platte. Die Biegemomente sind in beiden Richtungen veränderlich und nicht wie bei liniengelagerten Deckenplatten über die Breite konstant. Anstelle einer Plattenberechnung kann mit Hilfe von Vereinfachungen der Momentenverlauf ausreichend genau und zugleich anschaulich beschrieben werden.

Die Übertragung der Querkraft – Nachweis gegen Durchstanzen – erfolgt entlang eines Rundschnitts um die Stütze, der im Allgemeinen im Abstand $1{,}5d$ vom Stützenrand verläuft, s. Bild 9.1; im Grundriss folgt er der Stützengeometrie, s. Bild 9.2. Diese Regeln gelten gleichermaßen für Flachdecken. Bei Fundamenten darf der kritische Schnitt auch im Abstand $1{,}0\,d$ vom Stützenrand angesetzt werden.

DIN 1045-1, 10.5.2
Bild 37 und 39

DIN 1045-1, 10.5.2 (14)

Die Querkraft kann entweder allein oder in oder in Kombination mit Durchstanzbewehrung übertragen werden. Bei Einzelfundamenten ist anzustreben, ohne Durchstanzbewehrung auszukommen; häufig ist dann der Nachweis für die Querkraftübertragung entscheidend für die Wahl der Fundamentdicke und der Bewehrung.

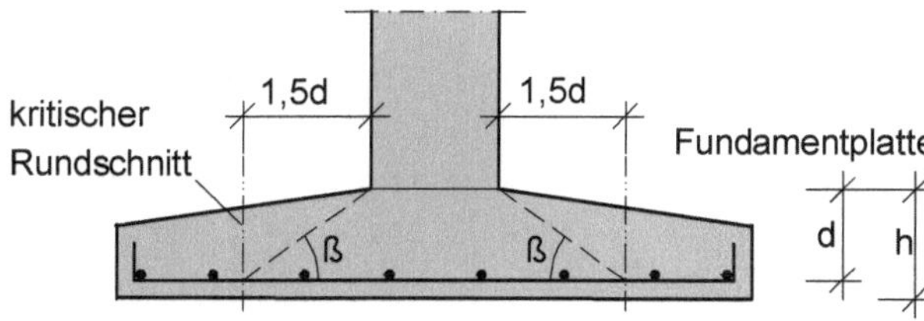

Bild 9.1: Bemessungsmodell Durchstanzen

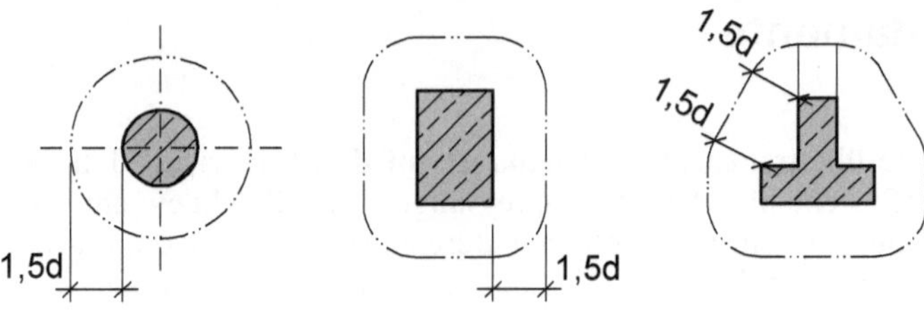

Bild 9.2:   Kritischer Rundschnitt

Die aufzunehmende Querkraft im betrachteten Nachweisschnitt v_{Ed} [kN/m] beträgt:

$$v_{Ed} \ = \ \frac{\beta \cdot V_{Ed}}{u} \tag{9.1}$$

mit: V_{Ed} Bemessungswert der gesamten aufzunehmenden Querkraft (Stützenkraft)

       u Umfang des betrachteten Rundschnitts nach Bild 9.2

DIN 1045-1, 10.5.3, Bild 44

       β Beiwert zur Berücksichtigung der nichtrotationssymmetrischen Querkraftverteilung

       $\beta = 1{,}5$ Innenstützen

       $\beta = 1{,}4$ Randstützen

       $\beta = 1{,}5$ Eckstützen

DIN 1045-1, 10.5.3 (4)

Bei Fundamentplatten darf die Querkraft V_{Ed} um die günstige Wirkung der Bodenpressung abgemindert werden. Dafür ist jedoch eine steilere Stanzkegelneigung (45°) maßgebend. Näherungsweise darf der Abzugswert aus der Bodenpressung mit Hilfe der kritischen Fläche A_{crit} für den flacheren Stanzkegel (33,7°) ermittelt werden, indem nur 50 % in Ansatz gebracht werden.

DIN 1045-1, 10.5.4

Die Querkrafttragfähigkeit $v_{Rd,ct}$ längs des kritischen Rundschnitts ergibt sich für Platten und Fundamente, auf die keine Längskräfte einwirken, aus:

Diese Gleichung ist genauso aufgebaut wie Gleichung (4.11b) für liniengelagerte Platten.

$$v_{Rd,ct} \ = \ 0{,}14 \; \kappa \cdot \left(100 \, \rho_l \cdot f_{ck}\right)^{1/3} \cdot d \tag{9.2}$$

mit:
$$\kappa = 1 + \sqrt{\frac{200}{d}} \leq 2{,}0 \tag{9.3}$$

$$d = \frac{d_x + d_y}{2} \qquad \text{mittlere Nutzhöhe in mm}$$

$$\rho_l = \sqrt{\rho_{lx} \cdot \rho_{ly}} \begin{cases} \leq 0{,}50\, f_{cd}\,/\,f_{yd} \\ \leq 0{,}02 \end{cases}$$

mittlerer Längsbewehrungsgrad innerhalb des betrachteten Rundschnitts

ρ_{lx} und ρ_{ly} beziehen sich jeweils auf die Zugbewehrung in x- und y-Richtung

Es ist keine Durchstanzbewehrung erforderlich für

$$v_{Ed} \leq v_{Rd,ct} \tag{9.4}$$

Für den Fall, dass Gleichung (9.4) nicht erfüllt ist, werden im Beispiel Abschnitt 9.2 Möglichkeiten aufgezeigt, die Querkrafttragfähigkeit dennoch ohne Durchstanzbewehrung nachzuweisen. Querkrafttragfähigkeit mit Durchstanzbewehrung s. Abschnitt 10.2.

Der kritische Nachweisschnitt darf auch im Abstand 1,0 d vom Stützenrand geführt werden. Das ist besonders bei gedrungenen Fundamenten angebracht, wenn der Rundschnitt im Abstand 1,5 d vom Stützenrand teilweise außerhalb des Fundaments liegt. Die Entlastung infolge der Bodenpressungen kann für diesen kleineren Schnitt zu 100 % berücksichtigt werden. Für den Schnitt 1,0 d ist der mehraxiale Spannungszustand ausgeprägter als für den Schnitt 1,5 d, so dass sich der Durchstanzwiderstand erhöht. Der Durchstanzwiderstand nach Gleichung (9.2) wird im Verhältnis des Umfangs im Schnitt 1,5 d zum Umfang im Schnitt 1,0 d erhöht.

$$v_{Rd,ct,r=1,0d} = k\left(0{,}14\,\kappa \cdot \left(100\,\rho_l \cdot f_{ck}\right)^{1/3}\right)\cdot d \tag{9.5}$$

mit:
$$k = \frac{u_{krit,r=1,5d}}{u_{krit,r=1,0d}} \geq 1{,}2 \tag{9.6}$$

Die höhere Querkrafttragfähigkeit infolge des räumlichen Spannungszustands im unmittelbaren Bereich um die Stütze wird durch den Vorfaktor 0,14 – anstatt 0,10 bei liniengestützten Platten – erfasst.

DIN 1045-1, 10.5.4 (2)

9.2 Fundament für Lagergebäude

Nachgewiesen wird das Fundament in Achse B des in Bild 7.10 dargestellten Lagergebäudes. Die Abmessungen sind Bild 9.3 zu entnehmen.

Die Betonfestigkeitsklasse wird im Zuge des Nachweises gegen Durchstanzen verändert.

Baustoffe

Beton   C25/30   Betonstahl BSt 500 S

Stützenlast $N_{Ed} = -3500$ kN

Zu bearbeiten sind:

- Festlegung der Expositionsklassen, Mindestbetonfestigkeitsklasse, Betondeckung
- Ermittlung der Biegemomente
- Bemessung für Biegung
- Nachweis gegen Durchstanzen
- Verteilung der Bewehrung im Grundriss

DIN 1045-1, 6.2, Tab. 3; vergl. Anhang Tafel A7: Gründungsbauteil, das innerhalb der Frosttiefe liegt

DIN 1045-1, 6.3, Tab. 4; vergl. Anhang Tafel A8: Verminderung um 5 mm, weil der gewählte Beton 2 Klassen höher ist – maßgebend ist C16/20 für Korrosionsschutz

Expositionsklassen, Mindestfestigkeitsklasse, Betondeckung

XC2   C16/20   Bewehrungskorrosion

XF1   (WF)   C25/30   Betonangriff

$c_{min} = 20 - 5 = 15$ mm   Korrosionsschutz

$\Delta c = 15$ mm

$c_{min} = d_s = 20$ mm   Verbundsicherung

$\Delta c = 10$ mm

DIN 1045-1, 6.3 (10)

Damit ergibt sich für beide Kriterien die gleiche Betondeckung. Das Vorhaltemaß sollte um 20 mm vergrößert werden, wenn gegen unebene Flächen, z. B. Unterbeton, betoniert wird.

$$c_v = 15 + (15 + 20) = 50 \text{ mm} \qquad \text{Verlegemaß}$$

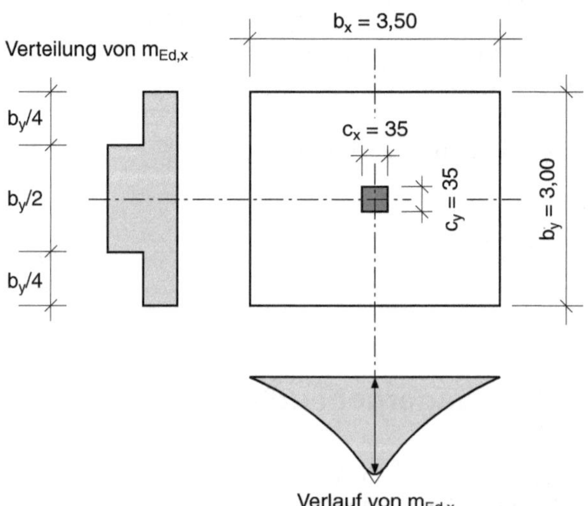

Bild 9.3:   Fundament – Biegemomente: Verlauf und Verteilung

Bemessung für Biegung

Vereinfachend wird eine gleichmäßige Verteilung der Bodenpressungen angenommen. Dafür beträgt das ausgerundete Moment in den Achsen des Fundaments, Bild 9.3:

$$M_{Ed,x} = N_{Ed} \frac{b_x - c_x}{8} = 3500 \frac{3,50 - 0,35}{8} = 1378 \text{ kNm}$$

$$M_{Ed,y} = N_{Ed} \frac{b_y - c_y}{8} = 3500 \frac{3,00 - 0,35}{8} = 1159 \text{ kNm}$$

N_{Ed} ist die Stützenlast, die Eigenlast des Fundaments erzeugt keine Biegemomente.

Die Momente sind über die Breite des Fundaments ungleichmäßig verteilt; sie nehmen vom Rand zur Fundamentachse zu, entsprechend kann auch die Bewehrung abgestuft werden. Die Verteilung der Momente und der Bewehrung über die Fundamentbreite ist in [11] angegeben. Es ist zweckmäßig, die Verteilung weiter zu vereinfachen, indem 2/3 des Gesamtmoments der halben Fundamentbreite in der Mitte und das restliche Drittel auf die beiden Randbereiche – jeweils $b/4$ – zugewiesen werden, Bild 9.3.

Heft 240 DAfStb: Die Fundamentbreite wird in 8 Streifen unterteilt, auf die ein jeweils unterschiedlicher Anteil des Gesamtmoments entfällt.

$$m_{Ed,x} = 1,33 \frac{M_{Ed,x}}{b_y} \qquad \text{mittlerer Bereich } b_y/2$$

$$= 1,33 \frac{1378}{3,0} = 611 \text{ kNm/m}$$

$$m_{Ed,y} = 1,33 \frac{M_{Ed,y}}{b_x} \qquad \text{mittlerer Bereich } b_x/2$$

$$= 1,33 \frac{1159}{3,5} = 441 \text{ kNm/m}$$

Die Bewehrung über die lange Seite liegt unten.

$$d_x = 80 - 5,0 - 2,0/2 = 74 \text{ cm}$$

$$d_y = 80 - 5,0 - 2,0 - 2,0/2 = 72 \text{ cm}$$

x-Richtung

$$k_d = \frac{74}{\sqrt{611}} = 2,99$$

$$a_{sx} = 2,29 \frac{611}{74} = 18,9 \text{ cm}^2/\text{m}$$

$$k_d = \frac{d \text{ [cm]}}{\sqrt{m_{Ed} \text{ [kNm/m]}}}$$

$$a_s = k_s \frac{m_{Ed} \text{ [kNm/m]}}{d \text{ [cm]}}$$

k_s für nächst kleineren k_d-Wert ablesen

gewählt Ø20 – 15 = 20,9 cm^2/m   mittlerer Bereich

y-Richtung

$$k_d = \frac{72}{\sqrt{441}} = 3,43$$

$$a_{sy} = 2,27\,\frac{441}{72} = 13,9\ \text{cm}^2/\text{m}$$

gewählt Ø20 – 20 = 15,7 cm²/m   mittlerer Bereich

Den Randbereichen – jeweils $b_x/4$ bzw. $b_y/4$ – werden die Momente

$$m_{Ed,x} = 0,67\,\frac{M_{Ed,x}}{b_y} \qquad\qquad m_{Ed,y} = 0,67\,\frac{M_{Ed,y}}{b_x}$$

zugewiesen. Damit kann die Bewehrung auf die Hälfte abgestuft werden. In Hinblick auf den Nachweis des Durchstanzens wird davon zunächst abgesehen, vergl. Verteilung der Bewehrung im Grundriss.

Nachweis gegen Durchstanzen

Das Bemessungsmodell für den Nachweis gegen Durchstanzen definiert die Querkrafttragfähigkeit längs des kritischen Rundschnitts im Abstand 1,5 d vom Stützenrand.

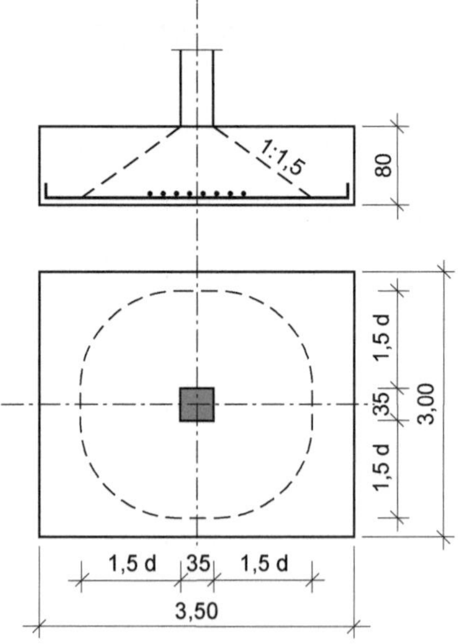

Bild 9.4: Fundament – Kritischer Rundschnitt

Kritischer Rundschnitt, Bild 9.4

$$d = (d_x + d_y)/2 \qquad \text{mittlere Nutzhöhe}$$

$$= (0{,}74 + 0{,}72)/2 = 0{,}73 \text{ m}$$

$$u = 4 \cdot 0{,}35 + 2\pi \cdot (1{,}5 \cdot 0{,}73) = 8{,}28 \text{ m}$$

DIN 1045-1, 10.5.2;
vergl. Abschnitt 9.1

Die vom kritischen Rundschnitt eingeschlossene Fläche beträgt:

$$A_{crit} = 0{,}35^2 + 4 \cdot 0{,}35 \cdot (1{,}5 \cdot 0{,}73) + \pi\,(1{,}5 \cdot 0{,}73)^2 = 5{,}42 \text{ m}^2$$

Aufzunehmende Querkraft

Die Querkraft V_{Ed} – Stützenlast – darf um die günstige Wirkung der Bodenpressung abgemindert werden. Näherungsweise darf der Abzugswert aus der Bodenpressung mit Hilfe der kritischen Fläche A_{crit} für den flacheren Stanzkegel (33,7°) ermittelt werden, indem nur 50 % der Fläche angesetzt werden.

DIN 1045-1, 10.5.3

$$V_{Ed,red} = 3500 - \frac{3500}{3{,}0 \cdot 3{,}5}\,\frac{5{,}42}{2} = 2597 \text{ kN}$$

Das Fundament ist nicht quadratisch, so dass die Verteilung entlang des kritischen Rundschnitts nicht rotationssymmetrisch ist. Das wird mit dem Beiwert $\beta = 1{,}05$ erfasst.

$$v_{Ed,red} = \frac{\beta \cdot V_{Ed,red}}{u} = \frac{1{,}05 \cdot 2597}{8{,}28} = 329 \text{ kN/m}$$

Querkrafttragfähigkeit ohne Durchstanzbewehrung

$$v_{Rd,ct} = 0{,}14\,\kappa \cdot \left(100\,\rho_l \cdot f_{ck}\right)^{1/3} \cdot d$$

DIN 1045-1, 10.5.4;
verkürzte Schreibweise
vergl. Abschnitt 9.1

$$\kappa = 1 + \sqrt{\frac{200}{d}} \qquad d \text{ in mm}$$

$$d = \frac{d_x + d_y}{2} \qquad \text{mittlere Nutzhöhe in mm}$$

$$\rho_l = \sqrt{\rho_{lx} \cdot \rho_{ly}} \qquad \text{mittlerer Längsbewehrungsgrad}$$
ρ_{lx} und ρ_{ly} Zugbewehrung in x- und y-Richtung

ρ_l bezieht sich auf die gewählte Bewehrung innerhalb des Rundschnitts.

$$\kappa = 1 + \sqrt{\frac{200}{730}} = 1{,}52$$

$$\rho_{lx} = \frac{a_{sx}}{100\,d_x} = \frac{20{,}9}{100 \cdot 74} = 0{,}0028$$

$$\rho_{ly} = \frac{a_{sy}}{100\,d_y} = \frac{15,7}{100\cdot72} = 0,0022$$

$$\rho_l = \sqrt{0,0028\cdot0,0022} = 0,0025$$

$$v_{Rd,ct} = 0,14\cdot1,52\cdot(100\cdot0,0025\cdot25)^{1/3}\cdot0,73\cdot10^3$$

$$= 286 \text{ kN/m}$$

$$< v_{Ed,red} = 329 \text{ kN/m}$$

Der Nachweis gegen Durchstanzen ist nicht erfüllt. Folgende Maßnahmen sind möglich:

- Fundamentdicke vergrößern
- Betonfestigkeitsklasse erhöhen
- Biegebewehrung vergrößern
- Durchstanzbewehrung einlegen

Eine Vergrößerung der Fundamentdicke ist für den Nachweis gegen Durchstanzen am günstigsten. Dagegen können ggf. Belange der Baustelle sprechen – einheitliche bzw. vorgegebene Gründungsebene.

DIN 1045-1, 13.3.3, Bild 72

Einzelfundamente haben in der Regel nur eine untere Bewehrung. Eine Durchstanzbewehrung – Bügel oder Schrägstäbe – würde zur Lagesicherung eine obere Bewehrung erforderlich machen, was aufwendig ist.

Gewählt wird:

Anhebung Betonfestigkeit auf C30/37 und

Erhöhung Bewehrung

x-Richtung
Ø20-12^5 = 25,1 cm²/m ρ_{lx} = 0,0034

y-Richtung
Ø20-15 = 20,9 cm²/m ρ_{ly} = 0,0029

$$v_{Rd,ct} = 0,14\cdot1,52\cdot(100\cdot0,0032\cdot30)^{1/3}\cdot0,73\cdot10^3$$

$$= 330 \text{ kN/m}$$

$$> v_{Ed,red} = 329 \text{ kN/m}$$

Damit ist der Nachweis ohne Durchstanzbewehrung erfüllt. Ein Nachweis gegen Durchstanzen im Abstand 1,0 d vom Stützenrand bringt keine Vorteile.

Mit zunehmender Fundamentdicke vergrößert sich auch der kritische Rundschnitt. Dadurch verringert sich die aufzunehmende Querkraft v_{Ed} und gleichzeitig steigt die Querkrafttragfähigkeit v_{Rd}, vergl. Übungsaufgabe.

Bewehrung im Grundriss

Aus Bild 9.4 ist zu ersehen, dass sich der kritische Rundschnitt über mehr als die halbe Fundamentbreite erstreckt. Dem vorangegangenen Nachweis gegen Durchstanzen liegt die Bewehrung des mittleren Bereichs zugrunde, so dass sie über die Breite des kritischen Rundschnitts einzulegen ist. Es verbleiben Randbereiche von

$$(3,50-(0,35+2\cdot1,5\,d))/2 = 0,48 \text{ m} \qquad \text{Breite } b_x$$

$$(3,00-(0,35+2\cdot1,5\,d))/2 = 0,23 \text{ m} \qquad \text{Breite } b_y$$

Eine Abstufung lohnt nur in der Breite b_x: zum Rand werden die Stäbe im Abstand von 25 cm gelegt, Bild 9.5.

Der Durchstanznachweis setzt eine ausreichende Biegebewehrung voraus, die sich aus den Mindestmomenten ergibt.

$$m_{Ed,x} = m_{Ed,y} = 0,125 \; V_{Ed}$$

$$= 0,125\cdot3500 = 438 \text{ kNm/m}$$

$$< m_{Ed,y} = 441 \text{ kNm/m}$$

DIN 1045-1, 10.5.6
Bei Fundamenten ist die Bewehrung für das Mindestmoment über die Breite des kritischen Rundschnitts einzulegen.

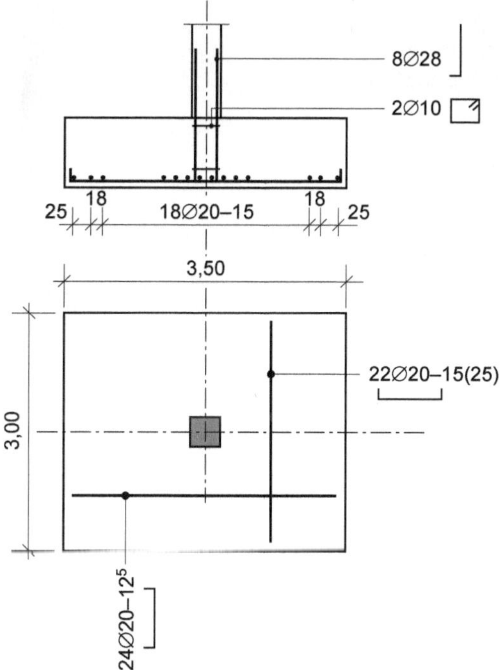

Bild 9.5: Fundament – Bewehrung

Es zeigt sich, dass auch in Hinblick auf die Mindestmomente die Bewehrung nicht in dem Maße abgestuft werden kann, wie es die Bemessung für Biegung ermöglicht. Zu beachten ist, dass die Anschlussbewehrung für die Stütze auf dem Bewehrungsplan für das Fundament enthalten sein muss, einschließlich einiger Bügel zur Lagesicherung der lotrechten Stäbe.

9.3 Gedrungenes Fundament

DIN 1045-1, 10.5.2 (14)

Bei dem in Bild 9.6 dargestellten Fundament liegt der Rundschnitt im Abstand 1,5 d vom Stützenrand teilweise außerhalb des Fundaments. Demzufolge ist der Nachweis gegen Durchstanzen im Abstand 1,0 d vom Stützenrand zu führen.

Baustoffe

Beton   C20/25   Betonstahl BSt 500 S

Stützenlast $N_{Ed} = -2500$ kN

Zu bearbeiten sind:
- Festlegung der Expositionsklasse, Betondeckung
- Bemessung für Biegung
- Nachweis gegen Durchstanzen
- Verteilung der Bewehrung im Grundriss

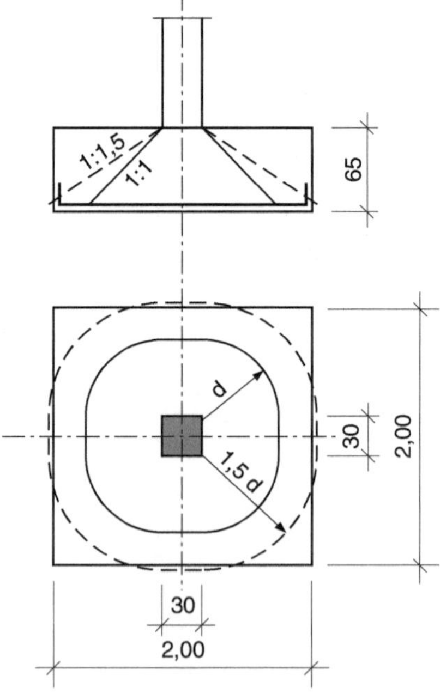

Bild 9.6: Gedrungenes Fundament – Kritische Rundschnitte

Expositionsklasse, Betondeckung

Das Fundament liegt unterhalb des Kellers, eine Frostgefährdung ist ausgeschlossen.

$$\text{XC2} \qquad \text{(WF)} \qquad \text{C16/20}$$

$$c_{min} = 20 \text{ mm} \qquad \geq d_s = 16 \text{ mm}$$

$$\Delta c = 15 + 20 = 35 \text{ mm}$$

$$c_v = 20 + 35 = 55 \text{ mm} \qquad \text{Verlegemaß}$$

DIN 1045-1, 6.2, Tab. 3; vergl. Anhang Tafel A7

DIN 1045-1, 6.3, Tab. 4; vergl. Anhang Tafel A8
Erhöhung des Vorhaltemaßes um 20 mm zur Berücksichtigung der Unebenheiten des Unterbetons

Bemessung für Biegung

Die Momente sind in beiden Richtungen gleich groß. Bemessen wird für die ungünstigste Nutzhöhe.

$$d_x = 65 - 5,5 - 1,6/2 = 58,7 \text{ cm}$$

$$d_y = 65 - 5,5 - 1,6 - 1,6/2 = 57,1 \text{ cm} \qquad \text{gewählt} \qquad 57 \text{ cm}$$

Gesamtmoment in der Fundamentachse

$$M_{Ed} = N_{Ed} \, \frac{b-c}{8} = 2500 \, \frac{2,00-0,30}{8} = 531 \text{ kNm}$$

Verteilung über die Fundamentbreite
mittlerer Bereich $b/2$

$$m_{Ed} = 1,33 \, \frac{M_{Ed}}{b} = 1,33 \, \frac{531}{2,0} = 353 \text{ kNm/m}$$

Vereinfachter Ansatz, vergl. Abschnitt 9.2 und Bild 9.3

Randbereiche je $b/4$

$$m_{Ed} = 0,67 \, \frac{M_{Ed}}{b} = 0,67 \, \frac{531}{2,0} = 177 \text{ kNm/m}$$

$$k_d = \frac{57}{\sqrt{353}} = 3,03$$

$$u_s = 2,32 \, \frac{353}{57} = 14,4 \text{ cm}^2/\text{m} \qquad \text{mittlerer Bereich}$$

$$k_d = \frac{d \, [\text{cm}]}{\sqrt{m_{Ed} \, [\text{kNm/m}]}}$$

$$a_s = k_s \, \frac{m_{Ed} \, [\text{kNm/m}]}{d \, [\text{cm}]}$$

gewählt $\varnothing 16\text{-}12^5 = 16,1 \text{ cm}^2/\text{m}$

Nachweis gegen Durchstanzen

Der Nachweis gegen Durchstanzen wird im Abstand $1,0 \, d$ vom Stützenrand geführt. Zur Berechnung der Tragfähigkeit ist außerdem der kritische Rundschnitt im Abstand $1,5 \, d$ erforderlich.

vergl. [2]: Erläuterungen zu DIN 1045-1, 10.5.4 und [7] Abschnitt 5.4.9

$$d = 0,65 - 0,055 - 0,016 = 0,58 \text{ m} \qquad \text{mittlere Nutzhöhe}$$

Der kritische Rundschnitt liegt teilweise außerhalb des Fundaments
$2 \cdot (1,5\,d) + 0,30 = 2,04$ m
$> b = 2,00$ m

Kritischer Rundschnitt

Abstand 1,5 d vom Stützenrand

$$\mu_{r=1,5d} = 4 \cdot 0,30 + 2\pi \cdot (1,5 \cdot 0,58) = 6,67\,\text{m}$$

Abstand 1,0 d vom Stützenrand

$$\mu_{r=1,0d} = 4 \cdot 0,30 + 2\pi \cdot 0,58 = 4,84\,\text{m}$$

Fläche innerhalb des kritischen Rundschnitts $r = 1,0\,d$

$$A_{crit,r=1,0d} = 0,30^2 + 4 \cdot 0,30 \cdot 0,58 + \pi \cdot 0,58^2 = 1,84\,\text{m}^2$$

Aufzunehmende Querkraft

Die Entlastung infolge der Bodenpressung kann für den Rundschnitt $r = 1,0\,d$ zu 100 % berücksichtigt werden.

$$V_{Ed,red} = 2500 - \frac{2500}{2,00^2}1,84 = 1350\,\text{kN}$$

Beim quadratischen Fundament kann rotationssymmetrische Verteilung der Querkraft angenommen werden, demzufolge Beiwert $\beta = 1,0$.

$$v_{Ed,red,r=1,0d} = \frac{V_{Ed}}{\mu_{r=1,0d}} = \frac{1350}{4,84} = 279\,\text{kN/m}$$

Querkrafttragfähigkeit ohne Durchstanzbewehrung

Für den Schnitt 1,0 d ist der mehraxiale Spannungszustand ausgeprägter als für den Schnitt 1,5 d, so dass sich der Durchstanzwiderstand erhöht.

vergl. Abschnitt 9.1

$$v_{Rd,ct,r=1,0d} = k\,(0,14\,\kappa \cdot (100\,\rho_l \cdot f_{ck})^{1/3}) \cdot d$$

$$k = \frac{u_{krit,r=1,5d}}{u_{krit,r=1,0d}} \geq 1,2 \qquad \text{Erhöhungsfaktor}$$

$$= \frac{6,67}{4,84} = 1,38$$

$$\kappa = 1 + \sqrt{\frac{200}{d}} = 1 + \sqrt{\frac{200}{580}} = 1,59$$

Bei gleicher Bewehrung in x- und y-Richtung erübrigt sich die Berechnung ρ_l über ρ_{lx} und ρ_{ly}

$$\rho_l = \frac{a_s}{100\,d} = \frac{16,1}{100 \cdot 58} = 0,0028$$

$$v_{Rd,ct,r=1,0d} = 1,38 \cdot 0,14 \cdot 1,59 (100 \cdot 0,0028 \cdot 20)^{1/3} \cdot 0,580 \cdot 10^3$$
$$= 316 \, \text{kN/m}$$

$$> v_{Ed,ct,r=1,0d} = 279 \, \text{kN/m}$$

Der Nachweis ohne Durchstanzbewehrung ist erfüllt, was bei Einzelfundamenten in der Regel anzustreben ist, vergl. Übungsaufgabe.

Bewehrung im Grundriss

Innerhalb des kritischen Rundschnitts – 2 · 0,58 + 0,30 = 1,46 m – ist das Mindestmoment einzuhalten.

$$m_{Ed} = 0,125 \, V_{Ed} = 0,125 \cdot 2500 = 313 \, \text{kNm/m}$$

$$< m_{Ed} = 353 \, \text{kNm/m} \quad \text{mittlerer Bereich}$$

$$> m_{Ed} = 177 \, \text{kNm/m} \quad \text{Randbereiche}$$

Das Mindestmoment ist größer als das Moment in den Randbereichen, so dass die Bewehrung nicht in dem Maße abgestuft werden kann wie es die Bemessung für Biegung ermöglicht. Außerdem liegt dem Nachweis gegen Durchstanzen die Bewehrung des mittleren Bereichs zugrunde, so dass sie über die Breite des kritischen Rundschnitts einzulegen ist. Lediglich die beiden Stäbe am Rand können im Abstand von 25 cm verlegt werden, Bild 9.7.

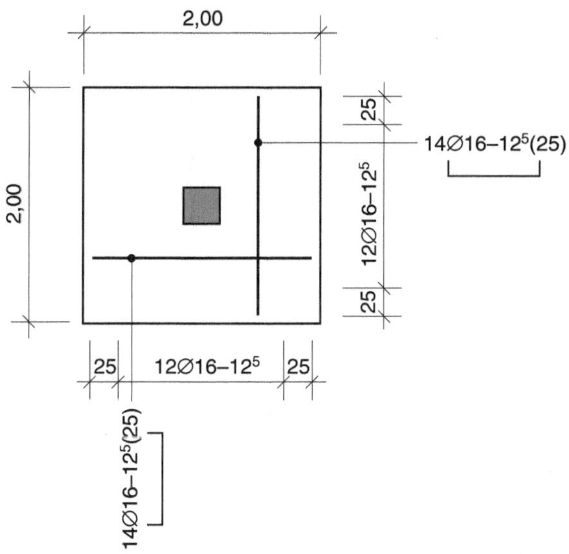

Bild 9.7: Gedrungenes Fundament – Bewehrung

10 Flachdecke

Bei Flachdecken werden die Deckenlasten direkt auf die Stütze übertragen. Aufgrund der punktförmigen Stützung ist die Verteilung der Biegemomente ungleichmäßig, sie konzentrieren sich im Stützbereich. Die Querkraftübertragung ist häufig der entscheidende Nachweis für die Dimensionierung der Platte.

Die Berechnung der Biegemomente kann problemlos mit Hilfe von FEM-Programmen erfolgen. Doch zum Verständnis der Lastabtragung sind einfache Näherungsverfahren nach wie vor geeignet. In der Regel ist die Bemessung für Biegung nicht der entscheidende Nachweis. Abweichende Ergebnisse bei FEM-Berechnungen – bedingt durch unterschiedliche Eingabe – und erst recht zu den Näherungsverfahren sind in gewissem Maße tolerabel. Der Momentenermittlung mit Hilfe des in Heft 240 DAfStb angegebenen Näherungsverfahrens schließt sich die Bemessung an und es werden Skizzen für die obere und untere Bewehrung erstellt, Abschnitt 10.1.

Die Übertragung der Querkraft erfolgt entlang von Rundschnitten um die Stütze. In Anlehnung an den Bruchmechanismus ist die Formulierung „Nachweis gegen Durchstanzen" üblich. Die Querkraft wird entweder allein vom Beton oder in Kombination mit Durchstanzbewehrung – wie bei den meisten Flachdecken – aufgenommen, Abschnitt 10.2. Die Berechnung der Durchstanzbewehrung und deren Anordnung entsprechend den Konstruktionsregeln enthalten die Abschnitte 10.3 und 10.4 für eine Innenstütze bzw. für eine Randstütze.

10.1 Momentenverlauf und Bemessung für Biegung

Für die in Bild 10.1 dargestellte Flachdecke eines Bürogebäudes ist der Momentenverlauf mit Hilfe des Näherungsverfahrens nach Heft 240 DAfStb [11] zu ermitteln und darzustellen. Die Bemessung für Biegung und die Bewehrungsskizze sind auf den mittleren Bereich begrenzt.

Plattendicke	$h = 30$ cm
Innenstützen	$40 \cdot 40$ cm
Randstützen	$25 \cdot 40$ cm
Geschosshöhe	3,25 m

Baustoffe
Beton   C30/37   Betonstahl BSt 500 S

Lasten
Ausbaulast $g_{k2} = 1,5$ kN/m^2

Die Randlast berücksichtigt den Überstand der Platte über die Stützenachse und die Fassade

Randlast $\quad g_{k3} = 10 \text{ kN/m}$

Nutzlast $\quad q_k = 5 \text{ kN/m}^2$

Zu bearbeiten sind:

- Kontrolle der Plattendicke über die Biegeschlankheit
- Momentenermittlung nach Heft 240 DAfStb
- Bemessung für Biegung
- Darstellung der Bewehrung für den mittleren Bereich

DIN 1045-1, 11.3.2; vergl. Abschnitt 4.3: Bei durchlaufenden Platten gelten die α-Werte nur, sofern das Verhältnis angrenzender Stützweiten im Bereich
$0,8 \leq l_{eff,1}/l_{eff,2}$
$\leq 1,25$ liegt.
Kontrolle y-Richtung:
$5,60 / 7,00 = 0,8$

Biegeschlankheit

Die Begrenzung der Durchbiegung darf vereinfacht durch eine Begrenzung der Biegeschlankheit erfolgen. Bei durchlaufenden Platten wird die Ersatzstützweite $l_i = \alpha \cdot l_{eff}$ zugrunde gelegt. Bei Flachdecken darf der Wert $\alpha = 0,9$ für Randfelder bzw. $\alpha = 0,7$ für Innenfelder ab der Festigkeitsklasse C30/37 um 0,1 herabgesetzt werden. Die ungünstigste Ersatzstützweite ergibt sich für das Endfeld in x-Richtung.

$$l_i = \alpha \cdot l_{eff} = 0,8 \cdot 7,50 = 6,00 \text{ m}$$

Allgemein ist bei Deckenplatten des üblichen Hochbaus einzuhalten:

DIN 1045-1, 11.3.1 (8): Die Gebrauchstauglichkeit wird nicht beeinträchtigt, wenn der Durchhang 1/250 der Stützweite nicht überschreitet.

$$\frac{l_i}{d} = \leq 35$$

$$d \geq 6,00/35 = 0,171 \text{ m}$$

DIN 1045-1, 11.3.1 (10): Als Richtwert für die Durchbiegung nach Einbau der angrenzenden Bauteile darf 1/500 der Stützweite angenommen werden.

In diesem Beispiel wird davon ausgegangen, dass verformungsunempfindliche Trennwände eingebaut werden, jedoch sind die Verformungen am Rand für die Fassade weiter zu begrenzen.

$$\frac{l_i}{d} \leq \frac{150}{l_i}$$

$$d \geq l_i^2/150 = 6,00^2/150 = 0,240 \text{ m}$$

[2] Kommentarspalte zu DIN 1045-1, Tab. 22: Für punktgestützte Flachdecken führt die Wahl der Felddiagonalen für l_{eff} zu sicheren Ergebnissen.

Flachdecken biegen sich in der Regel mehr durch als liniengestützte Platten. Vergleichsweise wird für l_{eff} die Diagonale des Endfeldes gewählt.

$$l_{eff} = \sqrt{7,50^2 + 7,00^2} = 10,26 \text{ m}$$

$$l_i = 0,8 \cdot 10,26 = 8,21 \text{ m}$$

Bei Verwendung spezieller Durchstanzbewehrung – Doppelkopfanker – gilt die allgemeine bauaufsichtliche Zulassung, die den Nachweis gegen Durchstanzen mit kleinerer Nutzhöhe ermöglicht.

$$d \geq 8,21/35 = 0,235 \text{ m}$$

Dieser Wert liegt auf der sicheren Seite, doch in Hinblick auf den Nachweis gegen Durchstanzen nach DIN 1045-1 wird $h = 30$ cm vorgegeben.

Momentenermittlung

Die Verteilung der Momente m_x ist über die y-Richtung der Platte – bzw. Momente m_y über die x-Richtung – nicht konstant wie bei liniengestützten Platten. Im Bereich der Stützenachsen sind die Momente größer als zwischen den Stützen.

Die Momentenermittlung erfolgt näherungsweise mit Hilfe eines Ersatzdurchlaufträgers. Voraussetzung sind annähernd gleiche Stützweiten in jedem Feld.

$$0{,}75 \le l_x / l_y \le 1{,}33$$

$$7{,}50/5{,}60 = 1{,}34 \approx 1{,}33$$

Die Platte wird in jeder Richtung in Gurt- und Feldstreifen unterteilt, denen unterschiedliche Anteile des Gesamtmoments zugewiesen werden. Am einfachsten ist es, die Momente eines durchlaufenden Plattenstreifens von 1 m Breite wie üblich zu berechnen und sie anschließend mit den jeweiligen Faktoren zu multiplizieren.

Ein Ersatzrahmen ist zugrunde zu legen, wenn die Einspannung der Platte in die Stützen zu berücksichtigen ist. Das betrifft die monolithisch mit der Platte verbundenen Randstützen. In Anlehnung an Heft 240 DAfStb und den Vergleich in [9] wird die Steifigkeit der Stützen im Vergleich zum 1 m breiten Plattenstreifen herabgesetzt.

Heft 240 DAfStb, Abschnitt 3.3

Das Näherungsverfahren nach der Plattentheorie – Heft 240, Abschnitt 3.4 – ist gültig für Stützweitenunterschiede bis 0,67.

Heft 240, Abschnitt 3.5: Momente in Rand- und Eckstützen von Flachdecken. [9] Beispiel 4: Die Einspannmomente der Platte an den Rand- und Eckstützen sind nach der FEM-Rechnung deutlich kleiner als nach Heft 240. Realistischer sind die Einspannmomente der FEM-Rechnung.

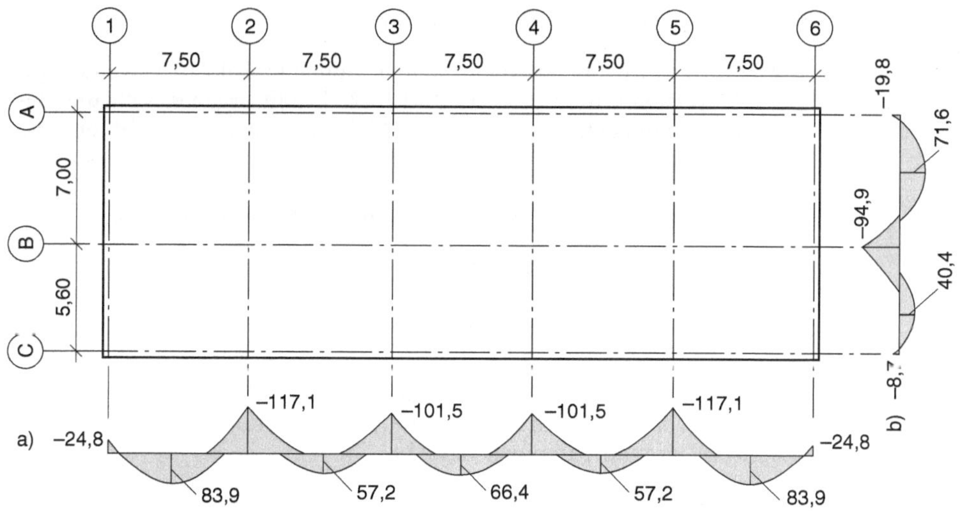

Bild 10.1: Flachdecke – Grundriss
a) Momentverlauf m_x (Meterstreifen)
b) Momentverlauf m_y (Meterstreifen)

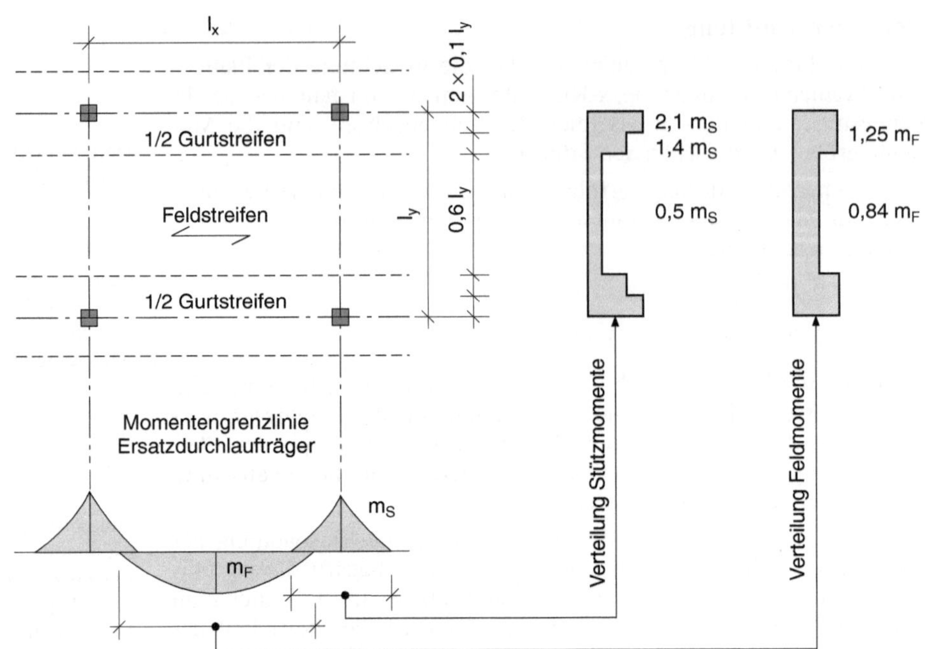

Bild 10.2: Verteilung der Biegemomente nach dem Näherungsverfahren

Flächenlasten

Teilsicherheitsbeiwert
ständige Lasten
$\gamma_G = 1{,}35$
veränderliche Lasten
$\gamma_Q = 1{,}5$

$$g_d = 1{,}35\,(25 \cdot 0{,}30 + 1{,}5) = 12{,}2 \text{ kN/m}^2$$

$$q_d = 1{,}5 \cdot 5{,}0 = 7{,}5 \text{ kN/m}^2$$

Die für den Meterstreifen ermittelten Momente, Bild 10.1, werden mit den Faktoren k multipliziert, Bild 10.2. Damit ergeben sich die Bemessungsmomente m_{Ed} [kNm/m]. Bei dem Näherungsverfahren sind die Momente in x- und y-Richtung voneinander unabhängig, so dass veränderte Stützweiten in der einen Richtung auch nur in dieser Richtung zu veränderten Momenten führen, vergl. Übungsaufgabe.

Randlast

$$g_d = 1{,}35 \cdot 10 = 13{,}5 \text{ kN/m}$$

Die Momente infolge der Randlast in den Achsen A und C werden vereinfacht auf eine Breite b_y verteilt, die dem Randüberstand und der halben Gurtstreifenbreite entspricht.

$$b_y = 0{,}25 + 0{,}25 / 2 + 0{,}2 \cdot 7{,}00 = 1{,}78 \text{ m}$$

Die Ermittlung der Bemessungsmomente geht aus Tabelle 10.1 und 10.2 hervor.

Tabelle 10.1: Flachdecke – Momente in x-Richtung

Ort	Streifen	$\lvert m_{Meter}\rvert$	k	$\lvert m_{Ed,x}\rvert$	$\lvert m_{Ed,x}\rvert$	$\lvert m_{Ed,x}\rvert$
				Flächenlast	Randlast	Σ
		kNm/m	–	kNm/m	kNm/m	kNm/m
Stützmomente						
A3	Gurt/R.	101,5	2,1	213,2	34,2	247
	Gurt/R.	101,5	1,4	142,1	34,2	176
	Feld	101,5	0,5	50,8	–	51
B3	Gurt, i.	101,5	2,1	213,2	–	213
	Gurt, ä.	101,5	1,4	142,1	–	142
	Feld	101,5	0,5	50,8	–	51
Feldmomente						
Feld 3	Gurt/R.	66,4	1,25	83,0	19,2	102
	Feld	66,4	0,84	55,8	–	56
	Gurt	66,4	1,25	83,0	–	83

Tabelle 10.2: Flachdecke – Momente in y-Richtung

Ort	Streifen	$\lvert m_{Meter}\rvert$	k	$\lvert m_{Ed,y}\rvert$
		kNm/m	-	kNm/m
Stützmomente				
A3	Gurt, i.	19,8	2,1	42
	Gurt, ä.	19,8	1,4	28
	Feld	19,8	0,5	10
B3	Gurt, i.	94,9	2,1	199
	Gurt, ä.	94,9	1,4	133
	Feld	94,9	0,5	47
Feldmomente				
Feld 1	Gurt	71,6	1,25	90
	Feld	71,6	0,84	60
Feld 2	Gurt	40,4	1,25	51
	Feld	40,4	0,84	34

Bemessung für Biegung

Für das Bürogebäude gilt

XC1	(W0)	Expositionsklasse	DIN 1045-1, 6.2, Tab. 3 und 6.3, Tab. 4
$c_{min} = 10$ mm	$\geq d_s$	Betondeckung	$\varnothing 16$: $c_{nom} = 16 + 10$ $= 26$ mm,
$\Delta c = 10$ mm			maßgebend Verbund vergl. Anhang Tafel A8
obere Bewehrung, angenommen $\varnothing 16$			
$c_v = 30$ mm			

Mit der vorgegebenen Genauigkeit ist d besser nachvollziehbar, in Wirklichkeit gibt es Abweichungen wegen der Rippen.

$\varnothing 12$: $c_{nom} = 12 + 10 = 22$ mm, maßgebend Verbund

$$d_x = 30 - 3{,}0 - 1{,}6/2 = 26{,}2 \text{ cm}$$

$$d_y = 30 - 3{,}0 - 1{,}6 - 1{,}6/2 = 24{,}6 \text{ cm}$$

untere Bewehrung, angenommen $\varnothing 12$

$$c_v = 25 \text{ mm}$$

$$d_x = 30 - 2{,}5 - 1{,}2/2 = 26{,}9 \text{ cm}$$

$$d_y = 30 - 2{,}5 - 1{,}2 - 1{,}2/2 = 25{,}7 \text{ cm}$$

Die Bemessung erfolgt mit k_d-Tafeln, Momente und Bewehrung sind auf 1 m Breite bezogen.

Tabelle 10.3: Flachdecke – Bewehrung in x-Richtung

Ort	Streifen	$\lvert m_{Ed,x} \rvert$	k_d	k_s	a_s	gewählt	
		kNm/m			cm²/m	cm²/m	
Stützmomente							
A3	Gurt/R.	247	1,67	2,61	24,6	$\varnothing 20$–12^5:	25,1
	Gurt/R.	176	1,97	2,47	16,6	$\varnothing 16$–12^5:	16,1
	Feld	51	3,67	2,27	4,4	$\varnothing 12$–25:	4,5
B3	Gurt	213	1,80	2,52	20,5	$\varnothing 16$–10:	20,1
	Gurt	142	2,20	2,43	13,2	$\varnothing 16$–12^5:	16,1
	Feld	51	3,67	2,27	4,4	$\varnothing 12$–25:	4,5
Feldmomente							
Feld 3	Gurt/R.	102	2,66	2,32	8,8	$\varnothing 12$–12^5:	9,0
	Feld	56	3,59	2,27	4,7	$\varnothing 12$–20:	5,6
	Gurt	83	2,95	2,29	7,1	$\varnothing 12$–15:	7,5

$$k_d = \frac{d \, [\text{cm}]}{\sqrt{m_{Ed} \, [\text{kNm/m}]}}$$

$$a_s = k_s \frac{m_{Ed} \, [\text{kNm/m}]}{d \, [\text{cm}]}$$

Kleine Unterschreitungen der gewählten Stützbewehrung sind tolerierbar, zumal das Moment in der Stützenachse zugrunde liegt.

Die gewählte Bewehrung ist auf die Mindestmomente, s. Abschnitt 10.3 und 10.4, abgestimmt.

Tabelle 10.4: Flachdecke – Bewehrung in y-Richtung

Ort	Streifen	$\lvert m_{Ed,y} \rvert$	k_d	k_s	a_s	gewählt	
		kNm/m			cm²/m	cm²/m	
Stützmomente							
A3	Gurt, i.	42	3,80	2,27	3,9	$\varnothing 16$–18:	11,2
	Gurt, ä.	28	4,65	2,24	2,6	$\varnothing 16$–25:	8,0
	Feld	10	7,78	2,22	0,9	$\varnothing 12$–25:	4,5
B3	Gurt, i.	199	1,74	2,56	20,7	$\varnothing 16$–9:	22,3
	Gurt, ä.	133	2,13	2,43	13,1	$\varnothing 16$–12^5:	16,1
	Feld	47	3,59	2,27	4,3	$\varnothing 12$–25:	4,5
Feldmomente							
Feld 1	Gurt	90	2,71	2,29	8,0	$\varnothing 12$–12^5:	9,0
	Feld	60	3,32	2,27	5,3	$\varnothing 12$–20:	5,6
Feld 2	Gurt	51	3,60	2,27	4,5	$\varnothing 12$–20:	5,6
	Feld	34	4,40	2,24	3,0	$\varnothing 12$–20:	5,6

Bewehrungsskizze

Einen Vorschlag für die Anordnung der Bewehrung im mittleren Bereich enthalten Bild 10.3 und 10.4. Eine häufig anzutreffende Variante sieht oben und unten eine Grundbewehrung mit Betonstahlmatten und in den Gurtstreifen Zulagen aus Stabstahl vor. Bei der verschränkten Staffelung ist der Maximalabstand s_{max} = 250 mm zu beachten. Die gewählte Bewehrung ist ausreichend für die Mindestmomente des Durchstanznachweises, s. Abschnitt 10.3 und 10.4.

DIN 1045-1, 13.3.2; vergl. Abschnitt 5.2: s_{max} = 250 mm für Plattendicken $h \geq 250$ mm

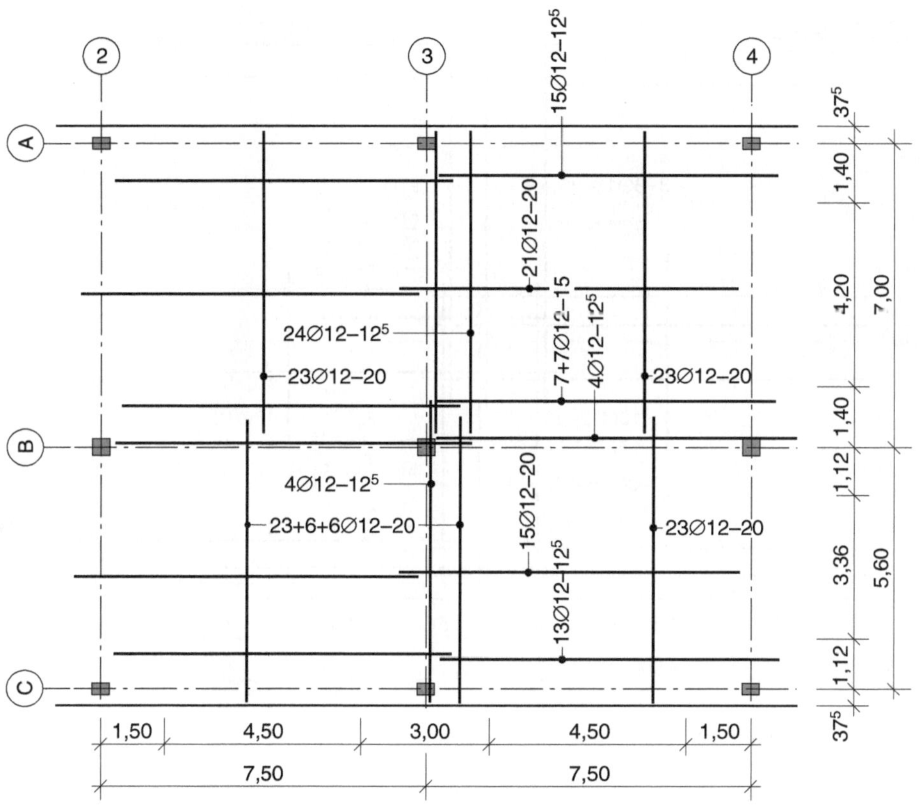

Bild 10.3: Flachdecke – untere Bewehrung

Zur Vermeidung eines fortschreitenden Versagens ist ein Teil der Feldbewehrung über die Innen- und Randstützen – auch „Kollapsbewehrung" genannt – hinwegzuführen.

$$A_s = V_{Ed}/f_{yk}$$

Innenstützen

$$V_{Ed} = 1117 \text{ kN} \qquad \text{s. Abschnitt 10.3}$$

$$A_s = \frac{1117}{1,4 \cdot 50} = 16,0 \text{ cm}^2$$

DIN 1045-1, 13.3.2 (12); vergl. Abschnitt 10.2: Die in die Platte eingeleitete Querkraft darf mit γ_F = 1,0 ermittelt werden. Für γ_G und γ_Q vereinfacht gemeinsamer Wert 1,4 gewählt. f_{yk} = 50 kN/cm²

Randstütze

$$V_{Ed} = 515 \text{ kN} \qquad\qquad \text{s. Abschnitt 10.3}$$

$$A_s = \frac{515}{1,4 \cdot 50} = 7,4 \text{ cm}^2$$

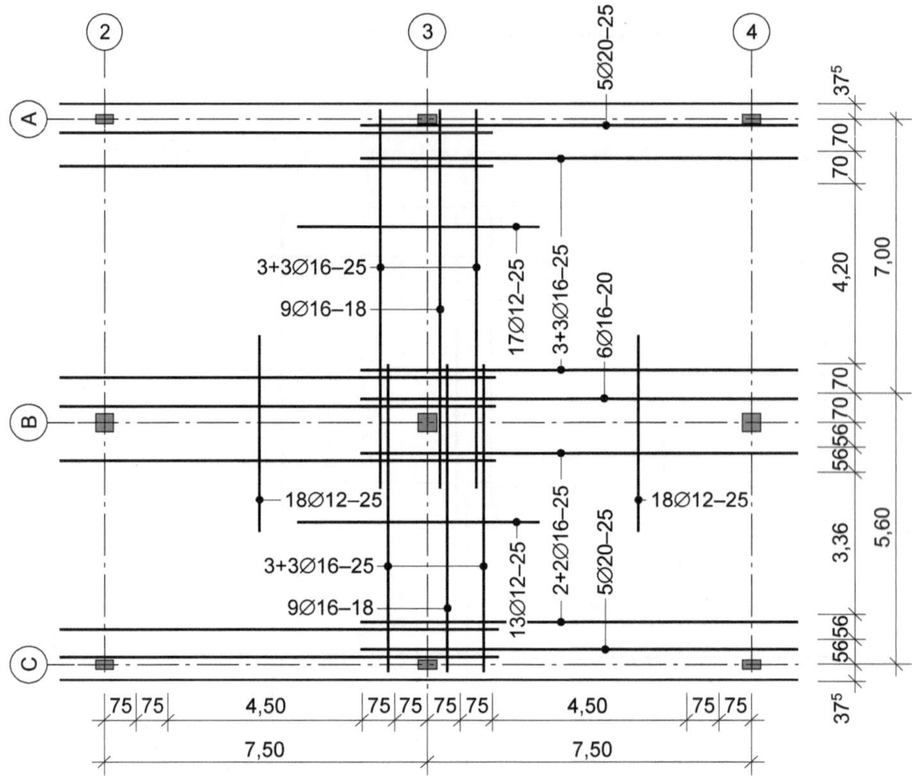

Bild 10.4: Flachdecke – obere Bewehrung

Über der Stütze B3 wird die Feldbewehrung in beiden Richtungen auf
$4\emptyset12{-}12^5 = 4 \cdot 4 \cdot 1,13 = 18,1 \text{ cm}^2$ erhöht.

10.2 Nachweis gegen Durchstanzen mit Durchstanzbewehrung

Die Ausgangswerte v_{Ed} und $v_{Rd,ct}$ werden wie bei Fundamenten berechnet, s. Abschnitt 9.1

Der Nachweis der konzentrierten Lasteinleitung im Bereich unmittelbar um die Stütze ist häufig maßgebend für die Dimensionierung von Flachdecken – neben der Begrenzung der Durchbiegung. Zunächst ist die aufzunehmende Querkraft v_{Ed} und die aufnehmbare Querkraft ohne Durchstanzbewehrung $v_{Rd,ct}$ im kritischen Rundschnitt im Abstand 1,5 d vom Stützenrand nachzuweisen.

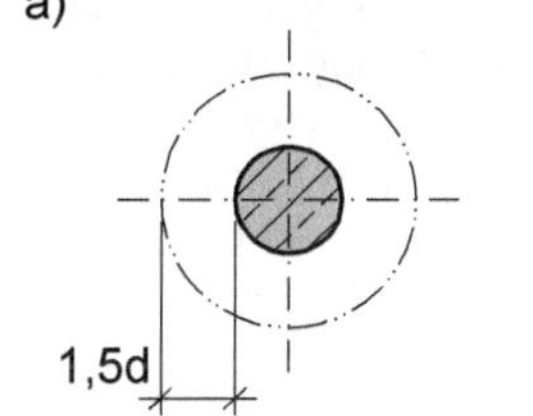

Bild 10.5: Bemessungsmodell Durchstanzen

$$v_{Ed} = \frac{\beta \cdot V_{Ed}}{u} \qquad (10.1)$$

mit: V_{Ed} aufzunehmende Querkraft

u Umfang des Rundschnitts nach Bild 10.6

β Beiwert zur Berücksichtigung der nichtro-
tationssymmetrischen Querkraftverteilung

$\beta = 1,05$ Innenstützen

$\beta = 1,4$ Randstützen

$\beta = 1,5$ Eckstützen

DIN 1045-1, 10.5.3 (2):
Die Beiwerte gelten für
Flachdecken mit Stütz-
weitenunterschieden
benachbarter Felder bis zu
25 %.

a)

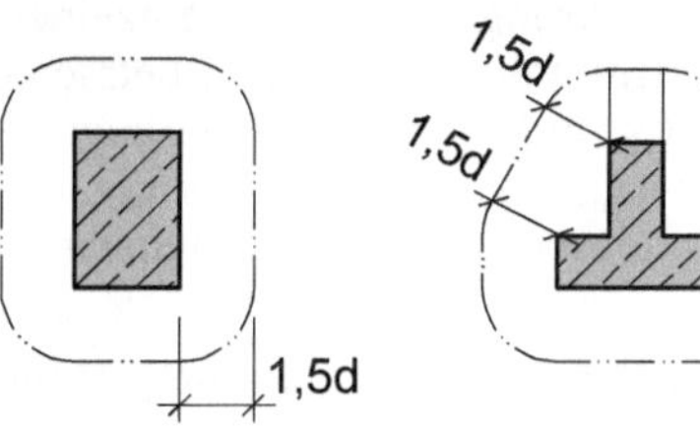

Ermittlung des Rund-
schnitts in der Nähe von
Öffnungen und bei Wand-
ecken s. DIN 1045-1,
10.5.2, Bild 38 und 40
sowie Erläuterungen in
[2].

b)

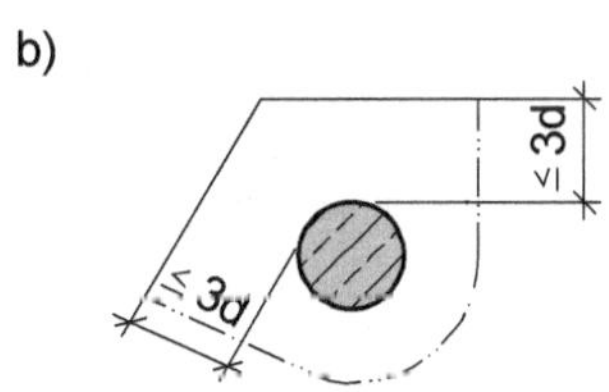

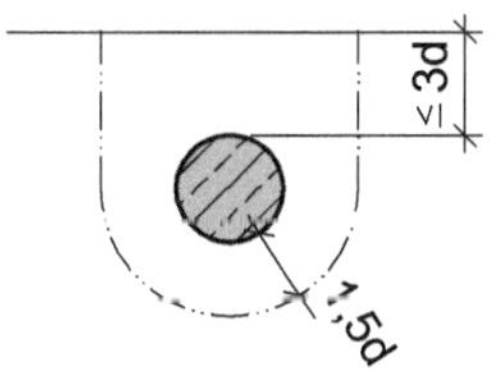

Bild 10.6: Kritischer Rundschnitt
   a) allgemein
   b) in der Nähe von freien Rändern

DIN 1045-1, 10.5.4

Diese Gleichung ist genauso aufgebaut wie die Gleichung (4.11b) für liniengelagerte Platten. Die höhere Querkrafttragfähigkeit infolge des räumlichen Spannungszustands im unmittelbaren Bereich um die Stütze wird durch den Vorfaktor 0,14 – anstatt 0,10 bei liniengestützten Platten – erfasst.

Die mögliche Laststeigerung mit Durchstanzbewehrung beträgt nur 50 % und ist damit deutlich geringer als bei liniengestützten Platten.

DIN 1045-1,10.5.5

Übergang der Tragfähigkeit mit Durchstanzbewehrung zur Tragfähigkeit ohne Querkraftbewehrung (liniengestützte Platten).

Der ersten Bewehrungsreihe – Gleichung (10.5) – liegt eine wirksame Breite $s_w = d$ zugrunde, während Gleichung (10.6) für die übrigen Bewehrungsreihen $s_w \leq 0,75\,d$ berücksichtigt.

Aufnehmbare Querkraft ohne Durchstanzbewehrung

$$v_{Rd,ct} = 0{,}14\,\kappa \cdot \left(100\,\rho_l \cdot f_{ck}\right)^{1/3} \cdot d \tag{10.2}$$

mit:
$$\kappa = 1 + \sqrt{\frac{200}{d}} \leq 2{,}0 \tag{10.3}$$

$$d = \frac{d_x + d_y}{2} \qquad \text{mittlere Nutzhöhe in mm}$$

$$\rho_l = \sqrt{\rho_{lx} \cdot \rho_{ly}} \begin{cases} \leq 0{,}50\, f_{cd}\,/\,f_{yd} \\ \leq 0{,}02 \end{cases}$$

mittlerer Längsbewehrungsgrad im Rundschnitt

In der Regel ist bei Flachdecken Durchstanzbewehrung erforderlich. Damit kann die aufnehmbaren Querkraft maximal auf

$$v_{Rd,max} = 1{,}5\,v_{Rd,ct} \tag{10.4}$$

erhöht werden.

Die Querkrafttragfähigkeit setzt sich aus einem Anteil des Betons und der Durchstanzbewehrung – Bügel oder Schrägstäbe – zusammen. Die Durchstanzbewehrung ist für die einzelnen Bewehrungsreihen nach Bild 10.7 zu ermitteln und auf den betrachteten Umfang gleichmäßig zu verteilen. Es sind so viele Bewehrungsreihen anzuordnen bis nachgewiesen ist, dass im Abstand 1,5 d von der letzten Bewehrungsreihe – äußerer Rundschnitt – keine Durchstanzbewehrung mehr erforderlich ist.

Bei lotrechter Durchstanzbewehrung gilt für die erste Bewehrungsreihe im Abstand 0,5 d vom Stützenrand:

$$v_{Rd,sy} = v_{Rd,ct} + \frac{\kappa_s \cdot A_{sw} \cdot f_{yd}}{u} \tag{10.5}$$

Für die weiteren Bewehrungsreihen im Abstand $s_w \leq 0{,}75\,d$ untereinander gilt:

$$v_{Rd,sy} = v_{Rd,ct} + \frac{\kappa_s \cdot A_{sw} \cdot f_{yd} \cdot d}{u \cdot s_w} \tag{10.6}$$

mit: $\quad \kappa_s \cdot A_{sw} \cdot f_{yd} \qquad$ Bemessungskraft der Durchstanzbewehrung für jede Bewehrungsreihe

$\qquad\qquad u \qquad\qquad$ Umfang des Nachweisschnittes

s_w wirksame Breite einer Bewehrungsreihe nach Bild 10.7 mit $s_w \leq 0,75\,d$

$$\kappa_s = 0,7 + 0,3\,\frac{d-400}{400} \begin{cases} \geq & 0,7 \\ \leq & 1,0 \end{cases} \quad \text{mit } d \text{ in mm} \qquad (10.7)$$

Beiwert zur Berücksichtigung des Einflusses der Bauteilhöhe auf die Wirksamkeit der Bewehrung

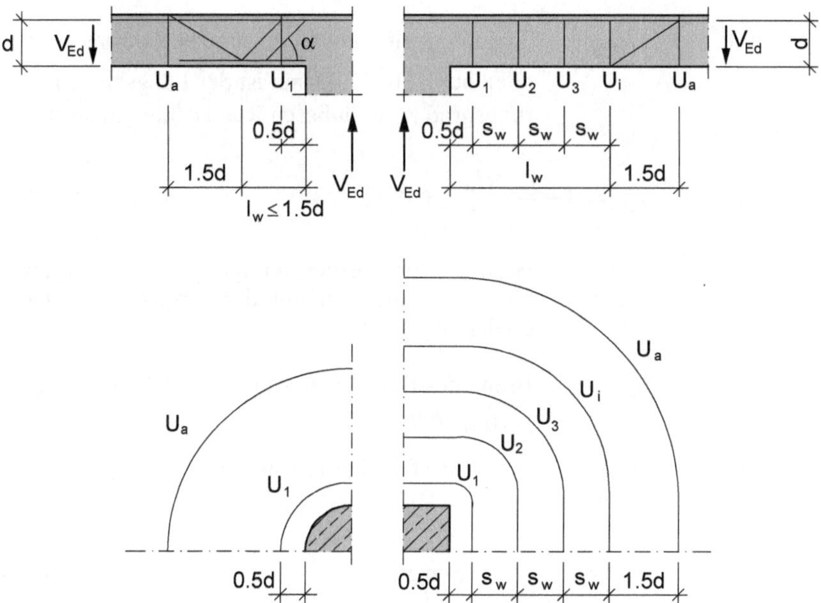

Bild 10.7: Nachweisschnitte der Durchstanzbewehrung

Aus $v_{Rd,sy} = v_{Ed}$ folgt die erforderliche Durchstanzbewehrung: für die erste Bewehrungsreihe

$$A_{sw} = \frac{v_{Ed} - v_{Rd,ct}}{\kappa_s \cdot f_{yd}}\,u_1 \qquad (10.8)$$

für die weiteren Bewehrungsreihen

$$A_{sw} = \frac{v_{Ed} - v_{Rd,ct}}{\kappa_s \cdot f_{yd} \cdot d}\,s_w \cdot u_i \qquad (10.9)$$

Im ersten Rundschnitt – Gleichung (10.5) – wird die Kraft ($V_{Ed} - u_1 \cdot v_{Rd,ct}$) durch Bewehrung „hochgehängt". Bei den weiteren Rundschnitten – Gleichung (10.6) – wird die Kraft ($V_{Ed} - u_i \cdot v_{Rd,ct}$) innerhalb der Breite $s_w \leq 0,75\,d$ durch die Bügel aufgenommen.

Im äußeren Rundschnitt wird nachgewiesen, dass keine Querkraftbewehrung erforderlich ist. Mit zunehmendem Abstand von der Stütze reduziert sich der Einfluss des räumlichen Spannungszustands, so dass im Abstand $3{,}5\,d$ vom Stützenrand die Querkrafttragfähigkeit wie bei liniengestützten Platten – einaxialer Spannungszustand – vorliegt. Dieser Übergang wird mit dem Beiwert κ_a in Gleichung (10.10) erfasst.

Der äußere Rundschnitt liegt im Abstand $1{,}5\,d$ von der letzten Bewehrungsreihe. Für die Querkrafttragfähigkeit gilt:

$$v_{Rd,ct,a} = \kappa_a \cdot v_{Rd,ct} \tag{10.10}$$

mit: $v_{Rd,ct}$ Tragfähigkeit ohne Durchstanzbewehrung nach Gleichung (10.2). Dabei ist der Längsbewehrungsgrad ρ_l im äußeren Rundschnitt anzusetzen.

$$\kappa_a = 1 - \frac{0{,}29\,l_w}{3{,}5\,d} \geq 0{,}71 \tag{10.11}$$

Beiwert zur Berücksichtigung des Übergangs zum Plattenbereich mit der Tragfähigkeit nach Gleichung (4.11b)

l_w Breite des Bereichs mit Durchstanzbewehrung, s. Bild 10.7

Die Durchstanzbewehrung darf in keinem inneren Rundschnitt den Mindestbewehrungsgrad unterschreiten:

$$\rho_w = \frac{A_{sw}}{s_w \cdot u} \geq \min \rho_w \tag{10.12}$$

Darüber hinaus können die Regeln zur baulichen Durchbildung – maximaler Abstand der Bügelschenkel $1{,}5\,d$ innerhalb eines Rundschnitts – zu einer Erhöhung der Durchstanzbewehrung ab dem 3. Rundschnitt führen, s. Abschnitt 10.3.

Die Querkrafttragfähigkeit in der vorgenannten Größe setzt eine entsprechende Biegebewehrung voraus. In beiden Richtungen sind Mindestmomente $m_{Ed,x}$ bzw. $m_{Ed,y}$ einzuhalten:

$$m_{Ed,x} \;(\text{oder } m_{Ed,y}) \geq \eta \cdot V_{Ed} \quad [\text{kNm/m}] \tag{10.13}$$

V_{Ed} aufzunehmende Querkraft

η Momentenbeiwert nach Tabelle 10.5

Bild 10.8 zeigt, über welche Breite die Mindestmomente anzusetzen sind und wie die Ränder definiert sind.

Tabelle 10.5: Momentenbeiwerte und Verteilungsbreiten der Momente

Lage der Stütze	η_x		anzusetzende Breite	η_y		anzusetzende Breite
	Zug an der Plattenoberseite	Zug an der Plattenunterseite		Zug an der Plattenoberseite	Zug an der Plattenunterseite	
Innenstütze	0,125	0	$0{,}3\,l_y$	0,125	0	$0{,}3\,l_x$
Randstütze, Rand „x"	0,25	0	$0{,}15\,l_y$	0,125	0,125	(je m Plattenbreite)
Randstütze, Rand „y"	0,125	0,125	(je m Plattenbreite)	0,25	0	$0{,}15\,l_x$
Eckstütze	0,5	0,5	(je m Plattenbreite)	0,5	0,5	(je m Plattenbreite)

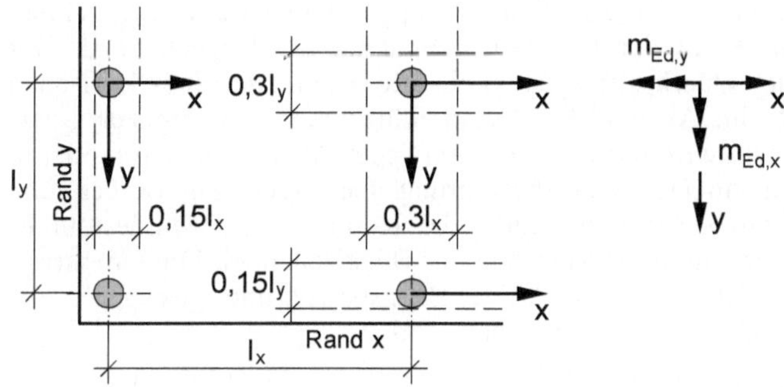

Bild 10.8: Bereiche für den Ansatz der Mindestmomente

Damit der Beton und die Durchstanzbewehrung in der beschriebenen Weise zusammenwirken, sind entsprechende Konstruktionsregeln einzuhalten. Der Bügeldurchmesser ist auf die vorhandene mittlere statische Nutzhöhe d der Platte abzustimmen:

$$d_s \leq 0{,}05\,d \qquad (10.14)$$

DIN 1045-1, 13.3.3 (6) sowie Bild 72

Der tangentiale Abstand der Bügelschenkel ist auf $1{,}5d$ begrenzt. Wenn viel Durchstanzbewehrung erforderlich ist, wird es kaum möglich sein, alle Bügelschenkel exakt entlang des jeweiligen Rundschnitts anzuordnen. Heft 525 DAfStb [5] räumt Lagetoleranzen für einzelne Bügelschenkel ein:

erste Bügelreihe: Abstand zwischen $0{,}5\,d$ und $0{,}7\,d$ vom Stützenrand

weitere Bügelreihen: Abweichung $0{,}2\,d$ von der theoretischen Schnittlinie

DIN 1045-1, 13.3.2 (12)

Bei punktförmig gestützten Platten ist stets ein Teil der Feldbewehrung über die Innen- und Randstützen hinwegzuführen bzw. dort zu verankern.

$$A_s \ = \ \frac{V_{Ed}}{f_{yk}} \tag{10.15}$$

Die in die Platte eingeleitete Querkraft darf unter Ansatz von $\gamma_F = 1{,}0$ ermittelt werden, d. h. der o. g. Bemessungswert V_{Ed} unterscheidet sich von V_{Ed} in den vorangegangenen Nachweisen, Gleichung (10.1), näherungsweise um den Faktor 1,4 – gemeinsamer Wert von γ_G und γ_Q.

Mit dieser sogenannten „Kollapsbewehrung" soll ein fortschreitendes Versagen vermieden werden, d. h. versagt eine Platte örtlich auf Durchstanzen, soll sie nicht auf die darunter liegende Platte stürzen.

10.3 Nachweis gegen Durchstanzen – Innenstütze

Die aufzunehmende Querkraft kann anschaulich über die Lasteinzugsfläche ermittelt werden, die über einen pauschalen Verteilungsschlüssel oder mit Hilfe der Querkraftnullpunkte beschrieben wird. Der Nachweis der Querkrafttragfähigkeit erfolgt entlang eines kritischen Rundschnitts im Abstand $1{,}5\,d$ vom Stützenrand. Analog zur Querkraftbemessung wird die Querkraft entweder allein vom Beton oder in Kombination mit Durchstanzbewehrung übertragen. Zur Berechnung der Durchstanzbewehrung gehört die Kontrolle der Mindestdurchstanzbewehrung und der Abstände der Bügelschenkel. Die Querkrafttragfähigkeit ist an eine kräftige Längsbewehrung gekoppelt, die durch Mindestmomente vorgegeben wird.

Der Durchstanznachweis ist für die Innenstütze B3 zu führen.

Zu bearbeiten sind:

- Ermittlung der aufzunehmenden Querkraft
- Nachweis der Querkrafttragfähigkeit
- Ermittlung der Durchstanzbewehrung
- Mindestmomente
- Mindestdurchstanzbewehrung, Mindestanzahl der Bügelschenkel
- Darstellung der Durchstanzbewehrung

Aufzunehmende Querkraft

Die Ermittlung der Lasteinzugsfläche kann über einen pauschalen Ansatz erfolgen, Bild 10.9a.

Querrichtung analog DIN 1055-3, Bild 1 Längsrichtung nach DIN 1045-1, 7.3.2 (4): Die Durchlaufwirkung darf vernachlässigt werden.

$0{,}4\,l_{y,1} \cdot l_x$	entfallen auf die Randstütze A3
$(0{,}6\,l_{y,1} + 0{,}6\,l_{y,2})\,l_x$	entfallen auf die 1. Innenstütze B3
$A = 0{,}4 \cdot 7{,}0 \cdot 7{,}5 = 21{,}0\ \mathrm{m}^2$	Randstütze A3
$A = (0{,}6 \cdot 7{,}0 + 0{,}6 \cdot 5{,}6)\,7{,}5 = 56{,}7\ \mathrm{m}^2$	Innenstütze B3

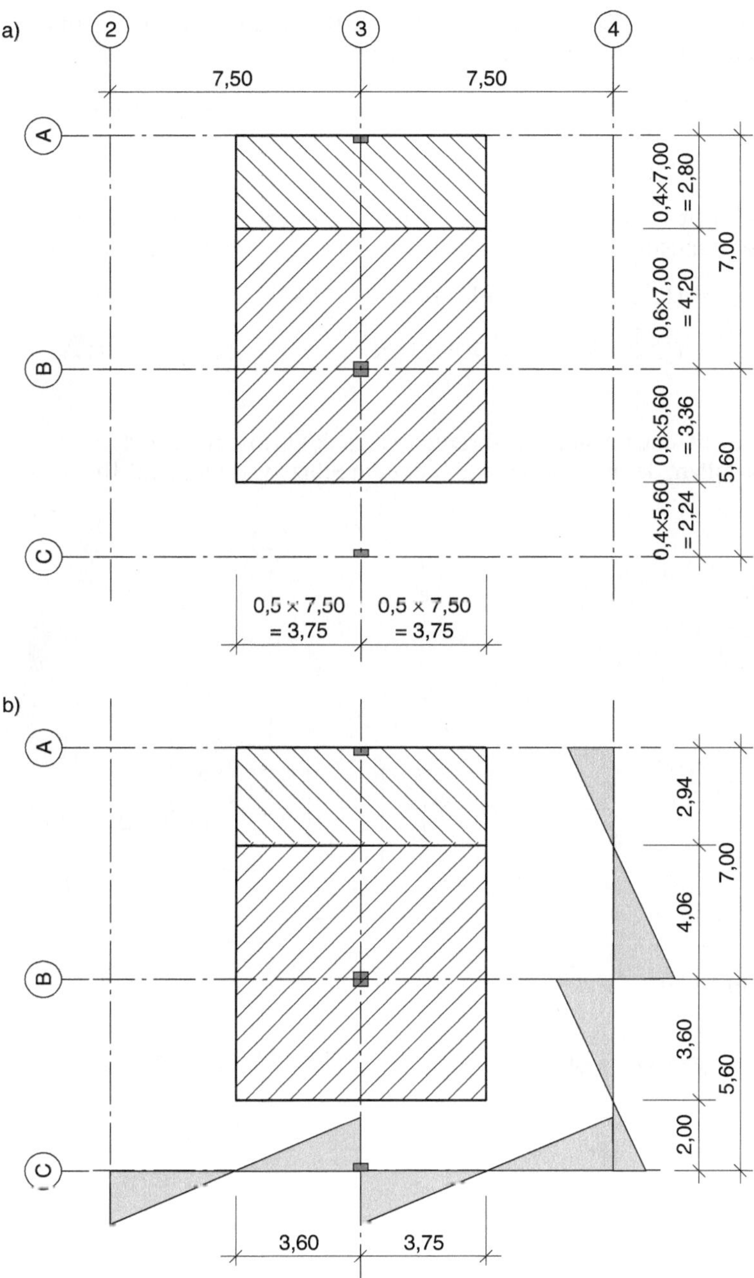

Bild 10.9: Lasteinzugsbereich
    a) pauschale Aufteilung
    b) Querkraftnullpunkte

Vergleichsweise wird die Lasteinzugsfläche über die Querkraftnull-punkte für Volllast ermittelt, Bild 10.9b.

$$A = 2{,}94\,(3{,}75+3{,}60) = 21{,}6\ \mathrm{m}^2 \qquad \text{Randstütze A3}$$

$$A = (4{,}06+3{,}60)\,(3{,}75+3{,}60) = 56{,}3\ \mathrm{m}^2 \qquad \text{Innenstütze B3}$$

Der Unterschied ist gering, es wird der pauschale Ansatz gewählt. Bei der Randstütze ist zusätzlich die Randlast eines Feldes zu addieren.

$$V_{Ed} = (12{,}2+7{,}5)\cdot 21{,}0+13{,}5\cdot 7{,}5 = 515\ \mathrm{kN} \qquad \text{Randstütze A3}$$

$$V_{Ed} = (12{,}2+7{,}5)\cdot 56{,}7 = 1117\ \mathrm{kN} \qquad \text{Innenstütze B3}$$

DIN 1045-1, 10.5.2; vergl. Abschnitt 10.2

Die aufzunehmende Querkraft ist längs des kritischen Rundschnitts zu verteilen, der im Abstand 1,5 d um die Stütze verläuft, Bild 10.10.

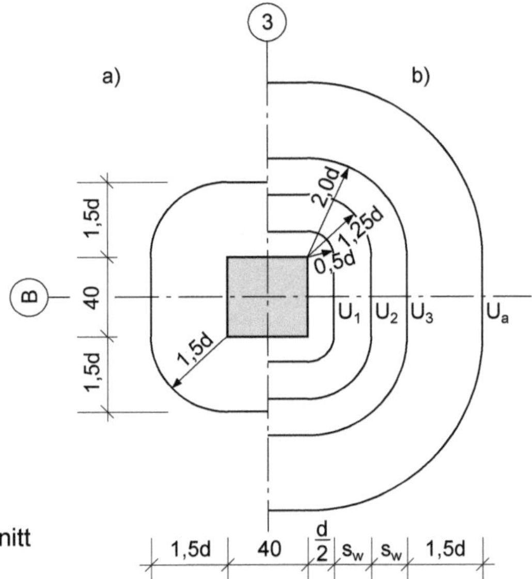

Bild 10.10:
Innenstütze B3
a) Kritischer Rundschnitt
b) Nachweisschnitte

$$d = (d_x + d_y)\,/2 \qquad \text{mittlere Nutzhöhe}$$

maßgebend ist die Nutz-höhe der oberen Bewehrung

$$= (0{,}262 + 0{,}246)\,2 = 0{,}254\ \mathrm{m}$$

$$u = 4\cdot 0{,}40 + 2\pi\,(1{,}5\cdot 0{,}254) = 4{,}00\ \mathrm{m}$$

Vergl. Abschnitt 10.2:
Die Beiwerte gelten für Stützweitenunterschiede benachbarter Felder bis zu 25 %.
Kontrolle y-Richtung
7,00 / 5,60 = 1,25

Die nicht rotationssymmetrische Verteilung der Querkraft entlang des kritischen Rundschnitts wird mit dem Beiwert $\beta = 1{,}05$ berück-sichtigt.

$$v_{Ed} = \frac{\beta\cdot V_{Ed}}{u} = \frac{1{,}05\cdot 1117}{4{,}00} = 293\ \mathrm{kN/m}$$

Querkrafttragfähigkeit

Querkrafttragfähigkeit ohne Durchstanzbewehrung

vereinfachte Gleichungen vergl. Abschnitt 10.2

$$v_{Rd,ct} = 0,14\,\kappa \cdot (100\,\rho_l \cdot f_{ck})^{1/3} \cdot d$$

$$\kappa = 1 + \sqrt{\frac{200}{d}} \qquad d \text{ in mm}$$

$$\rho_l = \sqrt{\rho_{lx} \cdot \rho_{ly}} \begin{cases} \leq 0,50\,f_{cd}\,/\,f_{yd} \\ \leq 0,02 \end{cases}$$

ρ_l bezieht sich auf die Bewehrung innerhalb des Rundschnittes.

mittlerer Längsbewehrungsgrad

ρ_{lx} und ρ_{ly} Zugbewehrung in x- und y-Richtung

$$\kappa = 1 + \sqrt{\frac{200}{254}} = 1,89$$

$$\rho_{lx} = \frac{a_{sx}}{100\,d_x} = \frac{20,1}{100 \cdot 26,2} = 0,00767$$

gewählte Bewehrung s. Tabelle 10.3 und 10.4

$$\rho_{ly} = \frac{a_{sy}}{100\,d_y} = \frac{22,3}{100 \cdot 24,6} = 0,00907$$

$$\rho_l = \sqrt{0,00767 \cdot 0,00907} = 0,0083$$
$$< 0,5 \cdot 17\,/\,435 = 0,019$$
$$< 0,02$$

$$v_{Rd,ct} = 0,14 \cdot 1,89 \cdot (100 \cdot 0,0083 \cdot 30)^{1/3} \cdot 0,254 \cdot 10^3 = 196 \text{ kN/m}$$

$$< v_{Ed,red} = 293 \text{ kN/m}$$

Es ist Durchstanzbewehrung erforderlich. Die maximal aufnehmbare Querkraft mit Durchstanzbewehrung beträgt:

$$v_{Rd,max} = 1,5\,v_{Rd,ct} = 1,5 \cdot 196 = 294 \text{ kN/m}$$
$$> v_{Ed} = 293 \text{ kN/m}$$

Die mögliche Laststeigerung mit Durchstanzbewehrung beträgt nur 50 % und ist damit deutlich geringer als bei liniengestützten Platten.

Die Querkrafttragfähigkeit kann durch folgende Maßnahmen erhöht werden:

- Plattendicke vergrößern
- Betonfestigkeitsklasse erhöhen
- Biegebewehrung vergrößern
- Verwendung spezieller Bewehrungselemente – z. B. Doppelkopfanker

vergl. allgemeine bauaufsichtliche Zulassung

Eine Vergrößerung der Plattendicke ist in der Regel unwirtschaftlich, üblich sind höhere Betonfestigkeit und/oder vergrößerte Biegebewehrung, vergl. Übungsaufgabe.

Durchstanzbewehrung

Die Querkrafttragfähigkeit setzt sich aus einem Anteil des Betons und der Durchstanzbewehrung zusammen.

Die Durchstanzbewehrung ist für die einzelnen Bewehrungsreihen zu ermitteln, s. Bild 10.7. Es sind so viele Bewehrungsreihen anzuordnen bis nachgewiesen ist, dass im Abstand 1,5 d von der letzten Bewehrungsreihe – äußerer Rundschnitt – keine Durchstanzbewehrung mehr erforderlich ist.

Lotrechte Bügel

1. Bewehrungsreihe Abstand 0,5 d

wirksame Breite der Bewehrungsreihe d

$$u_1 = 4 \cdot 0,40 + 2\pi \cdot 0,5 \cdot 0,254 = 2,40 \text{ m}$$

$$v_{Ed,1} = 1,05 \cdot 1117 / 2,40 = 489 \text{ kN/m}$$

Beiwert zur Berücksichtigung der Bauteilhöhe auf die Wirksamkeit der Bewehrung

$$\kappa_s = 0,7 + 0,3 \frac{d-400}{400} = 0,7 + 0,3 \frac{254-400}{400}$$

$$\geq 0,7 \qquad\qquad \text{maßgebend}$$

$$A_{sw,1} = \frac{v_{Ed,1} - v_{Rd,ct}}{\kappa_s \cdot f_{yd}} u_1 = \frac{489-196}{0,7 \cdot 43,5} 2,40 = 23,1 \text{ cm}^2$$

[6] Auslegung zu DIN 1045-1, 10.5.3: v_{Ed} darf um die Belastung innerhalb des betrachteten Nachweisschnittes reduziert werden – analog zur Regelung bei Fundamenten. Die Verminderung von v_{Ed} kann insbesondere für den Nachweis im äußeren Rundschnitt hilfreich sein.

2. Bewehrungsreihe, Abstand 1,25 d

wirksame Breite der Bewehrungsreihe $s_w = 0,75\ d$

$$u_2 = 4 \cdot 0,40 + 2\pi \cdot 1,25 \cdot 0,254 = 3,59 \text{ m}$$

$$v_{Ed,2} = 1,05 \cdot 1117 / 3,59 = 327 \text{ kN/m}$$

$$A_{sw,2} = \frac{v_{Ed,2} - v_{Rd,ct}}{\kappa_s \cdot f_{yd} \cdot d} s_w \cdot u_2$$

$$= \frac{327-196}{0,7 \cdot 43,5 \cdot 0,254} 0,75 \cdot 0,254 \cdot 3,59 = 11,6 \text{ cm}^2$$

3. Bewehrungsreihe, Abstand 2,0 d analog, s. Tabelle 10.6.

Die Durchstanzbewehrung – lotrechte Bügel – ist in Tabelle 10.6 zusammengestellt.

Tabelle 10.6:   Innenstütze B3 – Durchstanzbewehrung: lotrechte Bügel

Reihe	Abstand	s_w	u	v_{Ed}	A_{sw}
	m	m	m	kN/m	cm^2
1	0,50 d	–	2,40	489	23,1
2	1,25 d	0,75 d	3,59	327	11,6
3	2,00 d	0,75 d	4,79	245	5,8

Äußerer Rundschnitt

Abstand 1,5 d von der 3. Bewehrungsreihe

Breite des Bereiches mit Durchstanzbewehrung $l_w = 2,00\ d$

$$u_{3,a} = 4 \cdot 0,40 + 2\pi \cdot (2,00 + 1,50) \cdot 0,254 = 7,19\ \mathrm{m}$$

$$v_{Ed,3a} = 1,05 \cdot 1117 / 7,19 = 163\ \mathrm{kN/m}$$

$$\kappa_a = 1 - \frac{0,29\ l_w}{3,5\ d} = 1 - \frac{0,29 \cdot 2,00 \cdot 0,254}{3,5 \cdot 0,254} = 0,834$$

$$\kappa_a \cdot v_{Rd,ct} = 0,834 \cdot 196 = 163\ \mathrm{kN/m}$$

$$= v_{Ed,3a} = 163\ \mathrm{kN/m}$$

Mit dem Nachweis im äußeren Rundschnitt wird der Übergang zur Querkrafttragfähigkeit liniengestützter Platten erfasst.

Mindestmomente

Die Querkrafttragfähigkeit setzt eine ausreichende Biegebewehrung voraus, die für Mindestmomente in beiden Richtungen zu ermitteln ist.

$$m_{Ed,x} = m_{Ed,y} = \eta \cdot V_{Ed} \qquad [\mathrm{kNm/m}]$$

$$\eta_x = \eta_y = 0,125$$

für Innenstützen, Zug an der Plattenoberseite

$$m_{Ed,x} = m_{Ed,y} = 0,125 \cdot 1117 = 140\ \mathrm{kNm/m}$$

Die Querkrafttragfähigkeit reduziert sich mit zunehmendem Abstand vom Stützenrand – Übergang zum einaxialen Spannungszustand, was mit dem Beiwert κ_a erfasst wird.

vergl. Tabelle 10.5: Momentenbeiwerte und Verteilungsbreite der Momente und Bild 10.8: Bereich für den Ansatz der Mindestbiegemomente

Die Mindestmomente sind über eine Breite 0,3 l_x bzw. 0,3 l_y anzusetzen, d. h. sie gelten auch noch für die halbe Breite des äußeren Gurtstreifens. Die Momente des inneren Gurtstreifens sind deutlich größer, im Folgenden werden die Biegemomente im äußeren Gurtstreifen, Tabelle 10.1 und 10.2, mit den Mindestmomenten verglichen.

Biegung: $m_{Ed,x} = 142\ \mathrm{kNm/m}$ > Min: $m_{Ed,x} = 140\ \mathrm{kNm/m}$

Biegung: $m_{Ed,y} = 133\ \mathrm{kNm/m}$ ≈ Min: $m_{Ed,y} = 140\ \mathrm{kNm/m}$

Die Abweichung ist tolerabel, weil die gewählte Bewehrung Reserven aufweist.

Das knappe Ergebnis verdeutlicht, dass die Momente im Stützenbereich senkrecht zur Biegerichtung nicht zu stark abgemindert werden sollten.

Mindestdurchstanzbewehrung

Die Durchstanzbewehrung darf in keinem inneren Rundschnitt den Mindestbewehrungsgrad unterschreiten.

$$\rho_w = \frac{A_{sw}}{s_w \cdot u} \geq \rho_{w,min}$$

$$\rho_{w,min} = 0,93 \cdot 10^{-3} \qquad \mathrm{C30/37}$$

DIN 1045-1, 10.5.5 (5) und 13.2.3 (5); vergl. Abschnitt 5.2, Tab. 5.2: *min* ρ_w

$$A_{sw,min} = \rho_{w,min} \cdot s_w \cdot u$$

Mit u aus Tabelle 10.6 und $s_w = 0{,}75\,d = 0{,}75 \cdot 0{,}254$ (Reihe 1: $s_w = d$) ergibt sich die in Tabelle 10.7 angegebene Mindestdurchstanzbewehrung.

DIN 1045-1, 13.3.3 (6): Durchmesser der Durchstanzbewehrung ist auf die mittlere Nutzhöhe d abzustimmen:

$d_s \leq 0{,}05\,d$

$ \leq 0{,}05 \cdot 254$

$ = 12{,}7$ mm

sowie Bild 72: Anordnung der Durchstanzbewehrung

Der tangentiale Abstand der Bügelschenkel entlang der Rundschnitte ist auf $s_w = 1{,}5\,d$ begrenzt.

In Tabelle 10.7 werden der Querschnitt und die Anzahl der Bügelschenkel gemäß Durchstanznachweis mit den Konstruktionsregeln verglichen. Zugrunde gelegt werden Bügel Ø10, radialer Abstand $s_w = 0{,}75\,d$ (Reihe 1: $s_w = d$), tangentialer Abstand $1{,}5\,d$.

Tabelle 10.7: Innenstütze B3 – Durchstanzbewehrung: Bügelquerschnitt, Anzahl der Bügelschenkel

Reihe	u	rechn. A_{sw}	konstr. $A_{sw,min}$	rechn. n_{rechn}	konstr. n_{konstr}
1	2,40	23,1	5,7	29,4	7,3
2	3,59	11,6	6,4	14,8	9,4
3	4,79	5,8	8,5	10,8	12,6

Einzelschritte 3. Bewehrungsreihe

Mindestbewehrung

$$A_{sw,min} = \rho_{w,min} \cdot s_w \cdot u_3$$

$$= 0{,}93 \cdot 10^{-3} \cdot 0{,}75 \cdot 0{,}254 \cdot 4{,}79 = 8{,}5 \text{ cm}^2$$

Anzahl der Bügelschenkel

$$n_{rechn} = \frac{A_{sw}}{a_{s,\varnothing 10}} = \frac{8{,}5}{0{,}785} = 10{,}8$$

bezogen auf Mindestbewehrung

$$n_{konstr} = \frac{u}{1{,}5\,d} = \frac{4{,}79}{1{,}5 \cdot 0{,}254} = 12{,}6$$

In der 3. Reihe sind sowohl für den Bügelquerschnitt als auch für die Anzahl der Bügelschenkel die Konstruktionsregeln maßgebend.

Darstellung der Durchstanzbewehrung

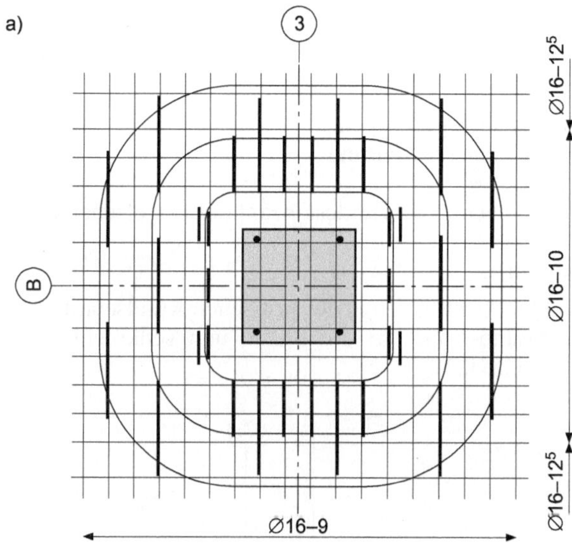

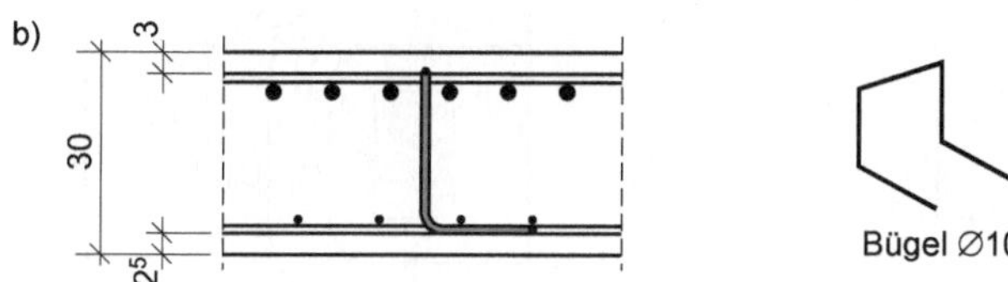

Bild 10.11:   Flachdecke – Durchstanzbewehrung
a) Grundriss
b) Schnitt

Einen Vorschlag für die Anordnung der Durchstanzbewehrung enthält Bild 10.11. Alle Bügel werden über die obere Bewehrung der x-Richtung gesteckt, dann können die unteren Bügelschenkel in die äußere Lage geführt werden. Dieses Verlegeschema bietet die beste Verankerung, jedoch sind unterschiedlich breite Bügel erforderlich. Es ist schwierig, die Bügelschenkel entlang der Nachweisschnitte anzuordnen und zugleich den tangentialen Maximalabstand einzuhalten. Die zulässigen Abweichungen sind gering. Alternativ können vorgefertigte Bewehrungselemente – Doppelkopfanker oder Gitterträger – verwendet werden, deren Bemessungs- und Konstruktionsregeln in den entsprechenden allgemeinen bauaufsichtlichen Zulassungen enthalten sind.

Heft 525 DAfStb: Lagetoleranzen der Bügelschenkel: Einzelne Bügelschenkel der ersten Reihe dürfen zwischen $0,5\,d$ und $0,7\,d$ vom Stützenanschnitt verlegt werden, in allen weiteren Reihen dürfen die Bügelschenkel um bis zu $0,2\,d$ von der theoretischen Schnittlinie abweichen.

10.4 Nachweis gegen Durchstanzen – Randstütze

Der Durchstanznachweis ist für die Randstütze A3 zu führen.

Zu bearbeiten sind:

- Nachweis der Querkrafttragfähigkeit
- Ermittlung der Durchstanzbewehrung
- Mindestmomente
- Mindestdurchstanzbewehrung, Mindestanzahl der Bügelschenkel

Querkrafttragfähigkeit

DIN 1045-1, 10.5.2;
vergl. Abschnitt 10.2

Die aufzunehmende Querkraft ist längs des kritischen Rundschnitts zu verteilen, der im Abstand $1,5\,d$ um die Stütze und senkrecht zum freien Rand verläuft, Bild 10.12.

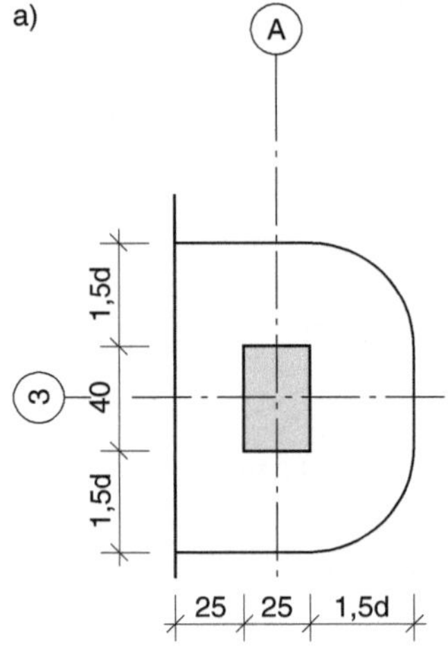

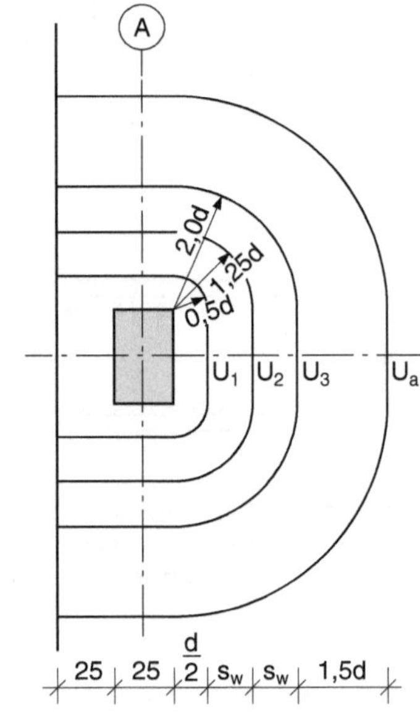

Bild 10.12: Randstütze A3
a) Kritischer Rundschnitt
b) Nachweisschnitte

$$d = (0,262+0,246)/2 = 0,254 \text{ m}$$

$$u = 2\,(0,25+0,25)+0,40+\pi\,(1,5\cdot0,254) = 2,60 \text{ m}$$

$$V_{Ed} = 515 \text{ kN} \qquad \text{s. Abschnitt 10.3}$$

vergl. Abschnitt 10.2:
Bei Randstützen ist der Lasterhöhungsfaktor zur Berücksichtigung der nicht rotationssymmetrischen Verteilung $\beta = 1,4$.

$$v_{Ed} = \frac{\beta \cdot V_{Ed}}{u} \qquad \beta = 1,4$$

$$= \frac{1,4\cdot515}{2,60} = 277 \text{ kN/m}$$

Querkrafttragfähigkeit ohne Durchstanzbewehrung

$$v_{Rd,ct} = 0,14\,\kappa\cdot(100\,\rho_l\cdot f_{ck})^{1/3}\cdot d$$

$$\kappa = 1+\sqrt{\frac{200}{d}} = 1+\sqrt{\frac{200}{254}} = 1,89 \qquad d \text{ in mm}$$

$$\rho_l = \sqrt{\rho_{lx}\cdot\rho_{ly}}\,\begin{cases} \le\ 0,50\,f_{cd}\ /\ f_{yk} \\ \le\ 0,02 \end{cases}$$

gewählte Bewehrung
s. Tab. 10.3 und 10.4

$$\rho_{lx} = \frac{a_{sx}}{100\,d_x} = \frac{25,1}{100\cdot26,2} = 0,00958$$

$$\rho_{ly} = \frac{a_{sy}}{100\,d_y} = \frac{11,2}{100\cdot24,6} = 0,00455$$

$$\rho = \sqrt{0,00958\cdot0,00455} = 0,0066$$

$$< \ 0,5\cdot17\ /\ 435 = \ 0,019$$

$$< \ 0,02$$

$$v_{Rd,ct} = 0,14\cdot1,89\cdot(100\cdot0,0066\cdot30)^{1/3}\cdot0,254\cdot10^3$$

$$= 182\text{ kN/m} < v_{Ed} = 277\text{ kN/m}$$

Es ist Durchstanzbewehrung erforderlich.

Maximal aufnehmbare Querkraft mit Durchstanzbewehrung

$$v_{Rd,max} = 1,5\ v_{Rd,ct} = 1,5\cdot182 = 273\text{ kN/m}$$

$$\approx v_{Ed} = 277\text{ kN/m}$$

Das Ergebnis ist knapp, aber vertretbar. Für schlanke Randstützen stellt sich nur ein geringes Stützmoment in y-Richtung – Deckenquerrichtung – ein, so dass der Längsbewehrungsgrad ρ_y trotz der großzügig gewählten Bewehrung vergleichsweise klein ist. Die Querkrafttragfähigkeit kann durch weitere Erhöhung der Bewehrung in y-Richtung vergrößert werden; in Hinblick auf ein günstiges Verlegeschema, s. Bild 10.4, wird darauf verzichtet, vergl. Übungsaufgabe.

Durchstanzbewehrung

Lotrechte Bügel im Abstand 0,5 d, 1,25 d, 2,00 d vom Stützenrand, s. Bild 10.12.

1. Bewehrungsreihe, Abstand 0,5 d

$$u_1 = 2\,(0,25+0,25)+0,40+\pi\cdot0,5\cdot0,254 = 1,80\text{ m}$$

$$v_{Ed,1} = 1,4\cdot515\,/\,1,80 = 401\text{ kN/m}$$

Beiwert zur Berücksichtigung der Bauteilhöhe auf die Wirksamkeit der Bewehrung

$$\kappa_s = 0,7 + 0,3\,\frac{d-400}{400} = 0,7 + 0,3\,\frac{254-400}{400} \geq 0,7 \text{ maßgebend}$$

$$A_{sw,1} = \frac{v_{Ed,1} - v_{Rd,ct}}{\kappa_s \cdot f_{yd}}\,u_1 = \frac{401-182}{0,7 \cdot 43,5}\,1,80 = 12,9\text{ cm}^2$$

2. Bewehrungsreihe, Abstand 1,25 d

$$u_2 = 2\,(0,25+0,25)+0,40+\pi \cdot 1,25 \cdot 0,254 = 2,40\text{ m}$$

$$v_{Ed,2} = 1,4 \cdot 515 / 2,40 = 300\text{ kN/m}$$

$$A_{sw,2} = \frac{v_{Ed,2} - v_{Rd,ct}}{\kappa_s \cdot f_{yd} \cdot d}\,s_w \cdot u_2$$

$$= \frac{300-182}{0,7 \cdot 43,5 \cdot 0,254}\,0,75 \cdot 0,254 \cdot 2,40$$

$$= 7,0\text{ cm}^2$$

3. Bewehrungsreihe analog, s. Tabelle 10.8

Tabelle 10.8:   Randstütze A3 – Durchstanzbewehrung: lotrechte Bügel

Reihe	Abstand	s_w	u	v_{Ed}	A_{sw}
	m	m	m	kN/m	cm²
1	0,50 d	–	1,80	401	12,9
2	1,25 d	0,75 d	2,40	300	7,0
3	2,00 d	0,75 d	3,00	240	4,3

Äußerer Rundschnitt

Mit dem Nachweis im äußeren Rundschnitt wird der Übergang zur Querkrafttragfähigkeit ohne Durchstanzbewehrung erfasst.

Abstand 1,5 d von der 3. Bewehrungsreihe

Breite des Bereiches mit Durchstanzbewehrung $l_w = 2,00\ d$

$$u_{3,a} = 2\,(0,25+0,25)+0,40+\pi \cdot (2,00+1,50) \cdot 0,254 = 4,19\text{ m}$$

[2] Kommentar zu DIN 1045-1, Bild 44: Für Rand- und Eckstützenbereiche im üblichen Hochbau darf ausschließlich für den Nachweis der Tragfähigkeit außerhalb der Durchstanzbewehrung der Lasterhöhungsfaktor reduziert werden.

Mit zunehmendem Abstand vom Stützenrand wird die Querkraftverteilung gleichmäßiger, so dass der Lasterhöhungsfaktor abnimmt.

$$\beta_{red} = \frac{\beta}{1+0,1\,l_w/d} \geq 1,1$$

$$= \frac{1,4}{1+0,1 \cdot 2,00} = 1,17$$

$$v_{Ed,3a} = 1,17 \cdot 515/4,19\text{ kN/m} = 144\text{ kN/m}$$

$$\kappa_a = 1 - \frac{0,29\, l_w}{3,5\, d} = 1 - \frac{0,29 \cdot 2,00 \cdot 0,254}{3,5 \cdot 0,254} = 0,834$$

Der Beiwert κ_a erfasst die Abnahme der Querkrafttragfähigkeit mit zunehmendem Abstand vom Stützenrand.

$$\kappa_a \cdot v_{Rd,ct} = 0,834 \cdot 182 = 152\,\text{kN/m}$$

$$> v_{Ed,3a} = 144\,\text{kN/m}$$

Mindestmomente

Im Bereich von Randstützen sind Mindestmomente einzuhalten, die sowohl an der Plattenoberseite als auch an der Plattenunterseite – senkrecht zum freien Rand – Bewehrung erfordern.

x-Richtung

$$m_{Ed,x} = 0,25\, V_{Ed} = 0,25 \cdot 515 = 129\,\text{kNm/m}$$

vergl. Tabelle 10.5: Momentenbeiwerte und Verteilungsbreite der Momente
und Bild 10.8: Bereich für den Ansatz der Mindestbiegemomente

Zug an der Plattenoberseite, anzusetzen über

$$0,15\, l_y = 0,15 \cdot 7,00 = 1,05\,\text{m}$$

Zum Vergleich Biegemomente im Gurt-/Randstreifen, Tabelle 10.1:

$$\left| m_{Ed,x} \right| = 247 / 176\,\text{kNm/m} \qquad \text{maßgebend}$$

y-Richtung

$$m_{Ed,y} = 0,125\, V_{Ed} = 0,125 \cdot 515 = 64\,\text{kNm/m}$$

anzusetzen für Zug auf der Plattenoberseite und der Plattenunterseite über die Breite des äußeren Rundschnittes:

[9] Beispiel 4, Erläuterung:
Die Verteilungsbreite der Mindestbewehrung rechtwinklig zum Rand hängt von der Verteilung der Drillmomente im Lasteinleitungsbereich der Stütze ab. Ingenieurmäßig wird dieser Bereich mit dem Durchmesser des äußeren Rundschnitts abgeschätzt.

$$b = 2 \cdot (2,0 + 1,5)\, 0,254 + 0,40 = 2,18\,\text{m}$$

Zum Vergleich Biegemoment im Gurtstreifen, Tabelle 10.2:

$$\left| m_{Ed,y} \right| = 42 / 28\,\text{kNm/m}$$

Das Mindestmoment ist maßgebend; Bemessung:

$$k_d = \frac{24,6}{\sqrt{64}} = 3,08$$

$$a_{sy} = 2,29\, \frac{64}{24,6} = 6,0\,\text{cm}^2/\text{m} \qquad \text{oben und unten}$$

Mindestdurchstanzbewehrung

$$A_{sw,min} = \rho_{w,min} \cdot s_w \cdot u$$

$$\rho_{w,min} = 0,93 \cdot 10^{-3} \qquad \text{C30/37}$$

DIN 1045-1, 10.5.5 (5) und 13.2.3 (5);
vergl. Abschnitt 5.2, Tab. 5.2: $min\ \rho_w$

DIN 1045-1, 13.3.3 (6):
Durchmesser der Durchstanzbewehrung

$d_s \leq 0{,}05\, d$

$\qquad \leq 0{,}05 \cdot 254$

$\qquad = 12{,}7\ \text{mm}$

sowie Bild 72: Anordnung der Durchstanzbewehrung

In Tabelle 10.9 werden der Querschnitt und die Anzahl der Bügelschenkel gemäß Durchstanznachweis mit den Konstruktionsregeln verglichen. Zugrunde gelegt werden Bügel Ø10, radialer Abstand $s_w = 0{,}75\, d$ (Reihe 1: $s_w = d$), tangentialer Abstand 1,5 d.

Tabelle 10.9:   Randstütze A3 – Durchstanzbewehrung: Bügelquerschnitt, Anzahl der Bügelschenkel

Reihe	u	rechn. A_{sw}	konstr. $A_{sw,min}$	rechn. n_{rechn}	konstr. n_{konstr}
1	1,80	12,9	4,3	16,4	5,4
2	2,40	7,0	4,3	8,9	6,3
3	3,00	4,3	5,3	6,8	7,9

Einzelschritte 3. Bewehrungsreihe

Mindestbewehrung

$$A_{sw,min} = \rho_{w,min} \cdot s_w \cdot u_3$$

$$= 0{,}93 \cdot 10^{-3} \cdot 0{,}75 \cdot 0{,}254 \cdot 3{,}00 = 5{,}3\ \text{cm}^2$$

Anzahl der Bügelschenkel

bezogen auf Mindestbewehrung

$$n_{rechn} = \frac{A_{sw}}{a_{s,\varnothing 10}} = \frac{5{,}3}{0{,}785} = 6{,}8$$

$$n_{konstr} = \frac{u}{1{,}5\,d} = \frac{3{,}00}{1{,}5 \cdot 0{,}254} = 7{,}9$$

Für die 3. Reihe sind durchweg die Konstruktionsregeln maßgebend.

11 Vierseitig gelagerte Platten

Bei vierseitig gelagerten Platten werden die Lasten in beiden Richtungen und über die Diagonale abgetragen. Aufgrund des günstigen Tragverhaltens ergeben sich deutlich kleinere Biegemomente als bei einachsig gespannten Platten.

Die Berechnung der Biegemomente kann problemlos mit Hilfe von FEM-Programmen erfolgen. Doch zum grundlegenden Verständnis der Lastabtragung sind anschauliche Näherungsverfahren nach wie vor geeignet. In der Regel stimmen die Maximalwerte der Feld- und Stützmomente gut überein; die Näherungsverfahren ermöglichen jedoch für den Momentenverlauf in den Übergangs- und Eckbereichen nur qualitative Angaben. Die Momente von Einfeldplatten können mit einfach zu handhabenden Tabellen ermittelt werden, Abschnitt 11.1.

Die Biegemomente von Durchlaufplatten mit regelmäßigem Raster und geringen Stützweitenunterschieden werden mit dem Verfahren der Belastungsumordnung ermittelt, Abschnitt 11.2. Für Platten mit unregelmäßigem Raster und größeren Stützweitenunterschieden ist das Verfahren von Pieper und Martens geeignet, Abschnitt 11.3.

Auch für die Ermittlung der aufzunehmenden Querkraft bietet sich ein anschauliches Näherungsverfahren an, Abschnitt 11.2.

Für das in Abschnitt 11.3 berechnete Plattensystem wird die Anordnung der Betonstahlmatten vorgeschlagen, wobei die entsprechenden Konstruktionsregeln herausgestellt werden.

11.1 Einfeldplatte

Die in Bild 11.1 dargestellte Platte ist an allen vier Rändern frei drehbar gelagert, die Ecken sind gegen Abheben gesichert, so dass die Lasten auch über die Diagonale abgetragen werden. Die zweiachsige Lastabtragung wird mit den Pfeilrichtungen gekennzeichnet.

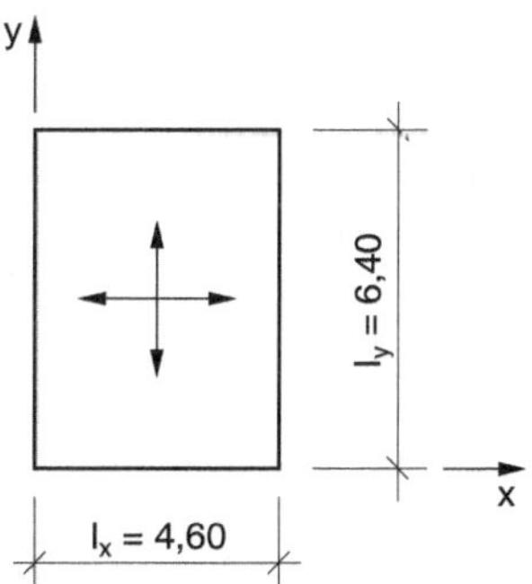

Bild 11.1:   Vierseitig gelagerte Einfeldplatte

In Hinblick auf den Vergleich mit der durchlaufenden Platte Nr. 1 des Deckensystems in Abschnitt 11.3 werden die gleichen Lasten gewählt:

$$g_d + q_d = 12{,}3 \ \text{kN/m}^2$$

Zu bearbeiten sind:

- Ermittlung der Biegemomente
- Darstellung des Momentenverlaufs

Biegemomente

Die Tabellen zur Berechnung der Schnittgrößen in Einfeldplatten sind so aufgebaut, dass l_x die kürzere Spannrichtung ist. Infolge der Lastabtragung in x-Richtung entsteht das Biegemoment m_x, konsequenterweise erhalten alle Schnittgrößen für die Lastabtragung in y-Richtung den Index y. Der Momentenermittlung liegt immer die kürzere Spannweite l_x zugrunde:

[8] Beiwert k zur Berechnung der Biegemomente in Einfeldplatten

$$m_{xm} = \frac{(g_d + q_d) \cdot l_x^2}{k_{xm}} \qquad \text{Moment } m_x \text{ in Feldmitte}$$

$$m_{ymax} = \frac{(g_d + q_d) \cdot l_x^2}{k_{ymax}} \qquad \text{größtes Feldmoment } m_y$$

[8] unterschiedliche k-Werte für
a) volle Drilltragfähigkeit
b) herabgesetzte Drilltragfähigkeit
c) Drilltragfähigkeit = 0

Die Beiwerte k sind von der Drilltragfähigkeit – Lastabtragung über die Diagonale – abhängig. Wenn die Ecken gegen Abheben gesichert sind, keine großen Aussparungen in den Ecken vorhanden sind und eine entsprechende Drillbewehrung vorhanden ist – vergl. Bewehrungsskizze Abschnitt 11.3 –, ist die volle Drillsteifigkeit gegeben.

$$l_y/l_x = 6{,}40/4{,}60 = 1{,}4$$

volle Drilltragfähigkeit

$$k_{xm} = 15{,}0 \qquad\qquad\qquad k_{ymax} = 32{,}8$$

$$m_{xm} = \frac{12{,}3 \cdot 4{,}60^2}{15{,}0} = 17{,}4 \ \text{kNm/m}$$

$$m_{ymax} = \frac{12{,}3 \cdot 4{,}60^2}{32{,}8} = 7{,}9 \ \text{kNm/m}$$

Das Moment m_{xm} ist mehr als doppelt so groß wie das Moment m_{ymax}. Damit wird deutlich, dass die Last maßgeblich über die kürzere Seite abgetragen wird, und demzufolge ist der größere Bewehrungsquerschnitt über die kürzere Seite erforderlich.

Verglichen mit einachsig gespannten Platten sind die Feldmomente zweiachsig gespannter Platten deutlich geringer, weil die Last sowohl in x- und y-Richtung als auch über die Diagonale – Drillmomente – abgetragen wird. In welchem Maße die Drillmomente das Feldmoment ermäßigen, wird an Hand der Übungsaufgabe deutlich. Die

Drillmomente werden in der Regel nicht extra berechnet, sondern nach konstruktiven Regeln abgedeckt, vergl. Abschnitt 11.3.

Darstellung des Momentenverlaufs

Es ist üblich, den Momentenverlauf mit vereinfachten Momentengrenzlinien darzustellen, Bild 11.2. Im Abstand 0,2 l_x vom Rand wird ein konstantes Moment zugrunde gelegt, und zwar sowohl in x- und in y-Richtung.

Dabei handelt es sich um eine schematische Darstellung, die für die Anordnung der Bewehrung völlig ausreichend ist.

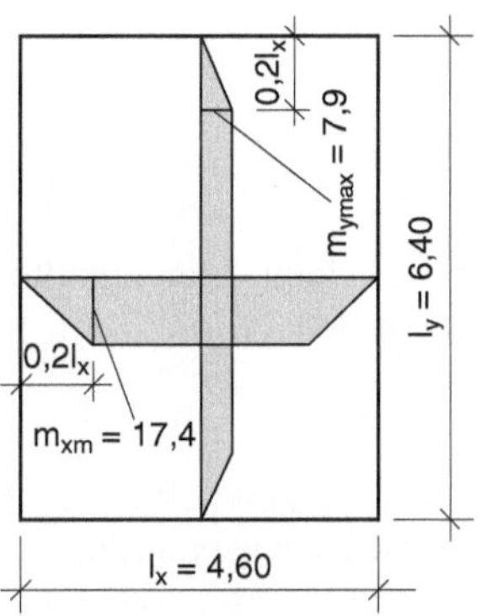

Bild 11.2:
Einfeldplatte – vereinfachter Momentenverlauf

11.2 Zweiachsig gespannte, durchlaufende Platten mit regelmäßigem Raster – System 1

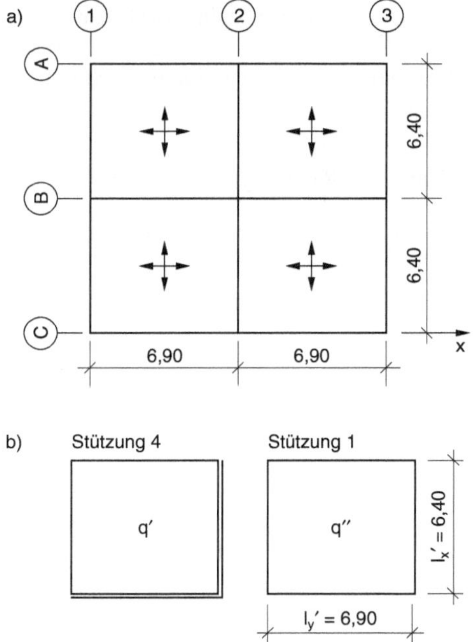

Bild 11.3:   Durchlaufplatten System 1
      a) Grundriss   b) Vergleichsplatten

Die in Bild 11.3 dargestellte Decke eines Bürogebäudes besteht aus vier monolithisch miteinander verbundenen Plattenfeldern. Sie ist an den Rändern frei drehbar gelagert, die Ecken sind gegen Abheben gesichert.

Baustoffe

Beton   C20/25   Betonstahl BSt 500 M

Lasten

Eigenlast zuzüglich Ausbaulast 1,0 kN/m^2

Nutzlast q_k = 2,0 kN/m^2

DIN 1055-3, Tab. 1
Kategorie B1: Flure in
Bürogebäuden, Büroflä-
chen, Arztpraxen

zuzüglich Trennwandzuschlag:
Leichte unbelastete Trennwände dürfen durch einen gleichmäßig verteilten Zuschlag zur Nutzlast berücksichtigt werden.

DIN 1055-3, 4 (3) und (4)

Zu bearbeiten sind:

- Kontrolle der Plattendicke, Nachweis der Biegeschlankheit
- Momentenermittlung nach dem Verfahren der Belastungsumordnung
- Darstellung des Momentenverlaufs
- Bemessung für Biegung
- Ermittlung der Auflagerkräfte/Querkräfte
- Bemessung für Querkraft

Plattendicke, Biegeschlankheit

DIN 1045-1, 11.3.2;
vergl. Abschnitt 4.3:
Die Einspannung eines
Randes wird mit α = 0,8
erfasst. Bei gleicher Auflagerung in x- und y-
Richtung ist die kürzere
Spannrichtung maßge-
bend.

Die Begrenzung der Durchbiegung darf vereinfacht durch eine Begrenzung der Biegeschlankheit erfolgen. Bei vierseitig gelagerten, durchlaufenden Platten ist die kleinere Ersatzstützweite maßgebend.

$$l_i = \alpha \cdot l_{eff}$$

$$l_i = 0,8 \cdot 6,40 = 5,12 \text{ m} \qquad y\text{-Richtung}$$

Allgemein ist bei Deckenplatten des üblichen Hochbaus einzuhalten:

DIN 1045-1, 11.3.1 (8):
Durchhang/Durchbiegung
≤ 1/250 der Stützweite

$$\frac{l_i}{d} \leq 35$$

$$d \geq 5,12/35 = 0,146 \text{ m}$$

In Hinblick auf Schäden an angrenzenden Bauteilen – leichte Trennwände – gilt:

DIN 1045-1, 11.3.1 (10):
Durchbiegung nach Ein-
bau der angrenzenden
Bauteile ≤ 1/500 der
Stützweite

$$\frac{l_i}{d} \leq \frac{150}{l_i}$$

$$d \geq 5,12^2/150 = 0,175 \text{ m}$$

Ausgehend von Q-Matten ergibt sich für die ungünstigste Richtung d = 17 cm, vergl. Bemessung für Biegung, d. h. die Plattendicke h = 20 cm ist sinnvoll.

Momentenermittlung

Die Schnittgrößen von durchlaufenden, zweiachsig gespannten Platten, deren Auflagerachsen sich kreuzen, können nach dem Verfahren der Belastungsumordnung berechnet werden. Die Stütz- und Feldmomente werden an einer Vergleichseinfeldplatte ermittelt, Bild 11.3.

Die Feldmomente werden in zwei Schritten ermittelt:

Volllast $$q' = g_d + q_d / 2$$

Bei der Vergleichsplatte für Volllast werden die Ränder zum Nachbarfeld als voll eingespannt, die übrigen Ränder frei drehbar gelagert angenommen.

Schachbrettartige Last $$q'' = \pm q_d / 2$$

Alle Ränder der Vergleichsplatte für schachbrettartige Last werden frei drehbar angenommen.

Die größten Feldmomente in beiden Richtungen ergeben sich durch Addition:

$$q' + q'' = g_d + q_d$$

Zur Berechnung der Stützmomente werden wiederum die Ränder zum Nachbarfeld als voll eingespannt, die übrigen Ränder als frei drehbar gelagert angenommen. Angesetzt wird Volllast $g_d + q_d$. Bemessen wird für das gemittelte Stützmoment der aneinander stoßenden Platten.

Bemessungslasten

$$g_d = 1{,}35 \, (25 \cdot 0{,}20 + 1{,}0) = 8{,}1 \, \text{kN/m}^2$$

$$q_d = 1{,}5 \, (2{,}0 + 0{,}8) = 4{,}2 \, \text{kN/m}^2$$

$$q' = 8{,}1 + 4{,}2 / 2 = 10{,}2 \, \text{kN/m}^2 \qquad \text{Stützung 4}$$

$$q'' = \pm 4{,}2 / 2 = \pm 2{,}1 \, \text{kN/m}^2 \qquad \text{Stützung 1}$$

Das Seitenverhältnis der Vergleichsplatten gemäß Darstellung in Bild 11.3b beträgt:

$$l_x = 6{,}90 \, \text{m} \qquad\qquad l_y = 6{,}40 \, \text{m}$$

Die Verwendung der Tabellen erfolgt mit

$$l_y{}' = 6{,}90 \, \text{m} \qquad\qquad l_x{}' = 6{,}40 \, \text{m}$$

$$\varepsilon = l_y{}' / l_x{}' = 6{,}90 / 6{,}40 = 1{,}08 \approx 1{,}1$$

und sinngemäßer Zuordnung der Beiwerte bei der Momentenermittlung: mit k_y ergibt sich m_x und mit k_x ergibt sich m_y.

Feldmomente

Beiwerte für volle Drillsteifigkeit

$$m_{Ed,x} = \frac{q' \cdot l_x'^2}{k_{ymax,4}} + \frac{q'' \cdot l_x'^2}{k_{ymax,1}}$$

$$= \frac{10,2 \cdot 6,40^2}{42,0} + \frac{2,1 \cdot 6,40^2}{27,9} = 13,0 \text{ kNm/m}$$

$$m_{Ed,y} = \frac{q' \cdot l_x'^2}{k_{xm,4}} + \frac{q'' \cdot l_x'^2}{k_{xm,1}}$$

$$= \frac{10,2 \cdot 6,40^2}{35,1} + \frac{2,1 \cdot 6,40^2}{22,4} = 15,7 \text{ kNm/m}$$

Stützmomente

$$m_{Ed,x} = \frac{(g_d + q_d) \cdot l_x'^2}{k_{yer\,min,4}} = -\frac{12,3 \cdot 6,40^2}{13,6} = -37,0 \text{ kNm/m}$$

$$m_{Ed,y} = \frac{(g_d + q_d) \cdot l_x'^2}{k_{xer\,min,4}} = -\frac{12,3 \cdot 6,40^2}{12,7} = -39,7 \text{ kNm/m}$$

Darstellung des Momentenverlaufs

Die Momentengrenzlinien sind in der vereinfachten Form in Bild 11.4 dargestellt. Wie bei der Einfeldplatte wirkt das größere Feldmoment über die kürzere Seite $l_y = 6,40$ m. Der Unterschied zwischen m_x und m_y ist bei größeren Stützweitenunterschieden l_x und l_y ausgeprägter, vergl. Übungsaufgabe.

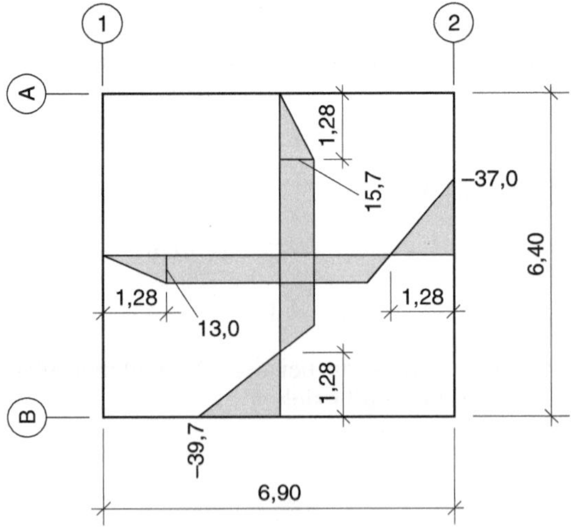

Bild 11.4: Durchlaufplatten System 1 – vereinfachter Momentenverlauf

Bemessung für Biegung

XC1 (W0) C16/20 gewählt C20/25

Betondeckung

$$c_{min} = 10 \text{ mm} \qquad \geq d_s$$

$$\Delta c = 10 \text{ mm}$$

$$c_v = 20 \text{ mm} \qquad \text{Verlegemaß unten und oben}$$

Untere Bewehrung: Q-Matte

Verlegerichtung wird erst später festgelegt, ungünstigster Ansatz für beide Richtungen:

$$d = 20 - 2,0 - 0,7 - 0,7/2 = 17 \text{ cm}$$

Obere Bewehrung: R-Matte

$$d = 20 - 2,0 - 1,0/2 = 17,5 \text{ cm}$$

Die Bemessung ist in Tabelle 11.1 zusammengestellt.

Tabelle 11.1: Durchlaufplatten – System 1 – Bewehrung

	m_{Ed}	k_d	k_s	a_s	gewählt
	kNm/m			cm²/m	
Feldmomente					
x	13,0	4,71	2,24	1,71	Q257 A
y	15,7	4,29	2,27	2,10	Q257 A
Stützmomente					
x	37,0	2,88	2,38	5,03	R524 A
y	39,7	2,78	2,38	5,40	R524 A

$$k_d = \frac{d\,[\text{cm}]}{\sqrt{m_{Ed}\,[\text{kNm/m}]}}$$

$$a_s = k_s \frac{m_{Ed}\,[\text{kNm/m}]}{d\,[\text{cm}]}$$

k_s für nächst kleineren k_d-Wert ablesen

Die Bemessung der Stützmomente berücksichtigt nicht die mögliche Reduzierung – Momentenausrundung bzw. Moment am Rand der Unterstützung. Aufgrund dieser Reserve kann die Unterschreitung der berechneten Bewehrung hingenommen werden, so dass die Matte R524 ausreichend ist.

Die Verlegung der Matten kann analog zu Abschnitt 11.3, Bild 11.8 und 11.9 erfolgen.

Aufzunehmende Querkraft

Näherungsweise können die Auflagerkräfte/Querkräfte zweiachsig gespannter Platten mit den Lastbildern berechnet werden, die sich aus der Zerlegung der Grundrissfläche in Trapeze und Dreiecke ergeben, Bild 11.5.

Heft 240 DAfStb; vergl. [8]: Die Aufteilung erfolgt unter 45° für Plattenränder mit gleichartiger Stützung; stößt ein voll eingespannter mit einem frei drehbar gelagertem Rand zusammen, beträgt der Winkel 60°.

$$v_{Ed} = (g_d + q_d) \cdot 0,635\, l_y \qquad \text{Achse B}$$

$$= 12,3 \cdot 0,635 \cdot 6,40 = 50,0 \text{ kN/m}$$

$$v_{Ed} = (g_d + q_d) \cdot 0,365\, l_y \qquad \text{Achse A}$$

$$= 12,3 \cdot 0,365 \cdot 6,40 = 28,7 \text{ kN/m}$$

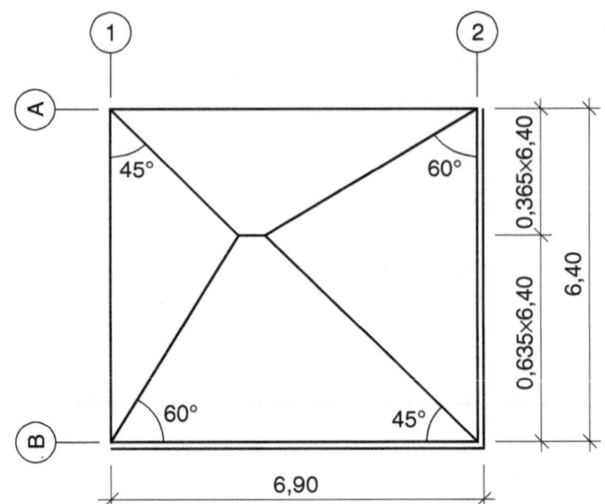

Bild 11.5: Durchlaufplatten System 1 – Lastverteilung

Bemessung für Querkraft

Zur Vereinfachung wird die Querkraft in den Achsen zugrunde gelegt.
Tragfähigkeit ohne Querkraftbewehrung, Tabelle 11.2

$$v_{Rd,ct} = 0,1\,\kappa\cdot(100\,\rho_l\cdot f_{ck})^{1/3}\cdot d$$

In der Regel lohnt sich bei Platten des üblichen Hochbaus der extra Rechenschritt $v_{Ed,red}$ – Abstand d vom Auflagerrand – nicht.

Tabelle 11.2: Durchlaufplatten – System 1 – Querkrafttragfähigkeit

Achse	v_{Ed}	d	a_s	ρ_l	$v_{Rd,ct}$
	kN/m	m	cm²/m	–	kN/m
A	28,7	0,170	2,57	0,0015	49,0
B	50,0	0,175	5,24	0,0030	63,6

Achse A:
maßgebend untere
Bewehrung Q257
Achse B:
maßgebend obere
Bewehrung R524

Einzelschritte Achse B

$$\kappa = 1+\sqrt{\frac{200}{d}} = 1+\sqrt{\frac{200}{175}} = 2,07 \qquad \text{maßgebend } 2,0$$

vereinfachte Gleichungen:
Abschnitt 4.2.2

$$\rho_l = \frac{a_{sl}}{b\cdot d} = \frac{5,24}{100\cdot 17,5} = 0,0030$$

$$v_{Rd,ct} = 0,1\cdot 2,0\cdot(100\cdot 0,0030\cdot 20)^{1/3}\cdot 0,175\cdot 10^3$$
$$= 63,6 \text{ kN/m}$$

Zu prüfen bleibt die Mindestquerkrafttragfähigkeit:

$$v_{Rd,ct,\min} = \left(0,035\cdot\sqrt{\kappa^3\cdot f_{ck}}\right)\cdot d$$

$$= \left(0,035\cdot\sqrt{2,0^3\cdot 20}\right)\cdot 0,175\cdot 10^3 = 77,5\ \text{kN/m}$$

$$> 49,0\ \text{kN/m}$$

$$> 62,9\ \text{kN/m}$$

Die Mindestquerkrafttragfähigkeit ist größer als $v_{Rd,ct}$, es ist keine Querkraftbewehrung erforderlich.

Für die Festigkeitsklasse C20/25 ist bis zu einem Bewehrungsgrad $\rho \approx 0,5\ \%$ die Mindestquerkrafttragfähigkeit maßgebend.

11.3 Zweiachsig gespannte, durchlaufende Platten mit unregelmäßigem Raster – System 2

Die in Bild 11.6 dargestellte Decke eines Bürogebäudes besteht aus fünf monolithisch miteinander verbundenen Plattenfeldern. Ansonsten sind Außenabmessungen, Randlagerung, Lasten und Baustoffe wie in Abschnitt 11.2. Der Nachweis der Biegeschlankheit und die Bemessung für Querkraft erübrigen sich, denn maßgebend ist die größte Platte Nr. 4, deren Abmessungen die gleichen sind wie in Abschnitt 11.2.

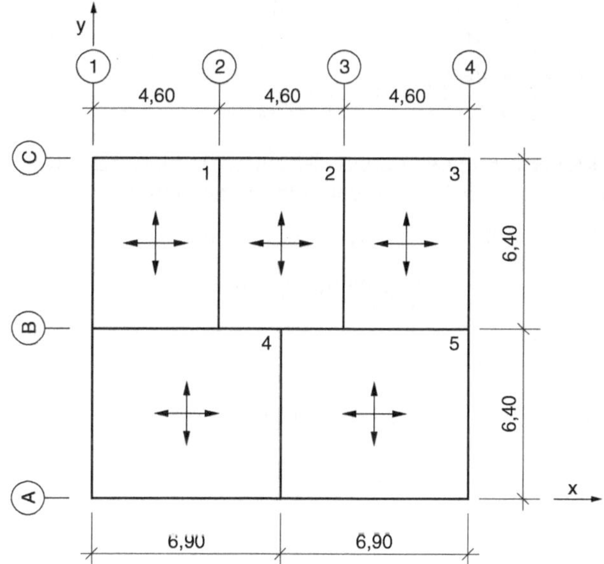

Bild 11.6: Durchlaufplatten System 2 – Grundriss

Zu bearbeiten sind:

- Momentenermittlung nach dem Verfahren von Pieper und Martens
- Darstellung des Momentenverlaufs
- Bemessung für Biegung
- Verlegeskizze für Betonstahlmatten

Momentenermittlung

[8] Das Verfahren gilt bei größeren Stützweitenunterschieden und für Lasten $q_d \leq 0{,}67\,(g_d + q_d)$.

Das Verfahren von Pieper und Martens ermöglicht wiederum die Momentenermittlung an Vergleichseinfeldplatten. Den Feldmomenten liegt eine Einspannung von 50 % zugrunde. Als Stützmoment wird das mittlere Stützmoment der aneinander stoßenden Platten, mindestens 75 % des betragsmäßig größeren Stützmomentes gewählt.

Feldmomente

$$m_{F,x} = \frac{(g_d + q_d)\cdot l_x^2}{k_{xm}}$$

$$m_{F,y} = \frac{(g_d + q_d)\cdot l_x^2}{k_{y\,\mathrm{max}}}$$

Stützmomente

$$m_{S0,i} = \frac{(g_d + q_d)\cdot l_{x,i}^2}{k_{er,i}} \qquad \text{Platte } i$$

$$m_{S0,k} = \frac{(g_d + q_d)\cdot l_{x,k}^2}{k_{er,k}} \qquad \text{Platte } k$$

$$|m_S| = \frac{|m_{S0,i}| + |m_{S0,k}|}{2} \geq 0{,}75\,|m_{S0}|_{max}$$

vergl. Abschnitt11.2

l_x ist jeweils die kleinere Stützweite, ggf. ist eine „Drehung" der Koordinaten zur Anwendung der Momententafeln vorzunehmen.

$$g_d + q_d = 1{,}35\,(25 \cdot 0{,}20 + 1{,}0) + 1{,}5\,(2{,}0 + 0{,}8) = 12{,}3 \ \mathrm{kN/m}^2$$

[8] Beiwerte für volle Drillsteifigkeit

Die Momentenermittlung erfolgt in Tabelle 11.3 und 11.4.

Tabelle 11.3:   Durchlaufplatten – System 2 – Biegemomente

Nr	Typ	l_x	l_y	l_y/l_x	k_{xm}	k_{ymax}	$-k_{xer}$	$-k_{yer}$	m_{Fx}	m_{Fy}	$-m_{S0x}$	$-m_{S0y}$
		m	m	–	–	–	–	–	kNm/m			
1 = 3	4	4,60	6,40	1,4	18,5	39,9	10,0	12,6	14,1	6,5	26,0	20,7
2	5	4,60	6,40	1,4	19,8	45,1	12,7	17,5	13,1	5,8	20,5	14,9
4 = 5	4	6,90	6,40	1,1	34,1	27,3	13,6	12,7	14,8	18,5	37,0	39,7

Platte Nr 4: Momentenbeiwerte abgelesen für $l_y/l_x = 1{,}1$; k_x, k_y eingetragen für tatsächliche Richtung

Tabelle 11.4: Durchlaufplatten – System 2 – Stützmomente

Stützung	Tragrichtung	$\lvert m_{S0,i}\rvert$	$\lvert m_{S0,k}\rvert$	$\dfrac{\lvert m_{S0,i}\rvert+\lvert m_{S0,k}\rvert}{2}$	$0{,}75\,\lvert m_{S0}\rvert_{max}$	$\lvert m_S\rvert$
i – k				kNm/m		
1 – 2	x	26,0	20,5	23,3	19,5	23,3
4 – 5	x	37,0	37,0	37,0	27,8	37,0
1 – 4	y	20,7	39,7	30,2	29,8	30,2
2 – 4	y	14,9	39,7	27,3	29,8	29,8

Darstellung des Momentenverlaufs

Die Momentengrenzlinien in Bild 11.7 sind in vereinfachter Form dargestellt. Der Momentennullpunkt wird in beiden Richtungen mit $0{,}2\,l_{min}$ angenommen.

Verglichen mit dem Deckensystem 1 – Abschnitt 11.2 – ergeben sich größere Feldmomente für die Platte 4 des Deckensystems 2, weil die Einspannung nur mit 50 % angesetzt wird. Die Stützmomente der Platte 4 sind in x-Richtung gleich, jedoch sind sie in y-Richtung für das Deckensystem 2 kleiner, weil eine große Platte – Nr. 4 – mit kleineren Platten – Nr. 1 und 2 – zusammentrifft.

Platte 1 hat die gleichen Abmessungen wie die Einfeldplatte in Abschnitt 11.1. Aufgrund der Einspannmomente sind die Feldmomente der durchlaufenden Platte kleiner, allerdings ist die Ermäßigung nicht so ausgeprägt wie bei einachsig gespannten Platten und Balken.

Es ist üblich, die Momentengrenzlinien geradlinig darzustellen, eine feinere Abstufung der Bewehrung ist baupraktisch ohnehin nicht möglich.

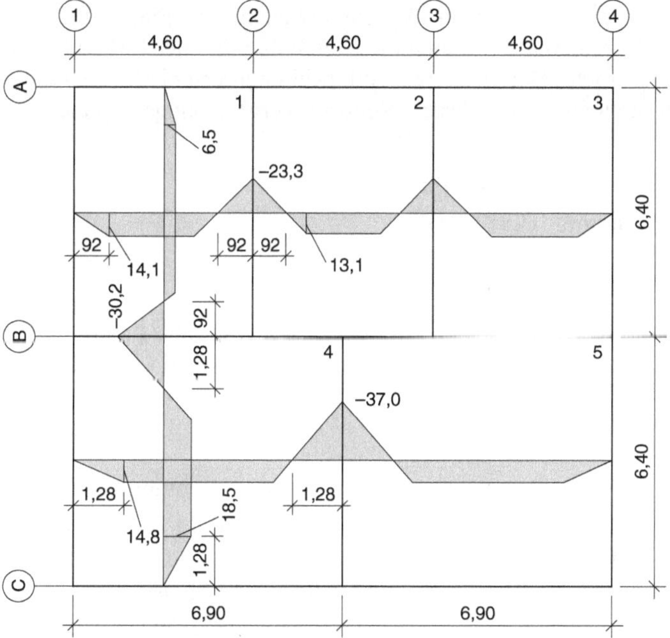

Bild 11.7: Durchlaufplatten System 2 – vereinfachter Momentenverlauf

Bemessung für Biegung

Trockene Umgebung

Richtung der unteren Matten noch nicht festgelegt; Annahme: Q-Matte unten, R-Matte oben

Von Abschnitt 11.2 werden übernommen:

XC1 (W0) C16/20 gewählt C20/25

$c_v = 2{,}0$ cm   unten und oben

$d = 17{,}0$ cm   unten $d = 17{,}5$ cm   oben

Die Bemessung erfolgt mit Hilfe der k_d-Tafel, s. Anhang Tafel A3.

Tabelle 11.5:   Durchlaufplatten System 2 – Bewehrung

Platte	Richtung	$|m_{Ed}|$	k_d	k_s	a_s	gewählt
		kNm/m			cm²/m	
Feldmomente						
1	x	14,1	4,53	2,27	1,88	Q188 A
2	x	13,1	4,70	2,24	1,73	Q188 A
4	x	14,8	4,42	2,27	1,98	Q257 A
1	y	6,5	6,67	2,22	0,85	Q188 A
2	y	5,8	7,06	2,22	0,76	Q188 A
4	y	18,5	3,95	2,27	2,47	Q257 A
Stützmomente						
1-2	x	23,3	3,62	2,29	3,05	R335 A
4-5	x	37,0	2,87	2,38	5,03	R524 A
1-4	y	30,2	3,18	2,32	4,00	R524 A
2-4	y	29,8	3,21	2,32	3,95	R524 A

$$k_d = \frac{d\,[\text{cm}]}{\sqrt{m_{Ed}\,[\text{kNm/m}]}}$$

$$a_s = k_s\,\frac{m_{Ed}\,[\text{kNm/m}]}{d\,[\text{cm}]}$$

k_s für nächst kleineren k_d-Wert ablesen

Trotz der vergleichsweise großen Stützweiten der Platte Nr. 4 – $l_y = 6{,}40$ m, $l_x = 6{,}90$ m – können die Momente mit einer Lage Matten abgedeckt werden. Bei größeren Stützweitenunterschieden nehmen die Feldmomente über die kürzere Seite zu, vergl. Übungsaufgabe.

Verlegeskizze für Betonstahlmatten

Untere Bewehrung (Bild 11.8)

Platte 1-3:   Q188A

Platte 4, 5:   Q257A

Bei Q-Matten ist es in der Regel unbedeutend, in welche Richtung die Längsstäbe verlegt werden, da die Stäbe in Längs- und Querrichtung gleich sind. Gewählt wird die Mattenlängsrichtung in y-Richtung, dann ist die Anzahl der Stöße möglichst gering und ergibt wenig Verschnitt.

Tragstoß als Zwei-Ebenen-Stoß, d. h. die Matten werden übereinander gelegt.

Q257A   Stoßlänge $l_s = 34$ cm   in beiden Richtungen   [10]

Die Stöße in Längsrichtung werden versetzt, Bild 11.8, damit nicht 4 Mattenecken übereinander liegen. Gewählt:

Lagermatten
Länge 6,00 m
Breite 2,30 m

2 ganze Matten (6,00 m) + 1/3 Matte (2,00 m) = 14,00 m

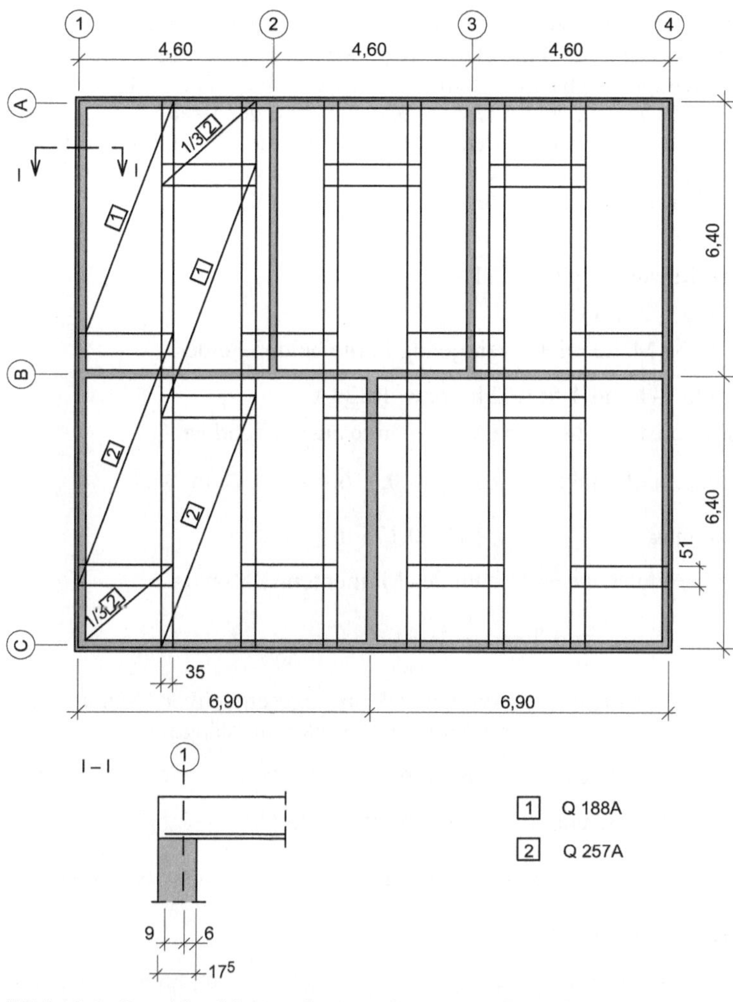

Bild 11.8: Durchlaufplatten System 2 – untere Bewehrung

Die Matten werden so weit wie möglich auf das Endauflager geschoben, d. h. 9 cm über die Auflagerachse, Detail Bild 11.8. Insgesamt erforderliche Länge:

$$l = 2\,(6,40+0,09)+2\cdot0,34 = 13,66 \text{ m} \qquad < 14,00 \text{ m}$$

Tatsächliche Stoßlänge: $\qquad l_s = 34 + 17 = 51 \text{ cm}$

Die Matten werden nicht gekürzt.

In x-Richtung sind 7 Mattenreihen erforderlich, d. h. es ergeben sich 6 Stöße. Einschließlich des beidseitigen Überstandes über die Lagerachse sind erforderlich:

$$l = 2\,(6,90+0,09)+6\cdot0,34 = 16,02 \text{ m} < 7\cdot2,30 = 16,10 \text{ m}$$

Tatsächliche Stoßlänge: $\qquad l_s = 35 \text{ cm}$

Es ist vertretbar, dass in Feld 4 unmittelbar neben Achse B bereichsweise die kleinere Matte Q188 liegt, weil sich das Moment erst mit zunehmendem Abstand aufbaut. Vergleiche Konstruktionsregel DIN 1045 (07/88), 20.1.6 (5): Im Randstreifen der Breite 0,2 l_{min} darf die parallel zum stützenden Rand verlaufende Bewehrung auf die Hälfte der in gleicher Richtung liegenden Bewehrung des mittleren Plattenbereiches abgemindert werden: $a_{sRand} = 0,5\ a_{sMitte}$.

Obere Bewehrung (Bild 11.9)

Stützung 1-2: R335A

Eine halbe Matte reicht weit genug in die beiden Felder.

Stützung 1-4 und 4-5: R424A bzw. R524A

Zu prüfen ist, ob die halbe Mattenlänge ausreichend ist.

Momentennullpunkt $0,2\ l_x = 0,2 \cdot 6,40 = 1,28\ \text{m}$

Versatzmaß $a_l = d = 0,175\ \text{m}$

Verankerungslänge außerhalb des Momentennullpunkts

$$l_{b,min} = 0,3\ \alpha_a \cdot l_b \geq 10\ d_s$$

$\alpha_a = 1,0$ Annahme: kein angeschweißter Querstab innerhalb der Verankerungslänge

$l_b = 43\ \text{cm}$ Längsstab Ø9   R424A

$l_b = 47\ \text{cm}$ Längsstab Ø10   R524A

$l_{b,min} = 0,3 \cdot 47 = 14,1\ \text{cm}$ $> 10 \cdot 10 = 100\ \text{mm}$

Insgesamt erforderliche Länge:

$$l = 1,28 + 0,175 + 0,141 = 1,62\ \text{m}   \approx 3,00/2 = 1,50\ \text{m}$$

Kreuzungsbereich B2 bis B3

In den Plattenecken gibt es keine Einspannmomente, weiter zur Plattenmitte sind die Einspannmomente für die Stützung 2-4 und 4-5 abzudecken. Die Querstäbe der Matten R424 und R524 haben einen Querschnitt von 2,01 cm²/m und sind somit in der Lage die sich allmählich aufbauenden Einspannmomente in y-Richtung aufzunehmen.

Die Maximal- / Minimalmomente des Näherungsverfahrens stimmen mit den Werten der FEM-Berechnung gut überein, doch es fehlen Angaben in den Eck-/und Übergangsbereichen. Für die Abstufung der Bewehrung ist eine Darstellung des Momentenverlaufs mit Isolinien über die ganze Plattenfläche vorteilhaft. In diesem Beispiel ist die FEM-Berechnung die Rechtfertigung für die etwas knapp ausgelegte Abstufung der oberen Bewehrung; das Ziel ist ein einfaches Verlegeschema.

Marginalien:

DIN 1045-1, 13.3.2 (1); vergl. Abschnitt 5.2: Für Platten ohne Querkraftbewehrung gilt $a_l = d$.

DIN 1045-1, 12.6.2 (3); vergl. Abschnitt 5.1

R-Matten: Überstand der Längsstäbe 125 mm

vergl. Bild 5.1: guter Verbundbereich für alle Stäbe in Bauteilen $h \leq 300$ mm

Die Unterschreitung ist hinnehmbar, Reserve: angeschweißter Querstab innerhalb Verankerungslänge.

Vereinfachte Darstellung des Momentenverlaufs im Grundriss vergl. [8]

Bei einem Vergleich mit FEM-Berechnungen ist darauf zu achten, für welche Lasten – mit oder ohne γ_G / γ_Q – die Biegemomente angegeben sind.

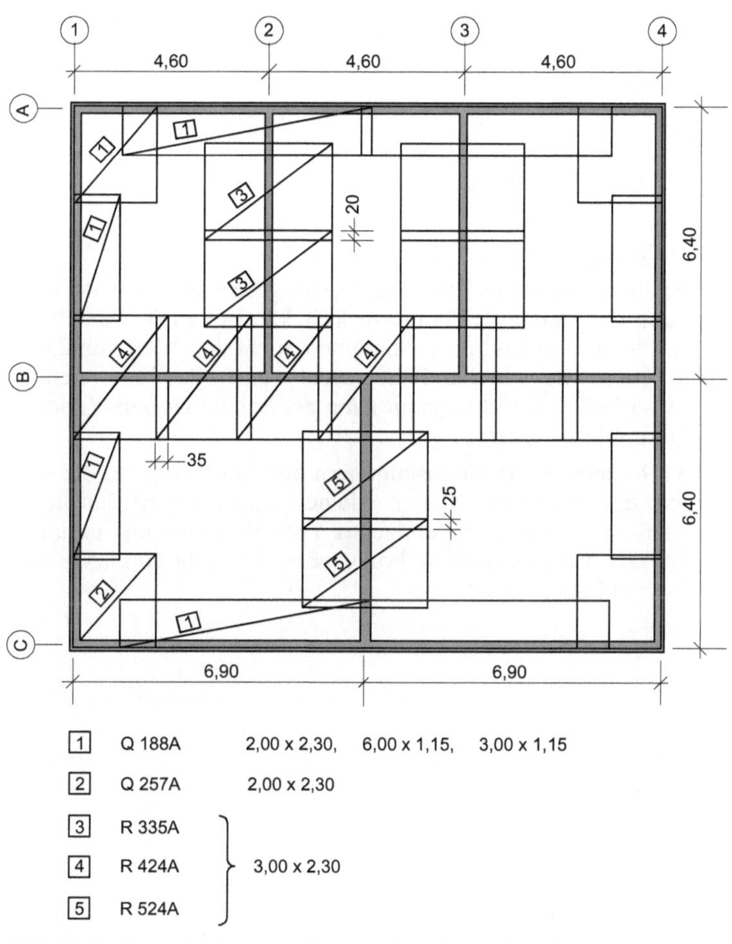

1	Q 188A	2,00 x 2,30,	6,00 x 1,15,	3,00 x 1,15
2	Q 257A	2,00 x 2,30		
3	R 335A			
4	R 424A	3,00 x 2,30		
5	R 524A			

Bild 11.9: Durchlaufplatten System 2 – obere Bewehrung

Übergreifungslänge in Querrichtung

Bei Randsparmatten sind die äußersten 2 bzw. 4 Längsstäbe dünner als die übrigen Stäbe. Damit ergibt sich als Übergreifungslänge in Querrichtung 1 Masche bei R-Matten (beachte Mindestübergreifungslänge $l_s = 25$ cm für R424A und R524A) bzw. 3 Maschen für Q-Matten, damit der volle Querschnitt erreicht wird.

Lagermatten ab R424 bzw. Q424 mit beidseitig 2 bzw. 4 Randsparstäben

Einschließlich des beidseitigen Überstandes über die Lagerachse er geben 7 Matten unter Berücksichtigung von 6 Stößen:

$$l = 2\,(6,90+0,09)+6 \cdot 0,25 = 15,48\,\text{m} < 7 \cdot 2,30 = 16,10\,\text{m}$$

Tatsächliche Stoßlänge: $\quad l_s = 35$ cm

Drillbewehrung

Infolge der Lastabtragung über die Diagonale entstehen Drillmomente, die eine obere und untere Bewehrung in den Plattenecken erfordern.

DIN 1045-1, 13.3.2 (5) bis (9), Bild 70:

pauschale Vorgabe für rechtwinklige Eckbewehrung auf der Ober- und Unterseite

$$a_s = a_{s,Feld} \qquad \text{in beiden Richtungen}$$

$$\text{Länge} \geq 0,3 \; min \; l_{eff}$$

Die Drillbewehrung ist nur in den Ecken erforderlich, in denen zwei Ränder mit frei drehbarer Lagerung zusammentreffen. Gewählt werden Q188A bzw. Q257A wie im Feld.

Randbewehrung

DIN 1045-1, 13.2.1(1): Rechnerisch nicht erfasste Einspannungen sind für $\geq 25\,\%$ des benachbarten Feldmoments zu bemessen. Die Bewehrung ist über die 0,25 fache Länge des Endfeldes einzulegen.

Das Außenmauerwerk des Ober- und Untergeschosses bewirkt eine Einspannung der Platte – „Schraubstockeffekt". Bei einer Wanddicke von nur 17,5 cm wird das Einspannmoment nicht den Wert von 25 % des Feldmoments erreichen und auch nicht weit in das Feld reichen. Konstruktiv gewählt Q188A, damit kann der Schneide- und Verlegeaufwand minimiert werden.

In Bild 11.9 geben die Positionsnummern den Mattentyp an, die Abmessungen der einzelnen Matten bleiben dabei unberücksichtigt. Anzustreben ist ein möglichst einfaches Verlegeschema und geringer Verschnitt. Der dargestellte Bewehrungsvorschlag geht von längs und quer halbierten Lagermatten aus.

1

12 Fertigteile mit Ortbetonergänzung

Es ist häufig wirtschaftlich, Bauteile aus Fertigteilen in Kombination mit Ortbeton herzustellen. Das betrifft vor allem Platten, bei denen die Schalungskosten und die Bauzeit reduziert werden können, wenn vorgefertigte Elementplatten mit Ortbetonergänzung gewählt werden. Bei Plattenbalken kann es vorteilhaft sein, den schalungsaufwendigen Steg als Fertigteil herzustellen, und die Platte nachträglich zu betonieren, entweder vollständig in Ortbeton oder in Kombination mit Elementplatten.

Hinsichtlich der Biegung besteht meistens kein Unterschied zu dem in einem Guss hergestellten Bauteil. Ortbeton und Fertigteil wirken zusammen, so dass sich der gleiche innere Hebelarm zwischen der Bewehrung im Fertigteil und der Betondruckkraft im Ortbeton wie bei einer reinen Ortbetonkonstruktion ergibt.

Anstelle der üblichen Bemessung für Querkraft tritt der Nachweis der Schubkraftaufnahme in der Fuge. Die Übertragung der Schubkraft – Querkraft dividiert durch den inneren Hebelarm – wird durch die Rauigkeit/Oberflächenbeschaffenheit der Fuge bestimmt.

Bei Elementplatten werden die für Transport und Montage ohnehin erforderlichen Gitterträger zur Schubkraftaufnahme herangezogen, Abschnitt 12.1. Die Verbundbewehrung der Balken besteht aus Bügeln, deren Querschnitt jedoch größer ist als bei der üblichen Bemessung für Querkraft, Abschnitt 12.2.

12.1 Schubkraftübertragung in Fugen

Bei Bauteilen, die aus einem Fertigteil mit Ortbetonergänzung bestehen, darf bei der Bemessung so vorgegangen werden, als ob der Gesamtquerschnitt von Anfang an einheitlich hergestellt worden wäre. Voraussetzung dafür ist, dass die Aufnahme der in der Fuge wirkenden Schubkräfte nach DIN 1045-1, 10.3.6 nachgewiesen wird.

Bei statisch bestimmt gelagerten Elementdecken liegt die Feldbewehrung im Fertigteil und die Druckzone ist im Ortbeton. Mit Elementdecken lassen sich auch durchlaufende Systeme erzeugen. Dann wird die Stützbewehrung im Ortbeton angeordnet und die Druckzone ist im Fertigteil. In beiden Fällen ist die Schubkraft über die Fuge zu übertragen. Ähnlich ist es bei Plattenbalken mit einer Betonierfuge zwischen Steg und Platte.

Die Übertragung von Schubkräften in den Fugen

- zwischen Ortbeton und einem vorgefertigten Bauteil sowie

- zwischen nacheinander betonierten Ortbetonabschnitten

wird durch die Rauigkeit und Oberflächenbeschaffenheit der Fuge bestimmt.

Die Bemessung nach dem neuen Ansatz DIN 1045-1 (2008) liefert ähnliche oder wirtschaftlichere Ergebnisse als der bisherige Ansatz (2001).

DIN 1045-1, 10.3.6; Erläuterungen s. [2]

Es gelten folgende Definitionen:

- sehr glatt: die Oberfläche wurde gegen Stahl, Kunststoff oder glatte Holzschalung betoniert
- glatt: die Oberfläche wurde abgezogen oder sie blieb nach dem Verdichten ohne weitere Behandlung
- rau: das Korngerüst ist mindestens 3 mm tief freigelegt, z. B. durch Rechen im Abstand von 40 mm erzeugt
- verzahnt: das Korngerüst ist mindestens 6 mm tief freigelegt oder entspricht den Angaben in DIN 1045-1, 10.3.6, Bild 35a)

In vielen Fällen wird die gesamte Druck- oder Zugkraft über die Fuge übertragen, dann beträgt die zu übertragende Schubkraft je Längeneinheit:

Es darf $z = 0{,}9d$ angenommen werden; ist die Verbundbewehrung gleichzeitig Querkraftbewehrung gilt $z \leq d - c_{nom,l} - 30$ mm.

$$v_{Ed} = \frac{V_{Ed}}{z} \qquad (12.1)$$

Die aufnehmbare Schubkraft in der Fuge setzt sich aus den Traganteilen der Adhäsion, der Reibung und der Bewehrung zusammen. Wenn die Fuge nicht überdrückt ist, ergibt sich die Tragfähigkeit aus:

DIN 1045-1, 10.3.6 (3)

$$v_{Rdj} = c_j \cdot f_{ctd} \cdot b + \mu \cdot \sigma_{Nd} \cdot b +$$
$$a_s \cdot f_{yd} \cdot (1{,}2\mu \cdot \sin \alpha + \cos \alpha) \qquad (12.2a)$$

mit:

c_j Rauigkeitsbeiwert nach Tabelle 12.1

Bei unterschiedlichen Festigkeitsklassen des 1. und 2. Betonierabschnitts ist der kleinere Wert maßgebend.

f_{ctd} Bemessungswert der Betonzugfestigkeit $f_{ctd} = f_{ctk;0,05} / \gamma_c$ mit $\gamma_c = 1{,}8$ für unbewehrten Beton

μ Reibungsbeiwert nach Tabelle 12.1

σ_{Nd} Normalspannung senkrecht zur Fuge (Betondruckspannung $\sigma_{Nd} < 0$)

b Breite der Fuge

a_s Querschnitt der die Fuge kreuzenden Bewehrung je Längeneinheit

α Winkel der die Fuge kreuzenden Bewehrung mit $45° \leq \alpha \leq 90°$

Tabelle 12.1: Beiwerte c_j, μ, v

Oberflächenbeschaffenheit	c_j	μ	v
verzahnt	0,5	0,9	0,7
rau	0,4	0,7	0,5
glatt	0,2	0,6	0,2
sehr glatt	0	0,5	0

Ohne Normalspannung senkrecht zur Fuge vereinfacht sich Gleichung (12.2a):

$$v_{Rdj} = c_j \cdot f_{ctd} \cdot b + a_s \cdot f_{yd} \cdot (1,2\mu \cdot \sin \alpha + \cos \alpha) \quad (12.2b)$$

Mit $v_{Rdj} = v_{Ed}$ ergibt sich die Verbundbewehrung:

$$a_s = \frac{v_{Ed} - c_j \cdot f_{ctd} \cdot b}{f_{yd} \cdot (1,2\mu \cdot \sin \alpha + \cos \alpha)} \quad (12.3)$$

Die maximal aufnehmbare Schubkraft in der Fuge beträgt:

$$v_{Rdj,max} = 0,5 \cdot v \cdot f_{cd} \cdot b \quad (12.4)$$

v ist ein Abminderungsbeiwert für die Betondruckfestigkeit, abhängig von der Oberflächenbeschaffenheit, Tab. 12.1

12.2 Elementplatte mit Ortbetonergänzung

Die in Bild 12.1 dargestellte Platte eines Bürogebäudes besteht aus einer 6 cm dicken vorgefertigten Elementplatte mit 16 cm Ortbetonergänzung. Die Geometrie und die Lasten entsprechen der in Abschnitt 6.2 nachgewiesenen Ortbetonplatte.

Die einbetonierten Gitterträger sorgen im Transport- und Montagezustand für die notwendige Steifigkeit und stellen für den Endzustand die Verbundbewehrung. Zweckmäßigerweise wird die Höhe der Gitterträger so gewählt, dass sie zugleich als Abstandshalter für die obere Bewehrung dienen, Bild 12.2.

Baustoffe

Beton   C25/30   Betonstahl BSt 500
                                               Gitterträger

Lasten

Gitterträger lt. allgemeiner bauaufsichtlicher Zulassung für Fertigplatten mit statisch mitwirkender Ortbetonschicht

$$g_k = 25 \, (0,06 + 0,16) + 1,5 = 7,0 \, \text{kN/m}^2$$

$$g_d = 1,35 \cdot 7,0 = 9,45 \, \text{kN/m}^2$$

$$q_k = 5,0 \, \text{kN/m}^2$$

$$q_d = 1,5 \cdot 5,0 = 7,5 \, \text{kN/m}^2$$

Teilsicherheitsbeiwert ständige Lasten
$\gamma_G = 1,35$
veränderliche Lasten
$\gamma_Q = 1,5$

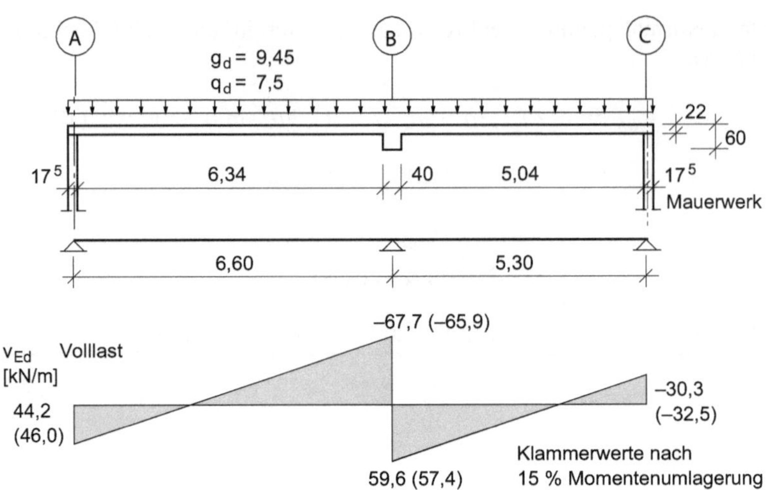

Bild 12.1:   Platte mit Ortbetonergänzung

Zu bearbeiten sind:

- Vergleich mit der Ortbetonplatte: Schnittgrößen und Bemessung für Biegung
- Nachweis der Schubkraftaufnahme

Schnittgrößen, Bemessung für Biegung

Die Schnittgrößen für die Zweifeldplatte werden von Abschnitt 6.2 übernommen, Bild 12.1.

Das Feldmoment wird von der Bewehrung in der Fertigplatte und von der Druckzone im Ortbeton aufgenommen. Die Untergurtstäbe der Gitterträger können auf die erforderliche Feldbewehrung angerechnet werden. Die Stützbewehrung liegt im Ortbeton, die zugehörige Druckzone in der Fertigplatte.

Die Betondeckung und die statische Nutzhöhe sind wie bei der Ortbetonplatte:

c_v = 2,0 cm

d = 18,6 cm

Damit kann die in Abschnitt 6.2 ermittelte Biegezugbewehrung übernommen werden; die höhere Betonfestigkeitsklasse vermindert nur unwesentlich den Stahlbedarf.

Nachweis der Schubkraftaufnahme

Der übliche Nachweis der Querkraftaufnahme ist in der Regel nicht extra erforderlich, weil der Nachweis der Schubkraftaufnahme in der Verbundfuge maßgebend wird. Die folgende Berechnung bezieht sich auf Abschnitt 12.1 und damit auf die Neuregelungen der DIN 1045-1 für Verbundfugen.

Herstellungsbedingt besteht die in die Fertigplatte eingelegte Bewehrung häufig aus Stabstahl.

Beachte: Nicht allen Zulassungen für Gitterträger liegt DIN 1045-1, Ausgabe 2008 zugrunde. Abweichende Ergebnisse für DIN 1045-1, Ausgabe 2001.

Die aufzunehmende Schubkraft in der Fuge beträgt:

$$v_{Ed} = V_{Ed}/z$$

V_{Ed} und v_{Ed} auf 1 m
Breite bezogen

Der innere Hebelarm darf mit $z = 0,9\, d$ angesetzt werden, wenn keine Querkraftbewehrung erforderlich ist, was für die meisten Platten des üblichen Hochbaus zutrifft, vergl. Nachweis in Abschnitt 6.2.

$$z = 0,9\, d = 0,9 \cdot 0,186\ \text{m}$$

Die Schubkraftübertragung in der Fuge hängt von der Oberflächenbeschaffenheit ab. Es wird – auf der sicheren Seite liegend – eine glatte Fuge angenommen. Dafür gelten die Beiwerte:

DIN 1045-1, 10.3.6;
vergl. Abschnitt 12.1,
Tab. 12.1

$c_j = 0,2$ Rauigkeitsbeiwert

$\mu = 0,6$ Reibungsbeiwert

$v = 0,2$ Beiwert Betondruckfestigkeit

Bemessungswert der aufnehmbaren Schubkraft in Fugen ohne Verbundbewehrung – Adhäsionsanteil – bezogen auf 1 m Breite:

$$v_{Rdj,ad} = c_j \cdot f_{ctd} \cdot b$$

$$f_{ctd} = f_{ctk;0,05} / \gamma_c \quad \text{mit } \gamma_c = 1,8$$

DIN 1045-1, 9.1,
Tab. 9

$$= 1,8\, /\, 1,8 = 1,0\ \text{N/mm}^2$$

$$v_{Rdj,ad} = 0,2 \cdot 1,0 \cdot 10^3$$

$$= 200\ \text{N/mm} = 200\ \text{kN/m}$$

Verbundbewehrung

$$a_s = \frac{v_{Ed} - c_j \cdot f_{ctd} \cdot b}{f_{yd} \cdot (1,2\,\mu \cdot \sin \alpha + \cos \alpha)}$$

$$= \frac{v_{Ed} - 200}{f_{yd} \cdot (1,2\,\mu \cdot \sin \alpha + \cos \alpha)}$$

α Neigung der Gitterträger-Diagonalen

Fertigungstechnisch beträgt der Abstand der Diagonalen $s_D = 20$ cm, d. h. mit zunehmender Höhe wächst der Neigungswinkel α. Außerdem ist die Krümmung der Diagonalen zu berücksichtigen, Bild 12.2.

$$\tan \alpha = \frac{14}{10-2} = 1,75 \quad \alpha = 60°$$

f_{yd} Bemessungswert der Stahlspannung der Diagonalen (glatter Stahl)

$$f_{yd} = 420/1,15 = 365\ \text{N/mm}^2 = 36,5\ \text{kN/cm}^2$$

Die maximal aufnehmbare Schubkraft in der Fuge beträgt:

$$v_{Rdj,max} = 0,5 \cdot v \cdot f_{cd} \cdot b$$

Die maximal aufnehmbare
Schubkraft ist bei Platten
unkritisch.

$$= 0{,}5 \cdot 0{,}2 \cdot 14{,}17 \cdot 10^3$$

$$= 1417 \text{ N/mm} = 1417 \text{ kN/m}$$

Die Verbundbewehrung ist in Tabelle 12.2 berechnet.

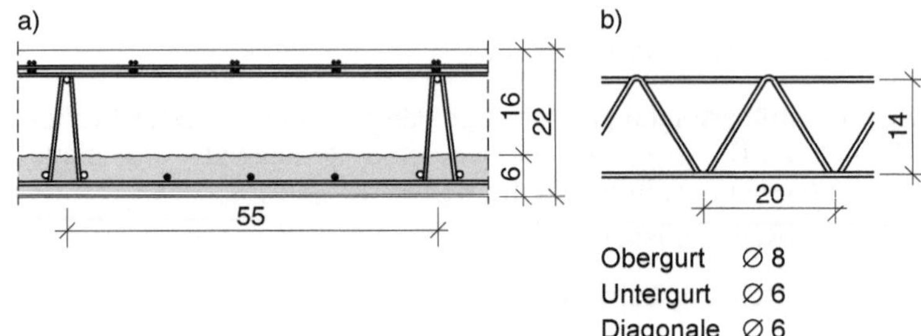

Bild 12.2:   Elementdecke
a) Deckenquerschnitt
b) Gitterträger

Tabelle 12.2:   Platte mit Ortbetonergänzung – Schubkraftaufnahme,
bezogen auf 1 m Breite –

Ort	V_{Ed}	v_{Ed}	a_s	gewählt
	kN	kN/m	cm^2/m	$\varnothing_D$-s_T: a_s [cm^2/m]
A	44,2	264	1,56	∅6–55: 5,15
B_l	67,7	404	4,98	∅6–55: 5,15
B_r	59,6	356	3,80	∅6–75*): 3,77
C	30,3	181	–	∅6–75*): 3,77

Abminderung der Quer-
kraft bis zum Auflager-
rand vernachlässigt, vergl.
Übungsaufgabe.

*) Maximalabstand s_T = 5 h ≤ 75 cm

Einzelschritte für Schnitt B_l

$$v_{Ed} = 67{,}7 \, / \, 0{,}9 \cdot 0{,}186 = 404 \text{ kN/m}$$

$$a_s = \frac{404 - 200}{36{,}5 \cdot (1{,}2 \cdot 0{,}6 \cdot 0{,}866 + 0{,}50)} = 4{,}98 \text{ cm}^2/\text{m}$$

gewählt: Gitterträger-Diagonalen $\varnothing_D$ = 6 mm, Abstand in Längsrichtung 20 cm, in Querrichtung s_T = 55 cm

$$a_{s,vorh} = \frac{2 \cdot 0{,}283}{0{,}20 \cdot 0{,}55} = 5{,}15 \text{ cm}^2/\text{m}$$

Die Feldbewehrung ragt aus der Fertigplatte mit der Anschlusslänge heraus. Die Fertigplatte kann auf dem Auflager aufliegen oder vor dem Auflager enden. Über der Fuge ist die Querbewehrung – $\geq 20\%$ der Längsbewehrung – zu stoßen.

vergl. Zulassung für Gitterträger

Platten des üblichen Hochbaus werden in der Regel für Momente mit 15% Momentenumlagerung bemessen. Damit verändern sich auch die Querkräfte – Verminderung an der 1. Innenstütze und Erhöhung am Endauflager. Im Rahmen der Übungsaufgabe ist die Schubkraftaufnahme nach Momentenumlagerung nachzuweisen und gleichzeitig sind die Querkräfte am Auflagerrand anzusetzen.

12.3 Balken mit Ortbetonergänzung

Der Plattenbalken in Achse B eines Bürogebäudes, Bild 12.3, besteht aus dem vorgefertigten Steg und der Platte aus Ortbeton (Variante 1) bzw. in Kombination mit vorgefertigten Elementplatten (Variante 2). Die Ermittlung der Lasten und der Schnittgrößen sowie die Bemessung für Biegung sind unabhängig vom Bauverfahren, dagegen tritt der Nachweis der Schubkraftaufnahme an die Stelle des Querkraftnachweises.

Baustoffe

Beton   C25/30   Betonstahl BSt 500 S

Lasten aus der Platte, vergl. Bild 12.3

Zu bearbeiten sind:
- Lastermittlung für den Balken, Ermittlung der Schnittgrößen
- Bemessung für Biegung
- Nachweis der Schubkraftaufnahme

Lastenermittlung, Schnittgrößen

Die Lasteinzugsfläche des Balkens ist durch die Querkraftnullpunkte der Platte begrenzt.

$$g_{k,\,Platte} = 25 \cdot 0,22 + 1,5 = 7,0 \, \text{kN/m}^2$$
$$g_{k,Balken} = 7,0 \, (3,99 + 3,52) \qquad = \quad 52,6 \, \text{kN/m}$$
$$g_{k,Steg} = 25 \cdot 0,4 \, (0,60 - 0,22) \quad = \quad \underline{3,8 \, \text{kN/m}}$$
$$56,4 \, \text{kN/m}$$

Ausbaulast
$\Delta g_k = 1,5 \, \text{kN/m}^2$

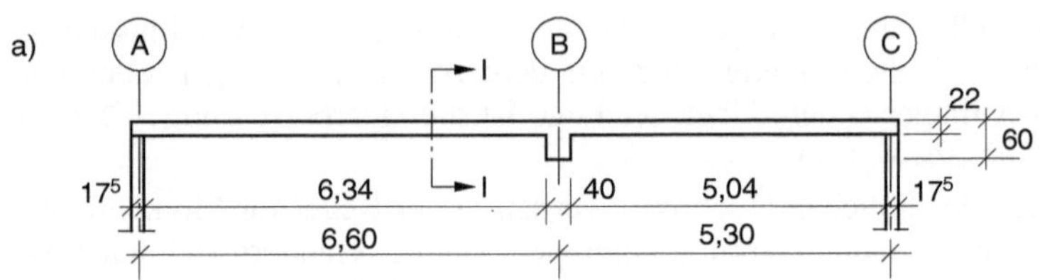

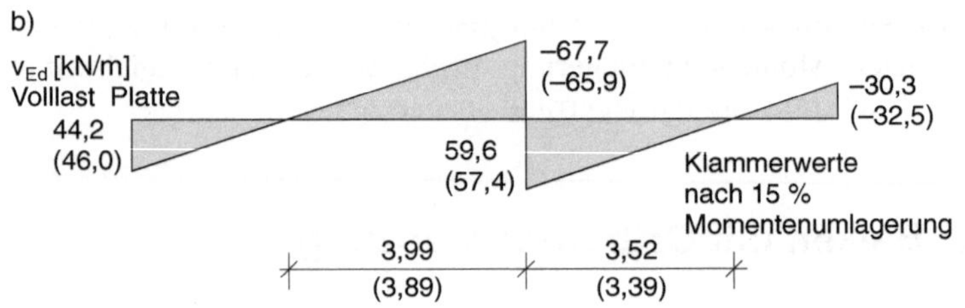

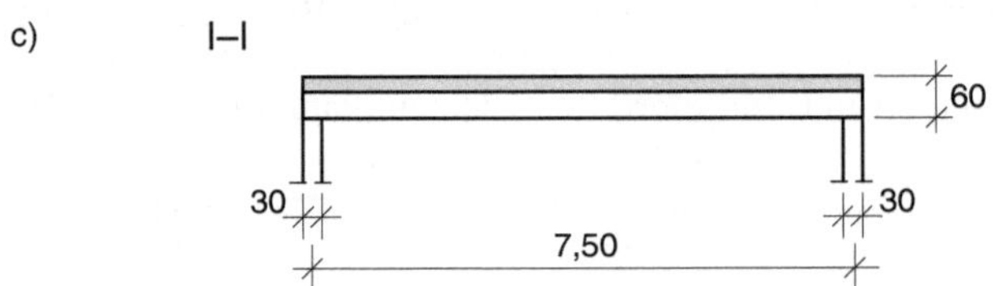

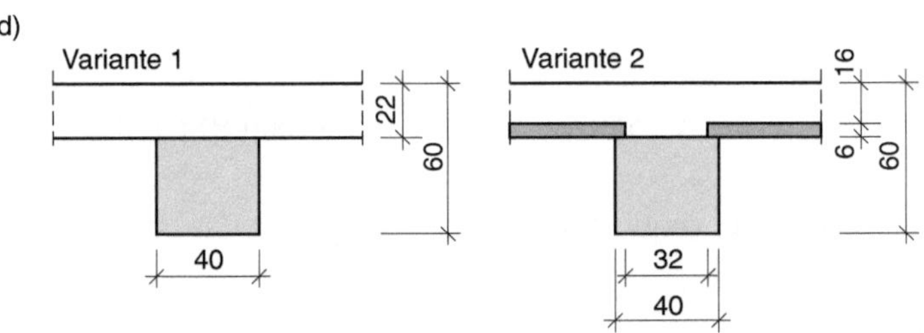

Bild 12.3: Plattenbalken mit Ortbetonergänzung
  a) Querschnitt
  b) Platte – Querkräfte
  c) Längsschnitt
  d) Ausführungsvarianten

DIN 1055-3, Tab. 1:
Flächen in Bürogebäuden
sind der Kategorie B
zugeordnet.

$$q_k = 5,0 \ \text{kN/m}^2$$

DIN 1055-3,
6.1 (5) und (6)

Für die Weiterleitung der Lasten auf sekundäre Tragglieder – Unterzüge, Stützen, Gründungen usw. – dürfen die Nutzlasten der Platte abgemindert werden. Der Abminderungsbeiwert α_A für die Kategorie A, B und Z beträgt:

$$\alpha_A = 0,5 + \frac{10}{A} \le 1,0$$

A Einzugsfläche des Balkens Achse B

$$A = (3,99 + 3,52)\cdot 7,50 = 56,3 \ \text{m}^2$$

$$\alpha_A = 0,5 + \frac{10}{56,3} = 0,68$$

$$q_{k,Balken} = 0,68 \cdot 5,0 \cdot (3,99 + 3,52) = 25,5 \text{ kN/m}$$

Bemessungslasten, Schnittgrößen

$$
\begin{aligned}
g_d &= 1,35 \cdot 56,4 &=& \quad 76,1 \text{ kN/m} \\
q_d &= 1,5 \cdot 25,5 &=& \quad \underline{38,3 \text{ kN/m}} \\
g_d + q_d & &=& \quad 114,4 \text{ kN/m}
\end{aligned}
$$

Teilsicherheitsbeiwert ständige Lasten $\gamma_G = 1,35$ veränderliche Lasten $\gamma_Q = 1,5$

$$M_{Ed} = 114,4 \, \frac{7,5^2}{8} = 804 \text{ kNm} \qquad \text{Feldmitte}$$

$$V_{Ed} = 114,4 \, \frac{7,5}{2} = 429 \text{ kN} \qquad \text{Auflagerachse}$$

Bemessung für Biegung

XC1   (W0)   C16/20   gewählt   C25/30

Betondeckung

DIN 1045-1, 6.2, Tab. 3; vergl. Anhang Tafel A7

Bügel $c_{min} = 10$ mm

$\geq d_{s,bü} = 12$ mm

Längsstab $c_{min} = d_s = 28$ mm

$\Delta c = 10$ mm

$c_{nom,l} = 28 + 10 = 38$ mm

DIN 1045-1, 6.3, Tab. 4; vergl. Anhang Tafel A8

Verlegemaß $c_v = 38 - 12 = 26$ mm   gewählt $c_v = 30$ mm

Nutzhöhe $d = 60 - 3,0 - 1,2 - 2,8/2 = 54,5$ cm

Mitwirkende Plattenbreite

$$b_{eff} = \sum b_{eff,i} + b_w$$

DIN 1045-1, 7.3.1; vergl. Abschnitt 7.1

$$b_{eff,i} = 0,2 h_i + 0,1 l_0 \qquad \leq 0,2 l_0 \quad \leq b_i$$

$$l_0 = l_{eff} = 7,50 \text{ m} \qquad \text{wirksame Stützweite, Einfeldbalken}$$

$$b_1 = 6,34 / 2 = 3,17 \text{ m tatsächlich vorhandene Gurtbreite}$$

$$b_2 = 5,04 / 2 = 2,52 \text{ m}$$

$$b_w = 0,40 \text{ m} \qquad \text{Stegbreite}$$

$$b_{eff,1} = 0,2 \cdot 3,17 + 0,1 \cdot 7,50 = 1,38 \text{ m}$$

$$< 0,2\, l_0 = 0,2 \cdot 7,50 = 1,50 \text{ m}$$

$$< b_1 = 3,17 \text{ m}$$

$$b_{eff,2} = 0,2 \cdot 2,52 + 0,1 \cdot 7,50 = 1,25 \text{ m}$$

$$< 0,2\, l_0 = 1,50 \text{ m}$$

$$< b_2 = 2,52 \text{ m}$$

$$b_{eff} = 1,38 + 1,25 + 0,40 = 3,03 \text{ m}$$

Angenommen wird ein Rechteckquerschnitt mit der Breite b_{eff}

Anhang Tafel A3

$$k_d = \frac{d\,[\text{cm}]}{\sqrt{\dfrac{M\,[\text{kNm}]}{b\,[\text{m}]}}}$$

$$A_s = k_s \frac{M\,[\text{kNm}]}{d\,[\text{cm}]}$$

$$k_d = \frac{54,5}{\sqrt{\dfrac{804}{3,03}}} = 3,35$$

$$k_s = 2,29 \qquad \xi = x/d = 0,11$$

$$x = 0,11 \cdot 54,5 = 6,0 \text{ cm}$$

Die Druckzone ist in der Platte, und zwar vollständig in der Ortbetonergänzung. Damit erübrigt es sich, die Fugen der Elementplatten (Querrichtung) kraftschlüssig zu schließen.

$$A_s = 2,29 \frac{804}{54,5} = 33,8 \text{ cm}^2$$

6Ø28 passen in eine Lage, Tab. s. [8]

gewählt 6Ø28 = 37,0 cm^2

Nachweis der Schubkraftaufnahme

Aufzunehmende Schubkraft

Es darf die Querkraft im Abstand d_{Ft} – Höhe des Fertigteils – vom Auflagerrand zugrunde gelegt werden, vergl. Übungsaufgabe.

$$v_{Ed} = V_{Ed}/z$$

$$V_{Ed,red} = 429 - 114,4 \cdot 0,30/2 = 412 \text{ kN}$$

Querkraft am Rand der Unterstützung

DIN 1045-1, 10.3.6 (2): Wenn die Verbundbewehrung gleichzeitig Querkraftbewehrung ist, gilt $z \le d - c_{nom,l} - 30$ mm. $c_{nom,l}$ bezieht sich auf die Längsstäbe in der Druckzone, über denen 2 Lagen Betonstahlmatten liegen.

$$z = 0,9\,d = 0,9 \cdot 54,5 = 49,0 \text{ cm}$$

$$\le d - c_{nom,l} - 30\,\text{mm} = 54,5 - 4,0 - 3,0 = 47,5 \text{ cm}$$

maßgebend

$$v_{Ed} = 412 / 0,475 = 867 \text{ kN/m}$$

Variante 1: Ortbetonplatte, Bild 12.3d)

Angenommen wird eine raue Fuge:

$c_j = 0,4$ Rauigkeitsbeiwert

$\mu = 0,7$ Reibungsbeiwert

$v = 0,5$ Beiwert Druckfestigkeit

$$f_{ctd} = f_{ctk;0,05} / \gamma_c$$

$$= 1,8 / 1,8 = 1,0 \text{ N/mm}^2$$

Aus Gleichung (12.3) ergibt sich die Verbundbewehrung:

$$a_s = \frac{v_{Ed} - c_j \cdot f_{ctd} \cdot b}{f_{yd} \cdot (1,2\mu \cdot \sin \alpha + \cos \alpha)}$$

$$= \frac{867 - 0,4 \cdot 1,0 \cdot 400}{43,5 \cdot 1,2 \cdot 0,7 \cdot 1,0} = 19,3 \text{ cm}^2/\text{m}$$

Anteil Adhäsion am Tragwiderstand

$$v_{Rdj,ad} = c_j \cdot f_{ctd} \cdot b$$

$$= 0,4 \cdot 1,0 \cdot 400 = 160 \text{ N/mm} = 160 \text{ kN/m}$$

maximal aufnehmbare Schubkraft

$$v_{Rdj,max} = 0,5 \cdot v \cdot f_{cd} \cdot b$$

$$= 0,5 \cdot 0,5 \cdot 14,17 \cdot 400 = 1417 \text{ N/mm} = 1417 \text{ kN/m}$$

Das entspricht einer aufnehmbaren Querkraft:

$$V_{Rd,max} = v_{rdj,max} \cdot z$$

$$1417 \cdot 0,475 = 673 \text{ kN}$$

$$V_{Ed} / V_{Rd,max} = 412 / 673 = 0,61 > 0,6$$

Maximaler Bügelabstand

$$s_{max} = 0,25h = 0,25 \cdot 600 = 150 \text{ mm}$$

$$< 200 \text{ mm}$$

gewählt: Bügel Ø12-10 = 22,6 cm²/m

größerer Abstand zur Feldmitte

DIN 1045-1, 10.3.6;
vergl. Abschnitt 12.1,
Tab. 12.1

Gleiche Festigkeitsklasse
für Steg und Platte C25/30

Es ist zweckmäßig $f_{yd} =$
43,5 kN/cm² zu setzen,
dann ergibt sich a_s in
cm²/m.

Für die Verbundbewehrung gelten die gleichen
Konstruktionsregeln wie
für die Querkraftbewehrung:
DIN 1045-1, 13.2.3;
vergl. Abschnitt 5.2

Variante 2: Elementplatte mit Ortbetonergänzung, Bild 12.3 d)

Breite der Anschlussfuge $b = 0,32$ m

$$a_s = \frac{867 - 0,32 \cdot 1,0 \cdot 400}{43,5 \cdot 1,2 \cdot 0,7 \cdot 1,0} = 20,2 \ \text{cm}^2/\text{m}$$

$$v_{Rdj,max} \quad = 0,5 \cdot 0,5 \cdot 14,17 \cdot 320 = 1134 \ \text{kN/m}$$

$$V_{Rd,max} \quad = 1134 \cdot 0,475 = 539 \ \text{kN}$$

$$V_{Ed}/V_{Rd,max} = 412/539 = 0,76 > 0,6$$

Maximaler Bügelabstand unverändert $s_{max} = 15$ cm

Damit unterscheidet sich die Verbundbewehrung nur wenig von Variante 1.

Es ist zweckmäßig, die Bügel zur Feldmitte abzustufen.

Nachweis im Viertelspunkt der Spannweite

$$V_{Ed} = 429 - 114,4 \ (7,50 \ / \ 4) = 215 \ \text{kN}$$

$$v_{Ed} = 215 \ / \ 0,475 = 453 \ \text{kN/m}$$

$$a_s = \frac{453 - 0,32 \cdot 1,0 \cdot 400}{43,5 \cdot 1,2 \cdot 0,7 \cdot 1,0} = 8,9 \ \text{cm}^2/\text{m}$$

gewählt: Bügel Ø12-20 = 11,3 cm²/m

Die Ausführung Fertigteilsteg mit Ortbetonergänzung erfordert deutlich mehr Bügel als die reine Ortbetonlösung, vergl. Übungsaufgabe.

13 Fertigteile – Konsole, ausgeklinktes Trägerende

Im Fertigteilbau sind die Balken in der Regel Einfeldträger und die Stützen laufen über mehrere Geschosse durch. Die Balkenlasten werden über Konsolen in die Stütze eingeleitet. Häufig werden Balken am Ende ausgeschnitten – üblich ist der Begriff „ausgeklinktes Trägerende", damit die lichte Raumhöhe nicht durch die Konsole eingeschränkt wird. Die Kraftübertragung vom Balken in die Stütze lässt sich mit Hilfe eines Stabwerkmodells anschaulich nachweisen. Die Hauptaufgabe besteht darin, die erforderliche Bewehrung konstruktiv sinnvoll anzuordnen und ausreichend zu verankern.

Nachgewiesen wird die Stützenkonsole – Abschnitt 13.1 – und das ausgeklinkte Trägerende – Abschnitt 13.2 – des in Bild 13.1 dargestellten Knotenpunktes.

13.1 Konsole

Der dargestellte Knotenpunkt einer Fertigteilhalle – Außenluft hat Zugang – überträgt die Lasten des Balkens auf die Stütze, Bild 13.1. Zwischengeschaltet ist ein Elastomerlager.

Baustoffe

Beton   C40/50   Betonstahl BSt 500 S

Lasten $F_{Ed} = 400$ kN

$H_{Ed} = 0{,}1\, F_{Ed} = 40$ kN

zur Erfassung von Zwängungskräften/Rückstellkraft des Lagers

Zu bearbeiten sind:
- Festlegung der Expositionsklassen, Mindestbetonfestigkeitsklasse, Betondeckung
- Bemessung der Konsole
- Nachweis der Verankerung
- Nachweis des Lagers
- Darstellung der Bewehrung

Unbewehrte Elastomerlager gleichen Unebenheiten aus, begrenzen die Belastungsfläche und ermöglichen Auflagerverdrehungen des Balkens.

Die hohe Betondruckfestigkeit ergibt sich in der Regel aus der herstellungsbedingten Frühfestigkeit des Betons.

Häufig wird $H = 0{,}2\, V$ vorgeschlagen, bei Elastomerlagern ist die Rückstellkraft in der Regel kleiner.

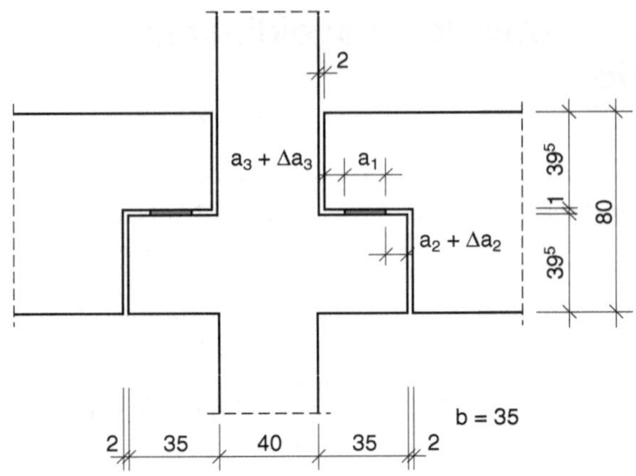

Bild 13.1:   Stützenkonsole und ausgeklinktes Trägerende

Expositionsklassen, Mindestfestigkeitsklasse, Betondeckung

DIN 1045-1, 6.2, Tab. 3;
vergl. Anhang Tafel A7

XC3   C20/25   Bewehrungskorrosion

XF1   C25/30   (W0)   Frostangriff

DIN 1045-1, 6.3, Tab. 4;
vergl. Anhang Tafel A8

Die gewählte Betonfestigkeit ist mehr als 2 Festigkeitsklassen höher, deshalb darf die Mindestbetondeckung um 5 mm vermindert werden.

$$c_{min} = 20-5 = 15\,\text{mm} \geq d_s = 8\,\text{mm}$$

angenommen Bügel Ø8
Schlaufen Ø12

$c_v = 30$ mm ist auch ausreichend für die Stützenbewehrung Ø28 und Bügel $\geq$ Ø8:

$$\Delta c = 15\,\text{mm}$$

$$c_v = 15+15 = 30\,\text{mm}$$

$$\begin{aligned}c_{nom,l} &= d_{sl} + \Delta c \\ &= 28 + 10 \\ &= 38\,\text{mm}\end{aligned}$$

$\Delta c = 10$ mm für Verbundsicherung

$$\begin{aligned}c_v &= c_{nom,l} - d_{sbü} \\ &= 38 - 8 = 30\,\text{mm}\end{aligned}$$

Bemessung der Konsole

Die Bemessung von Stahlbetonkonsolen erfolgt mit Hilfe eines Stabwerkmodells, das aus einer geneigten Betondruckstrebe und einem horizontalen Zuggurt besteht. Der obere Knotenpunkt ist durch die Krafteinleitung gegeben; der untere Knotenpunkt liegt in der Stütze, der Abstand vom Stützenrand ist lastabhängig. Bei hoher Beanspruchung liegt der Knotenpunkt weiter in der Stütze, demzufolge ist die Druckstrebe flacher geneigt und der innere Hebelarm z_0 bezogen auf den Stützenrand kleiner, Bild 13.2.

Nutzhöhe, vergl. Bild 13.3

$$d = 39{,}5 - 3{,}0 - 0{,}8 - 1{,}2 = 34{,}5\,\text{cm}$$

angenommen 4 Schlaufen Ø12 in 2 Lagen, Bügel Ø8

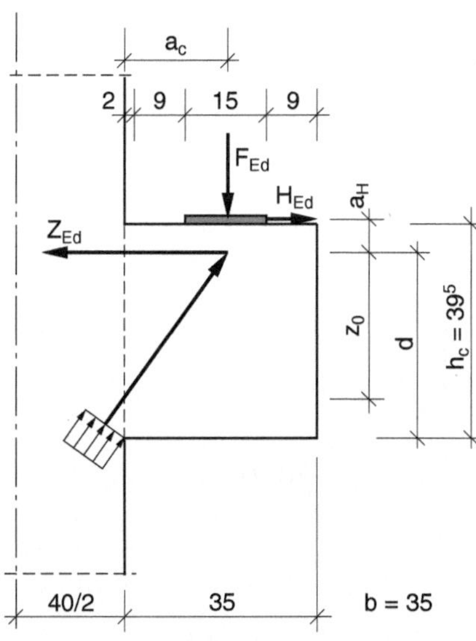

Bild 13.2: Konsole – Stabwerkmodell

Hebelarm Vertikalkraft

$$a_c = 2 + 9 + 15/2 = 18,5 \text{ cm}$$

Hebelarm Horizontalkraft, bezogen auf Schwerpunkt Zuggurt

$$a_H = 39,5 - 34,5 + 1,0/2 = 5,5 \text{ cm}$$

Im Folgenden wird das in Heft 525 DAfStb beschriebene Bemessungsverfahren zugrunde gelegt.

Die Begrenzung der mittleren Betonspannung in der Druckstrebe bzw. im Knoten erfolgt durch den Nachweis für die Querkraft der Konsole.

Heft 525 DAfStb:
Hegger, Roeser: Zur Ausbildung von Knoten. Aufbau der Gleichungen gemäß EC2

$$V_{Ed} = F_{Ed} \leq V_{Rd,max} = 0,5\,v \cdot b \cdot z \cdot f_{cd}$$

$$v \geq (0,7 - f_{ck}/200) \geq 0,5$$

$$= (0,7 - 40/200) = 0,5$$

$$f_{cd} = f_{ck}/\gamma_c$$

$$= 40/1,5 = 26,67 \text{ N/mm}^2$$

Dauerstandsbeiwert α ist in o. g. Gleichung enthalten

$$z = 0,9\,d \quad \text{abweichend von } z_0 \text{, s. u.}$$

$$= 0,9 \cdot 0,345 = 0,311\,\text{m}$$

$$V_{Rd,max} = 0,5 \cdot 0,5 \cdot 0,35 \cdot 0,311 \cdot 26,67 \cdot 10^3 = 726\,\text{kN}$$

Die Lage der Druckstrebe bzw. der innere Hebelarm bezogen auf den Stützenrand folgt aus:

$$z_0 = d\left(1 - 0,4\,\frac{V_{Ed}}{V_{Rd,max}}\right)$$

$$= d\left(1 - 0,4\,\frac{400}{726}\right) = 0,78\,d = 26,9\,\text{cm}$$

Zuggurtkraft

$$Z_{Ed} = F_{Ed}\,\frac{a_c}{z_0} + H_{Ed}\,\frac{a_H + z_0}{z_0}$$

$$= 400\,\frac{18,5}{26,9} + 40\,\frac{5,5 + 26,9}{26,9} = 275 + 48 = 323\,\text{kN}$$

$f_{yd} = f_{yk}/\gamma_s = 500/1,15$
$\quad = 435\,\text{N/mm}^2$
$\quad = 43,5\,\text{kN/cm}^2$

$$A_s = Z_{Ed}\,/\,f_{yd}$$

$$= 323\,/\,43,5 = 7,5\,\text{cm}^2$$

gewählt 4 Schlaufen Ø12: 9,1 cm^2

Heft 525 DAfStb:
Hegger, Roeser: Zur
Ausbildung von Knoten,
Bild 8 – Kräfteverlauf und
Bewehrungsführung

Der Kräfteverlauf kann vom reinen Stabwerkmodell abweichen, dadurch können weitere Horizontalkräfte unterhalb des Zuggurts entstehen.

Für $a_c\,/\,h = 18,5\,/\,39,5 = 0,47 < 0,5$ sind erforderlich:

horizontale Bügel $\geq 0,5\,A_s = 0,5 \cdot 7,5 = 3,8\,\text{cm}^2$

gewählt 3 horizontale Bügel/Schlaufen Ø10: 4,7 cm^2

Verankerungslängen

Verankerung der Schlaufen in der Konsole – Bild 13.3, Pos. 1 –

DIN 1045-1, 12.6.2;
vergl. Abschnitt 5.1

$$l_{b,net} = \alpha_a \cdot l_b \cdot \frac{A_{s,erf}}{A_{s,vorh}} \geq 0,3\,\alpha_a \cdot l_b \geq 10\,d_s$$

$$\alpha_a = 0,7 \qquad \text{Schlaufe}$$

DIN 1045-1,
12.4 (2): liegend her-
gestelltes Fertigteil

$$l_b = 35\,\text{cm} \qquad \text{guter Verbundbereich Ø12}$$

$$l_{b,net} = 0,7 \cdot 35 \cdot (7,5\,/\,9,1) = 20,2\,\text{cm}$$

Aufgrund der Querpressung durch das Lager und der direkten Weiterleitung der Kraft über die Druckstrebe in die Stütze kann die Verankerungslänge wie bei einem Endauflager mit direkter Lagerung berechnet werden.

$$l_{b,dir} = (2/3)\, l_{b,net} \geq 6\, d_s$$

$$= (2/3)\, 20,2 = 13,5\,\text{cm}$$

$$\geq 6 \cdot 1,2 = 7,2\,\text{cm}$$

DIN 1045-1, 13.2.2;
vergl. Abschnitt 5.2

Die vorhandene Verankerungslänge beträgt $15 + 9 - 3 = 21$ cm, Bild 13.3.

Lager

unbewehrtes Elastomerlager, Lagergröße

$$A = F_{Ed} / f_{Rd} = 400/1 = 400\,\text{cm}^2$$

gewählt $a_1 = 15$ cm $\quad b_1 = 27$ cm $\quad A = 405\,\text{cm}^2$

vergl. Prüfzeugnis
Hersteller
$f_{Rd} = 10\,\text{N/mm}^2$
$= 1\,\text{kN/cm}^2$

Abstand von der seitlichen Bauteilkante 4,0 cm $> c_v = 3,0$ cm

Abstand zur vorderen und hinteren Bauteilkante

$$a_2 = a_3 > c_v = 3,0\ \text{cm}$$

Zusätzlich sind Herstellungs- und Montagetoleranzen zu berücksichtigen.

Heft 525 DAfStb:
Erläuterungen zu
DIN 1045-1, 13.8.4 Lagerungsbereiche. Beachte
[6] Druckfehlerberichtigung: $\Delta a_2 = l/1200$

Grenzabmaß für Abstand der stützenden Bauteile

$$\Delta a_2 = 10 \leq l/1200 \leq 30\,\text{mm}$$

Grenzabmaß für die Länge l_n des gestützten Bauteils

$$\Delta a_3 = l_n / 2500$$

Angenommen Stützenabstand $l = 8,00$ m

$$\text{Balkenlänge}\ l_n = 8,00 - (0,40 + 2 \cdot 0,02) = 7,56\,\text{m}$$

$$\Delta a_2 = 800/1200 = 0,7\,\text{cm} \quad \text{maßgebend} \quad 10\,\text{mm}$$

$$\Delta a_3 = 756/2500 = 0,3\,\text{cm}$$

Der vorhandene Randabstand nach vorne und hinten beträgt 9 cm, Bild 13.2 und 13.3.

Bewehrungsführung

Bild 13.3 enthält einen Vorschlag für die Anordnung der Bewehrung. Es wird angenommen, dass die Hälfte der Konsollast ständig wirkt, und zwar beidseitig der Stütze. Somit können 2 Schlaufen – Pos. 1 – von der linken zur rechten Konsole durchgeführt werden. Jeweils ein Schenkel ist mit $l_s = 1,4 \cdot 35\,(7,5\,/\,9,1) = 40$ cm zu stoßen.

DIN 1045-1, 12.8.2;
vergl. Abschnitt 5.1,
Tab. 5.1: $\alpha_1 = 1,4$

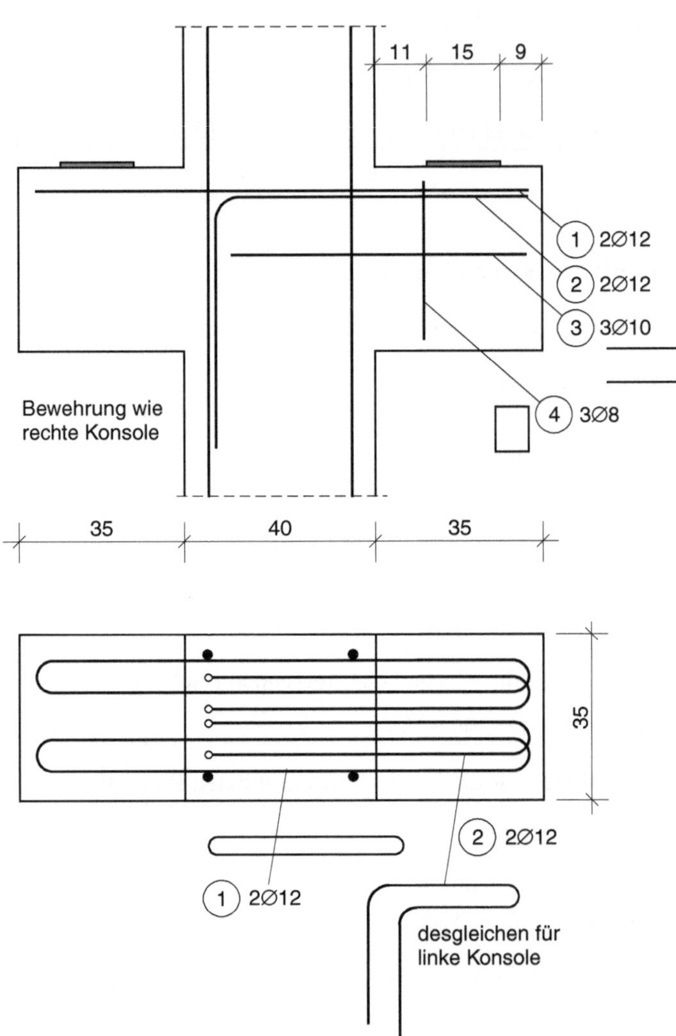

Bild 13.3: Konsole – Bewehrung

Der veränderliche Lastanteil wird einseitig angesetzt und erzeugt ein Biegemoment in der Stütze. Für die Krafteinleitung werden 2 Schlaufen – Pos. 2 – lotrecht in die Stütze abgebogen. Zur besseren Übersicht sind nur die abgebogenen Schlaufen der rechten Konsole in Bild 13.3 dargestellt. Die horizontalen Bügel – Pos. 3 – werden zweckmäßigerweise von jeder Seite als Steckbügel eingeschoben.

Bei Konsolen ist anhand einer sorgfältigen Bewehrungsskizze immer zu überprüfen, ob sich das gewählte Stabwerkmodell einstellen kann, vergl. Übungsaufgabe.

13.2 Ausgeklinktes Trägerende

Die Konsole und das Balkenende sind geometrisch aufeinander abgestimmt, Bild 13.1.

Baustoffe

Beton   C40/50   Betonstahl BSt 500 S

Lasten $F_{Ed} = 400$ kN   vergl. Abschnitt 13.1

          $H_{Ed} = 0,1\ F_{Ed} = 40$ kN

Zu bearbeiten sind:

- Bemessung des ausgeklinkten Trägerendes
- Nachweis der Verankerung
- Darstellung der Bewehrung

Bemessung des ausgeklinkten Trägerendes

Ausgehend von Stäben $\varnothing 12$ gilt wie bei der Konsole $c_v = 30$ mm.   vergl. Abschnitt 13.1

Die Bemessung ausgeklinkter Trägerenden erfolgt mit Hilfe eines Stabwerkmodells, Bild 13.4. Die Vertikalkomponente der schrägen Druckstrebe des Balkens – entspricht der Querkraft – muss hochgeführt werden, damit sie wie beim Stabwerkmodell der Konsole ins Lager geführt werden kann. Beim gewählten Stabwerkmodell besteht die Aufhängebewehrung aus lotrechten Bügeln – alternativ können geneigte Schlaufen oder eine Kombination von geneigten Schlaufen und lotrechten Bügeln gewählt werden. Die Aufhängebewehrung ist für die volle Kraft F_{Ed} zu bemessen.

vergl. Schlaich, J., Schäfer, K.: Konstruieren im Stahlbetonbau. Betonkalender 2001, Teil II

$$A_{sv} = 400 / 43,5 = 9,2\ \text{cm}^2$$

gewählt 5 Bügel $\varnothing 12$: 11,3 cm^2

Abstand 5 cm vom Rand, 5 cm untereinander, Bild 13.4

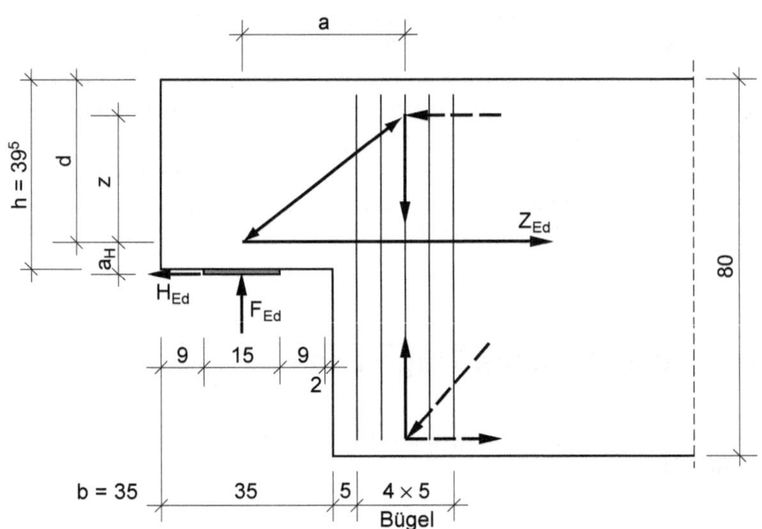

Bild 13.4: Ausgeklinktes Trägende – Stabwerkmodell

Nutzhöhe, vergl. Bild 13.5

$$d = 39,5-3,0-1,0-1,2-\approx 1,0 = 33,3\,\text{cm}$$

angenommen Bügel Ø10, 6 Schlaufen Ø12 in 3 Lagen mit zusätzlichem Abstandhalter, damit der lichte Abstand ≥ 2 cm eingehalten ist.

Der obere Knoten des Stabwerks befindet sich im Schwerpunkt der Aufhängebewehrung, d. h. $5 + 2 \cdot 5 = 15$ cm vom Ende des 80 cm hohen Balkens, Bild 13.4.

Hebelarm Vertikalkraft

$$a = 15/2+9+2+15 = 33,5\,\text{cm}$$

Hebelarm Horizontalkraft

$$a_H = 39,5-33,3+1,0/2 = 6,7\,\text{cm}$$

DIN 1045-1, 10.3.4 (2): Hebelarmbegrenzung, damit die Druckstrebe durch Bügel umschlossen ist.

$c_{nom,l}$ ist die Betondeckung der Längsbewehrung in der Druckzone, Bügel Ø12 der Aufhängebewehrung

Der innere Hebelarm wird analog zur Querkraftbemessung gewählt:

$$z = d-c_{nom,l}-30\,\text{mm}$$

$$= 33,3-(3,0+1,2)-3,0 = 26,1\,\text{cm}$$

Zuggurtkraft

$$Z_{Ed} = F_{Ed}\,\frac{a}{z} + H_{Ed}\,\frac{a_H + z}{z}$$

$$= 400\,\frac{33,5}{26,1} + 40\,\frac{6,7+26,1}{26,1} = 513+50 = 563\,\text{kN}$$

vergl. Abschnitt 13.1

$$A_s = 563/43,5 = 13,0\,\text{cm}^2$$

gewählt 6 Schlaufen Ø12: 13,6 cm^2

Zur Abdeckung von Kräften, die infolge der Abweichung vom reinen Streben-Zuggurtmodell entstehen können, werden zusätzlich

3 horizontale Bügel/Schlaufen Ø10: 4,7 cm^2 und

3 lotrechte Bügel Ø10: 4,7 cm^2 eingebaut.

Die Tragfähigkeit der Druckstrebe wird wie bei der Querkraftbemessung überprüft.

DIN 1045-1, 10.3.4; vergl. Abschnitt 4.2.3: maximale Querkrafttragfähigkeit θ Druckstrebenwinkel $\alpha_c = 0,75$

$$V_{Rd,max} = \frac{b_w \cdot z \cdot \alpha_c \cdot f_{cd}}{\cot\theta + \tan\theta}$$

$$\cot\theta = a/z = 33,5/26,1 = 1,28$$

$$V_{Rd,max} = \frac{0,35 \cdot 0,261 \cdot 0,75 \cdot 22,67}{1,28 + 1/1,28}\,10^3 = 752\,\text{kN}$$

$$> V_{Ed} = F_{Ed} = 400\,\text{kN}$$

Verankerungslängen

Verankerung der Schlaufen Ø12 im auskragenden Balkenende – Bild 13.5, Pos. 2 – analog Schlaufen in der Konsole

$$l_{b,net} = 0,7 \cdot 35\,(13,0/13,6) = 23,4\,\text{cm}$$

$$l_{b,dir} = (2/3)\,23,4 = 15,6\,\text{cm}$$

$$< 15+9-3 = 21\,\text{cm} \qquad \text{Bild 13.5}$$

guter Verbundbereich, $\alpha_a = 0,7$ Schlaufe direktes Auflager angenommen wegen Querpressung im Lagerbereich

Bei kurzen Auflagern ist die Verankerungslänge der Zugbewehrung entscheidend für die Kraftübertragung, vergl. Übungsaufgabe.

Die Aufhängebewehrung – 5 Bügel, $s = 5$ cm – bildet das Auflager für die unten liegende Balkenbewehrung. Die vorhandene Verankerungslänge von 20 cm ist zu kurz für die Balkenbewehrung, so dass die Kraft des fiktiven Endauflagers von dünnen Stäben aufgenommen werden muss.

Annahme Ø25 oder Ø28

DIN 1045-1, 13.2.2;
vergl. Abschnitt 5.2:
Verankerung der Beweh-
rung am Endauflager

$$F_{sd} = V_{Ed} \, \frac{a_l}{z}$$

$$a_l = (z/2) \cot\theta \qquad \text{Versatzmaß}$$

bei hochbeanspruchten
Balken ist in der Regel
$\cot\theta < 2{,}0$

gewählt $\quad \cot\theta = 2{,}0$

$$F_{sd} = V_{Ed} = 400 \, \text{kN}$$

$$A_s = V_{Ed} / \sigma_{sd} = 400/43{,}5 = 9{,}2 \, \text{cm}^2$$

gewählt $\quad$ 6 Schlaufen $\varnothing 10$: 9,4 cm^2 $\qquad$ Pos. 5

guter Verbundbereich
$\alpha_a = 0{,}7$ Schlaufe

$$l_{b,net} = 0{,}7 \cdot 29 \, (9{,}2/9{,}4) = 19{,}9 \, \text{cm}$$

$$\geq 10 \, d_s = 10 \, \text{cm}$$

Verankerungslänge bei
indirekter Auflagerung

$$l_{b,ind} = l_{b,net} = 19{,}9 \, \text{cm}$$

$$< 20 \, \text{cm} \qquad \text{vorhanden}$$

Die Schlaufen sind mit der vorhandenen Balkenbewehrung außerhalb
des Verankerungsbereichs zu stoßen.

DIN 1045-1, 12.8.2;
vergl. Abschnitt 5.1:
Übergreifungslänge

$$l_s = \alpha_1 \cdot l_{b,net}$$

$$l_{b,net} = \alpha_a \cdot l_b \, (A_{s,erf} / A_{s,vorh})$$

$$\alpha_a = 1{,}0 \qquad \text{Stoß mit geraden Stabenden}$$

$$\alpha_1 = 1{,}4 \qquad d_s < 16 \, \text{mm, Stoßanteil} > 33 \, \%$$

$$l_s = 1{,}0 \cdot 1{,}4 \cdot 29 \, (9{,}2/9{,}4) = 40 \, \text{cm}$$

Bewehrungsführung

Bild 13.5 stellt die Bewehrung am Balkenende dar, zur besseren
Übersicht ohne die übrige Balkenbewehrung. Die Knotenpunkte von
Fertigteilen sind in der Regel eng bewehrt, der lichte Stababstand
beträgt häufig nur 2 cm. Demzufolge ist das Größtkorn auf 16 mm zu
begrenzen, was auf dem Bewehrungsplan anzugeben ist.

DIN 1045-1, 12.2 (2)

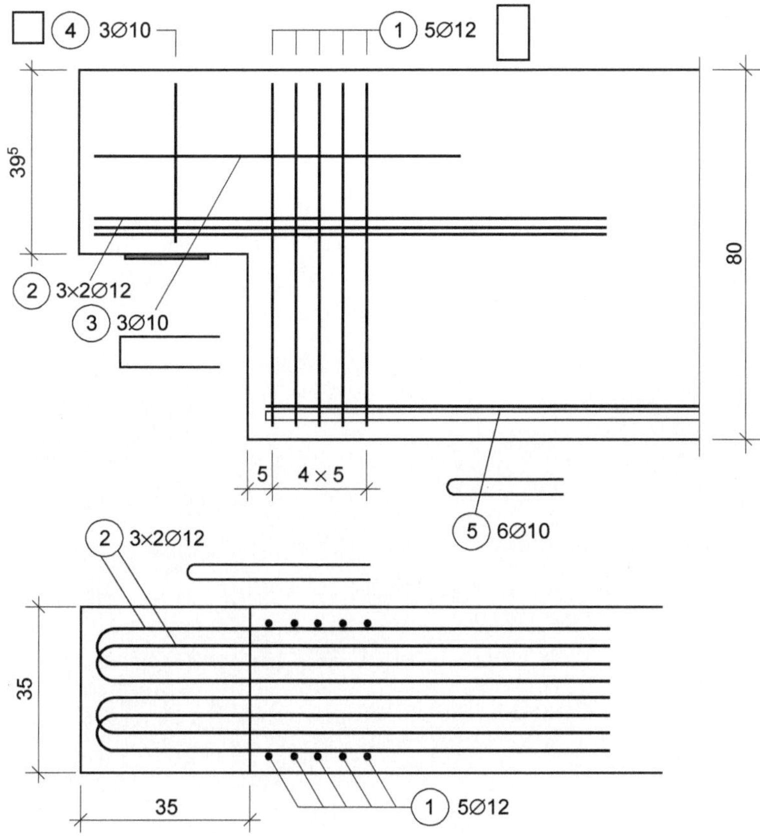

Bild 13.5: Ausgeklinktes Trägende – Bewehrung

14 Begrenzung der Rissbreite

In Stahlbetonbauteilen sind Risse bei direkter Beanspruchung, z. B. Biegung infolge Lasten, oder indirekter Beanspruchung, z. B. Zug infolge Zwang, aufgrund der geringen Zugfestigkeit des Betons nahezu unvermeidbar. Entscheidend ist, die Rissbildung so zu begrenzen, dass die ordnungsgemäße Nutzung des Tragwerks, sein Erscheinungsbild und die Dauerhaftigkeit nicht beeinträchtigt werden.

Zur Aufnahme der Zwangbeanspruchung bei Abfluss der Hydratationswärme ist eine Mindestbewehrung anzuordnen, nachgewiesen für eine Kellerwand – Abschnitt 14.3 – und eine Stützwand – Abschnitt 14.4. Die Begrenzung der Rissbreite bei Lastbeanspruchung erfolgt durch Überprüfung der gewählten Bewehrung hinsichtlich Durchmesser und Stababstand für die in Abschnitt 6.3 bearbeitete Fußgängerplattform – Abschnitt 14.2 – und die Stützwand Abschnitt 14.4.

14.1 Verfahren bei Beanspruchung infolge Last oder Zwang

Zur Begrenzung der Rissbreite sind folgende Maßnahmen erforderlich:

- Anordnung einer Mindestbewehrung bei wesentlicher Zwangsbeanspruchung
- Begrenzung des Durchmessers oder der Abstände der Bewehrungsstäbe

In der Regel ist eine Berechnung der Rissbreite bei Stahlbetonbauteilen nicht erforderlich. Für die Rissebeschränkung bei Lastbeanspruchung gibt es Konstruktionsregeln, die den maximalen Stabdurchmesser und die maximalen Stababstände in Abhängigkeit von der Stahlspannung angeben. Bei Zwangbeanspruchung sind die Mindestbewehrung und der Stabdurchmesser miteinander verknüpft.

Wenn keine besonderen Anforderungen gestellt werden, z. B. Wasserundurchlässigkeit, gilt für Stahlbetonbauteile:

- quasi-ständige Einwirkungskombination
- Rissbreite ≤ 0,3 mm für Expositionsklasse XC2 bis XC4, XD1 bis XD3, XS1 bis XS3
- Rissbreite ≤ 0,4 mm für Expositionsklasse XC1

Bei den o. g. Rissbreiten handelt es sich um Rechenwerte in der Nähe der Bewehrung. Die Breite eines Risses ist bei biegebeanspruchten Bauteilen nicht über die gesamte Risstiefe konstant. Der Riss ist keilförmig, so dass er an der Oberfläche des Bauteils größer ist als in Höhe der Bewehrung.

Angaben zur Berechnung der Rissbreite enthält DIN 1045-1, Abschnitt 11.2.4.

DIN 1045-1, 11.2.1, Tab. 18 und 19

Für die Expositionsklasse XC1 hat die Rissbreite keinen Einfluss auf die Dauerhaftigkeit, so dass deren Begrenzung großzügiger gehandhabt werden kann.

Mindestbewehrung

Zu unterscheiden sind:
Zwang wird im Bauteil selbst hervorgerufen, z. B. Eigenspannungen infolge Abfließen der Hydratationswärme.
Zwang wird außerhalb des Bauteils hervorgerufen, z. B. Stützensenkung.

DIN 1045-1, 11.2.2 (5)

In Bauteilen, die durch Zwang beansprucht werden, soll die Mindestbewehrung die Rissbildung steuern und die Rissbreite auf $w_k = 0{,}3$ mm bzw. $w_k = 0{,}4$ mm begrenzen. Die Mindestbewehrung muss in der Lage sein, die Zugkraft aufzunehmen, die beim Aufreißen des Querschnitts – Primärrisse – frei wird. Dabei darf die Streckgrenze der Bewehrung nicht überschritten werden, um die weitere Rissbildung – Sekundärrisse – zu ermöglichen, d. h. die aufgezwungene Verformung auf mehrere Risse zu verteilen.

Die Mindestbewehrung kann nach folgender Gleichung ermittelt werden:

$$A_s = k_c \cdot k \cdot f_{ct,eff} \cdot A_{ct} / \sigma_s \qquad (14.1)$$

mit:

A_s Querschnittsfläche der Zugbewehrung

A_{ct} Querschnittsfläche der Betonzugzone, d. h. der Teil des Querschnitts, der rechnerisch vor der Erstrissbildung unter Zugspannungen steht

σ_s zulässige Stahlspannung, abhängig vom Grenzdurchmesser d_s^*, s. Tabelle 14.1

$F_{ct,eff}$ wirksame Zugfestigkeit des Betons zum betrachteten Zeitpunkt
Bei Zwang aus dem Abfließen der Hydratationswärme darf $f_{ct,eff} = 0{,}5\, f_{ctm}$, d. h. 50 % der Zugfestigkeit nach 28 Tagen, gesetzt werden.

k_c berücksichtigt die Spannungsverteilung innerhalb der Zugzone A_{ct} vor der Erstrissbildung sowie die Änderung des inneren Hebelarms beim Übergang in den Zustand II:
$k_c = 1{,}0$ reiner Zug
$k_c = 0{,}4$ reine Biegung

k berücksichtigt nichtlinear verteilte Eigenspannungen:

a) Zugspannungen infolge im Bauteil selbst hervorgerufenen Zwangs, z. B. Abfluss der Hydratationswärme
$k_c = 0{,}8$ $h \leq 300$ mm
$k_c = 0{,}5$ $h \geq 800$ mm

b) Zugspannungen infolge außerhalb des Bauteils hervorgerufenen Zwangs, z. B. Stützensenkung
$k = 1{,}0$

Zwischenwerte dürfen linear interpoliert werden

Die Begrenzung der Rissbreite darf dabei durch eine Begrenzung des Stabdurchmessers nachgewiesen werden:

$$d_s = d_s^* \cdot \frac{k_c \cdot k \cdot h_t}{4(h-d)} \cdot \frac{f_{ct,eff}}{f_{ct,0}} \geq d_s^* \cdot \frac{f_{ct,eff}}{f_{ct,0}} \qquad (14.2)$$

mit:

d_s^* Grenzdurchmesser für die gewählte Spannung σ_s nach Tabelle 14.1

h Bauteilhöhe

d statische Nutzhöhe

h_t Höhe der Zugzone im Querschnitt bzw. Teilquerschnitt vor Beginn der Erstrissbildung für zentrisch beanspruchte Bauteile ist $h_t = h/2$

$f_{ct,0}$ Zugfestigkeit des Betons, auf die die Werte der Tabelle 14.1 bezogen sind: $f_{ct,0} = 3{,}0$ N/mm²

Bei dickeren Bauteilen darf die Mindestbewehrung unter Berücksichtigung einer effektiven Randzone berechnet werden, s. Bild 14.1.

$$A_s = f_{ct,eff} \cdot A_{c,eff} / \sigma_s \geq k \cdot f_{ct,eff} \cdot A_{ct} / f_{yk} \qquad (14.3)$$

mit:

$A_{c,eff} = h_{eff} \cdot b$ Wirkungsbereich der Bewehrung

$A_{ct} = 0{,}5h \cdot b$ Fläche der Betonzugzone je Bauteilseite

Der Grenzdurchmesser muss in Abhängigkeit von der wirksamen Betonzugfestigkeit $f_{ct,eff}$ analog Gleichung (14.2) modifiziert werden.

$$d_s = d_s^* \cdot \frac{f_{ct,eff}}{f_{ct,0}}$$

Es braucht nicht mehr Mindestbewehrung eingelegt werden als sich nach Gleichung (14.1) und (14.2) ergibt.

DIN 1045-1 11.2.3 (8)
Neben den durchgehenden Primärrissen entstehen in der Randzone Sekundärrisse, die zu einem Abbau der aufzunehmenden Zugkraft infolge Zwang führen.

Nennenswerte Bewehrungsreduzierungen sind erst bei dickeren Bauteilen mit $h_{eff} \approx 5d_1$ zu erwarten.

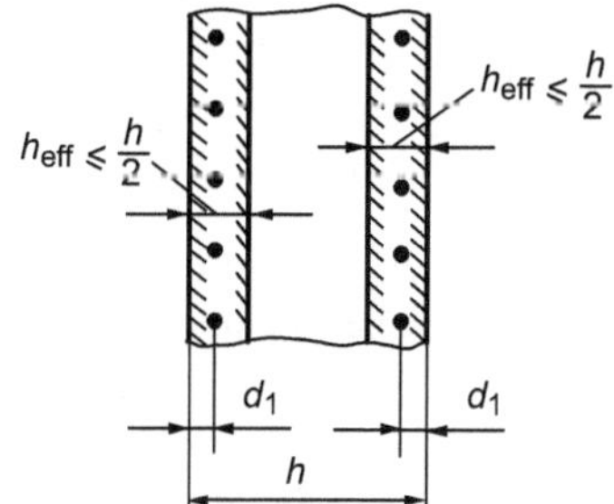

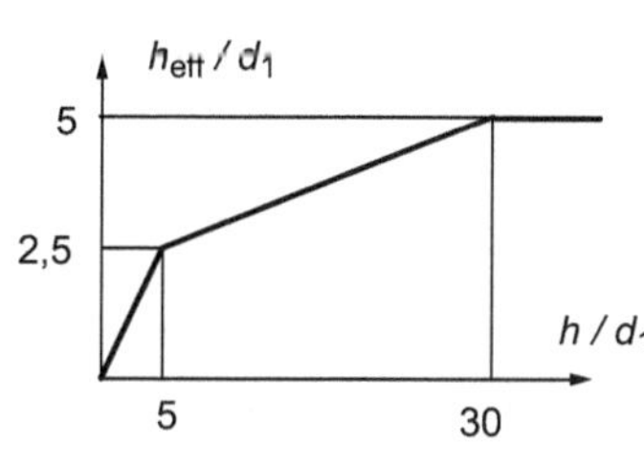

Bild 14.1: Effektive Dicke bei zentrischem Zwang

Begrenzung der Rissbreite ohne direkte Berechnung

DIN 1045-1, 13.2.3 (2)

Im Allgemeinen wird die Rissbreite die zulässigen Werte nicht überschreiten, wenn bei Lastbeanspruchung der Durchmesser der Bewehrungsstäbe, Tabelle 14.1, oder deren Abstände, Tabelle 14.2, begrenzt werden. Bei Zwangbeanspruchung gilt ausschließlich die Durchmesserbegrenzung nach Tabelle 14.1. Maßgebend ist die Stahlspannung im Zustand II für die quasi-ständige Einwirkungskombination oder bei überwiegendem Zwang die Stahlspannung unmittelbar nach der Rissbildung gemäß Gleichung (14.1).

Die Rissbreite 0,4 mm gilt für die Expositionsklasse XC1 und 0,3 mm für die übrigen Expositionsklassen. Die Rissbreite 0,2 mm ist bei Stahlbetonbauteilen mit weitergehenden Anforderungen wie Wasserundurchlässigkeit zugrunde zu legen.

Tabelle 14.1: Grenzdurchmesser d_s^* bei Betonstählen

Stahlspannung σ_s N/mm²	Grenzdurchmesser der Stäbe mm		
	$w_k = 0{,}4$ mm	$w_k = 0{,}3$ mm	$w_k = 0{,}2$ mm
160	56	42	28
200	36	27	18
240	25	19	13
280	18	14	9
320	14	11	7
360	11	8	6
400	9	7	5
450	7	5	4

Tabelle 14.2: Höchstwerte der Stababstände von Betonstählen

Stahlspannung σ_s N/mm²	Höchstwerte der Stababstände mm		
	$w_k = 0{,}4$ mm	$w_k = 0{,}3$ mm	$w_k = 0{,}2$ mm
160	300	300	200
200	300	250	150
240	250	200	100
280	200	150	50
320	150	100	–
360	100	50	–

Der Grenzdurchmesser darf modifiziert werden – erster Teil der Gleichung 14.4 –, womit berücksichtigt wird, dass sich bei dicken Bauteilen nur ein Teil des Betonquerschnitts, die effektive Zugzone, an der weiteren Rissbildung beteiligt.

Tabelle 14.1 ist für eine Betonzugfestigkeit $f_{ct,0} = 3{,}0$ N/mm² aufgestellt. Deshalb muss der Grenzdurchmesser immer bei abweichender Zugfestigkeit modifiziert werden – zweiter Teil der Gleichung 14.4.

Demzufolge ergibt sich ein kleinerer Grenzdurchmesser für alle Festigkeitsklassen bis C30/37.

$$d_s = d_s^* \cdot \frac{\sigma_s \cdot A_s}{4(h-d)\cdot b \cdot f_{ct,0}} \geq d_s^* \cdot \frac{f_{ct,eff}}{f_{ct,0}} \qquad (14.4)$$

mit: d_s modifizierter Grenzdurchmesser

d_s^* Grenzdurchmesser nach Tabelle 14.1

σ_s Betonstahlspannung im Zustand II

A_s Querschnittsfläche der Betonstahlbewehrung

h Bauteilhöhe

d statische Nutzhöhe

b Breite der Zugzone

$f_{ct,0}$ Zugfestigkeit des Betons: $f_{ct,0} = 3{,}0$ N/mm²

$f_{ct,eff}$ wirksame Betonzug

14.2 Fußgängerplattform

Die Fußgängerplattform in Abschnitt 6.3 ist der Expositionsklasse XC3 zugeordnet. Dafür ist die Begrenzung der Rissbreite unter quasi-ständigen Lasten nachzuweisen. Der zulässige Rechenwert der Rissbreite beträgt $w_k = 0{,}3$ mm. Die Begrenzung der Rissbreite kann mit Hilfe der Konstruktionsregeln, die den maximalen Stabdurchmesser oder den maximalen Stababstand in Abhängigkeit von der Stahlspannung angeben, nachgewiesen werden.

Platte

Stahlspannung unter quasi-ständigen Lasten

$$g_k + \psi_2 \cdot q_k = 5{,}5 + 0{,}6 \cdot 5{,}0 = 8{,}5 \text{ kN/m}^2 \text{ s. Abschnitt 6.3.2}$$

$$\text{Feldmitte} \quad m = \frac{8{,}5 \cdot 7{,}00^2}{8} - \frac{5{,}5 \cdot 1{,}50^2}{2} = 45{,}9 \text{ kNm/m}$$

$$\sigma_s = \frac{m}{z \cdot a_s} = \frac{45{,}9}{0{,}9 \cdot 0{,}184 \cdot 11{,}3} \cdot 10 = 245 \text{ N/mm}^2$$

Grenzdurchmesser $d_s^* = 18$ mm

Der Grenzdurchmesser ist in Abhängigkeit von der wirksamen Betonzugfestigkeit zu modifizieren.

DIN 1045-1, 11.2.1, Tab. 18 und 19: Anforderungen an die Begrenzung der Rissbreite

DIN 1055-100, Tab. A2: Kombinationsbeiwert für quasi-ständige Lasten der Kategorie C: $\psi_2 = 0{,}6$

innerer Hebelarm: vereinfachend $z = 0{,}9d$

Abschnitt 14.1, Tab. 14.1

14

DIN 1045-1, Tab. 9
$f_{ct,eff}$ = 2,9 N/mm² für
C30/37
$f_{ct,0}$ = 3,0 N/mm²

$$d_s = d_s{}^* \frac{f_{ct,eff}}{f_{ct,0}} = 18 \frac{2,9}{3,0} = 17 \text{ mm}$$

$$> 12 \text{ mm}$$

Abschnitt 14.1, Tab. 14.2

max Stababstand s = 195 mm > 10 cm

Die Rissbreite ist einge-
halten, wenn bei Last-
beanspruchung entweder
der Grenzdurchmesser
oder der Stababstand
eingehalten sind.

In Feldmitte sind beide Kriterien, mit denen die Begrenzung der Rissbreite nachgewiesen werden kann, eingehalten.

Es wird nur jeder 2. Stab bis zum Auflager geführt, damit ergibt sich
an der ungünstigsten Stelle der Abstufung für $m/2$ und $a_s/2$ wiederum
σ_s = 245 N/mm². Bei Lastbeanspruchung braucht nur ein Kriterium
eingehalten werden: über den modifizierten Grenzdurchmesser
d_s = 17 mm > d_s = 12 mm ist die Begrenzung der Rissbreite nachgewiesen; der Stababstand von 20 cm $\approx s_{max}$ = 195 mm wird gar nicht
maßgebend.

Balken

DIN 1055-100,
Tab. A2: Lasten Kategorie
C: ψ_2 = 0,6

Quasi-ständige Lasten

$$g_k + \psi_2 \cdot q_k = 45,3 / 1,35 + 0,6 \cdot 38,7 / 1,5 = 49,0 \text{ kN/m}$$

$$\text{s. Abschnitt 6.3.3}$$

Gleichungen zur Ermitt-
lung der Spannungen im
Gebrauchszustand vergl.
[8]

Die genaue Berechnung des inneren Hebelarms bei Querschnitten mit
Druckbewehrung ist aufwendig. In grober Näherung kann die Stahlspannung durch Umrechnung des Bemessungszustands ermittelt werden.

vergl. [7] Abschnitt 6.2.5

$$\sigma_s \approx \frac{g_k + \psi_2 \cdot q_k}{g_d + q_d} \cdot \frac{A_{s,erf}}{A_{s,vorh}} \cdot f_{yd}$$

$$\approx \frac{49,0}{84,0} \cdot \frac{52,0}{55,4} \cdot 435 = 238 \text{ N/mm}^2$$

Abschnitt 14.1, Tab. 14.1

Grenzdurchmesser $d_s{}^*$ = 19 mm

Der Grenzdurchmesser darf in Abhängigkeit von der Bauteilhöhe und
der eingelegten Bewehrung, s. Abschnitt 6.3.3, modifiziert werden.

Abschnitt 14.1, Gl. (14.4):
zweiter Teil der Glei-
chung nicht maßgebend

$$d_s = d_s{}^* \cdot \frac{\sigma_s \cdot A_s}{4(h-d) \cdot b \cdot f_{ct,0}}$$

Es wird die Verminderung
der Nutzhöhe durch die 2.
Bewehrungslage berück-
sichtigt
d = 0,545 − 0,019
    = 0,526 m

$$= 19 \cdot \frac{238 \cdot 55,4}{4(60-52,6) \cdot 40 \cdot 3,0} = 19 \cdot 3,7 = 70 \text{ mm}$$

$$> d_s = 28 \text{ mm}$$

Weiter zum Auflager ist die 2. Lage nicht mehr erforderlich; mit
A_s = 37,0 cm² (6Ø28) und d = 0,545 m ist der modifizierte Grenz-

durchmesser größer als $d_s = 28$ mm. Auch über den Stababstand wäre die Begrenzung der Rissbreite nachgewiesen. Bei eng bewehrten Balken ist die Begrenzung der Rissbreite praktisch immer gegeben.

14.3 Kellerwand

Bei der in Bild 14.2 dargestellten Kelleraußenwand tritt zentrischer Zwang durch Abfluss der Hydratationswärme auf, weil die Verformung durch die vorab hergestellte Sohle behindert ist.

Baustoffe

Beton   C25/30

Betonstahl   BSt 500   wahlweise Stabstahl oder Betonstahlmatten

Zu bearbeiten sind:

- Festlegung der Expositionsklassen, Mindestbetonfestigkeitsklasse, Betondeckung
- Mindestbewehrung zur Begrenzung der Rissbreite infolge Abfließen der Hydratationswärme nach DIN 1045-1
- Mindestbewehrung nach WU-Richtlinie

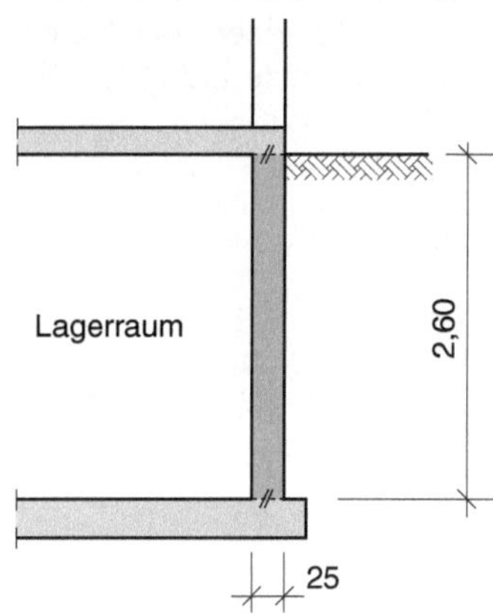

Bild 14.2: Kellerwand

Expositionsklassen, Mindestfestigkeitsklasse, Betondeckung

XC2		C16/20	außen Bewehrungskorrosion	DIN 1045-1, 6.2, Tab. 3; vergl. Anhang Tafel A7
XC1		C16/20	innen	
XF1	(WF)	C25/30	Betonangriff	

Der gewählte Beton ist 2 Klassen höher – bezogen auf Bewehrungskorrosion –, deshalb kann c_{min} um 0,5 mm vermindert werden.

$$c_{min} = 20 - 5 = 15 \text{ mm} \geq d_s$$

$$\Delta c = 15 \text{ mm}$$

$$c_v = 30 \text{ mm}$$

DIN 1045-1, 6.3, Tab. 4; vergl. Anhang Tafel A8

DIN 1045-1, 11.2.1,
Tab. 19: Mindestan-
forderungsklassen in
Abhängigkeit von der
Expositionsklasse,
Tab. 18: Anforderungen
an die Begrenzung der
Rissbreite

Mindestbewehrung nach DIN 1045-1

Wenn keine besonderen Anforderungen gestellt werden, z. B. Wasserundurchlässigkeit, gilt für Stahlbetonbauteile – Anforderungsklasse E
– eine Rissbreite $w_k = 0{,}3$ mm.

Mindestbewehrung zur Begrenzung der Rissbreite bei Zwang

$$A_s = k_c \cdot k \cdot f_{ct,eff} \cdot A_{ct} \ / \ \sigma_s$$

DIN 1045-1, 11.2.2;
vergl. Abschnitt 14.1

$$k_c = 1{,}0 \qquad \text{Beiwert zentrischer Zug}$$

$$k = 0{,}8 \qquad \text{Beiwert Eigenspannungen für } h \le 300 \text{ mm}$$

$$f_{ct,eff} = 1{,}3 \ \text{N/mm}^2 \qquad \text{wirksame Zugfestigkeit}$$

DIN 1045-1, 9.1.7, Tab. 9:
Festigkeitskennwerte

Bei Zwang aus Abfließen der Hydratationswärme darf $f_{ct,eff} =$
$0{,}5 f_{ctm}$, d. h. 50 % der Zugfestigkeit nach 28 Tagen, gesetzt werden.

$$A_{ct} = 0{,}25 \ \text{m}^2 \qquad \text{1 m Wandstreifen (horizontal)}$$

σ_s zulässige Stahlspannung, abhängig vom Grenzdurchmesser $d_s{}^*$

DIN 1045-1, 11.2.3;
vergl. Abschnitt 14.1,
Tab. 14.1

Der Grenzdurchmesser ist abhängig von der Rissbreite und der Stahlspannung. Eine höhere Stahlspannung ist nur mit kleineren Stabdurchmessern möglich. Es ist zweckmäßig, zuerst für einen gewählten
Durchmesser d den Grenzdurchmesser d^* zu berechnen und dafür die
Stahlspannung σ_s der Tabelle zu entnehmen.

Begrenzung der Rissbreite
durch Begrenzung des
Stabdurchmessers

$$d_s{}^* = d_s \cdot \frac{4(h-d)}{k_c \cdot k \cdot h_t} \cdot \frac{f_{ct,0}}{f_{ct,eff}} \le d_s \cdot \frac{f_{ct,0}}{f_{ct,eff}}$$

gewählt $\quad d_s = 10$ mm

$$d = 25 - 3{,}0 - 1{,}0 / 2 = 21{,}5 \text{ cm}$$

Bei zentrischem Zwang
beidseitig bewehrter
Querschnitte gilt $h_t = h/2$.

$$h_t = h / 2 = 25 / 2 = 12{,}5 \text{ cm}$$

$$k_c = 1{,}0 \qquad\qquad k = 0{,}8$$

$$f_{ct,0} = 3{,}0 \ \text{N/mm}^2 \qquad \text{Zugfestigkeit, auf die die Wer-}$$
$$\text{te der Tabelle bezogen sind}$$

$$f_{ct,eff} = 1{,}3 \ \text{N/mm}^2$$

$$d_s{}^* = 10 \cdot \frac{4(25 - 21{,}5)}{1{,}0 \cdot 0{,}8 \cdot 12{,}5} \cdot \frac{3{,}0}{1{,}3} = 32{,}3$$

$$> 10 \, \frac{3{,}0}{1{,}3} = 23{,}1 \, \text{mm} \qquad \text{maßgebend}$$

aus Tabelle 14.1 folgt für $w_k = 0{,}3$ mm:

$$\sigma_s = 222 \ \text{N/mm}^2$$

Damit kann die Mindestbewehrung berechnet werden:

$$A_s = (1{,}0 \cdot 0{,}8 \cdot 1{,}3 \cdot 0{,}25 / 222)\ 10^4 = 11{,}7 \ \text{cm}^2/\text{m}$$

gewählt je Seite $\varnothing 10\text{--}12^5$: $2 \cdot 6{,}3 = 12{,}6 \ \text{cm}^2/\text{m}$

Im unteren Wandviertel behindert die Sohle die Rissbildung, so dass die Hälfte der berechneten Bewehrung genügt.

Heft 400 DAfStb: Schließl: Grundlagen der Neuregelung zur Beschränkung der Rissbreite

Mindestbewehrung nach WU-Richtlinie

Die DAfStb-Richtlinie für „Wasserundurchlässige Bauwerke aus Beton" begrenzt die Rissbreite in Abhängigkeit vom Druckgefälle – $h_{Wasser}/h_{Bauteil}$. Für Druckgefälle ≤ 10 beträgt die zulässige Rissbreite $w_k = 0{,}2$ mm.

Wanddicke $h \geq 24$ cm, Begrenzung w/z –Wert durch Mindestfestigkeit C25/30 erfüllt

gewählt Listenmatten, Stabdurchmesser $8{,}0\ d$

Bei Betonstahlmatten mit Doppelstäben darf der Durchmesser eines Einzelstabes angesetzt werden.

Zu prüfen ist die Liefermöglichkeit von Matten mit Doppelstäben

Modifikation des Durchmessers

$$d_s^{\ *} = 8\,\frac{3{,}0}{1{,}3} = 18{,}5 \ \text{mm}$$

DIN 1045-1, 11.2.3 (8)

aus Tabelle 14.1 folgt für $w_k = 0{,}2$ mm:

$$\sigma_s = 198 \ \text{N/mm}^2$$

Maßgebend ist die Modifikation in Abhängigkeit von der Zugfestigkeit

$$A_s = (1{,}0 \cdot 0{,}8 \cdot 1{,}3 \cdot 0{,}25 / 198)\ 10^4 = 13{,}1 \ \text{cm}^2/\text{m}$$

gewählt je Seite $150 - 8{,}0\ d$: $2 \cdot 6{,}70 \ \text{cm}^2/\text{m} = 13{,}4 \ \text{cm}^2/\text{m}$

Für die vertikale Richtung wird davon ausgegangen, dass die Biegezugkraft infolge Erd- und Wasserdruck durch die Normalkraft überdrückt wird. Als lotrechte Bewehrung ist die Mindestbewehrung einzulegen:

Beschreibung Listenmatte:
Abstand [mm] – Durchmesser [mm], d kennzeichnet Doppelstäbe

$$A_{s,min} = 0{,}0015 A_c = 0{,}0015 \cdot 25 \cdot 100 = 3{,}75 \ \text{cm}^2/\text{m}$$

DIN 1045-1, 13.7.1 (3)

gewählt je Seite $250 - 8$: $2 \cdot 2{,}0 \ \text{cm}^2/\text{m} = 4{,}0 \ \text{cm}^2/\text{m}$

Querstäbe der Listenmatte

14.4 Stützwand

Die in Bild 14.3 dargestellte Stützwand liegt im Sprühnebelbereich von Verkehrsflächen. Die Vertikalbewehrung ist für Biegung infolge Erddruck zu bemessen und so zu dimensionieren, dass die Rissbreite begrenzt wird. Das Fundament wird vorab betoniert, demzufolge tritt zentrischer Zwang durch die Behinderung der Verformung bei Abfluss der Hydratationswärme auf.

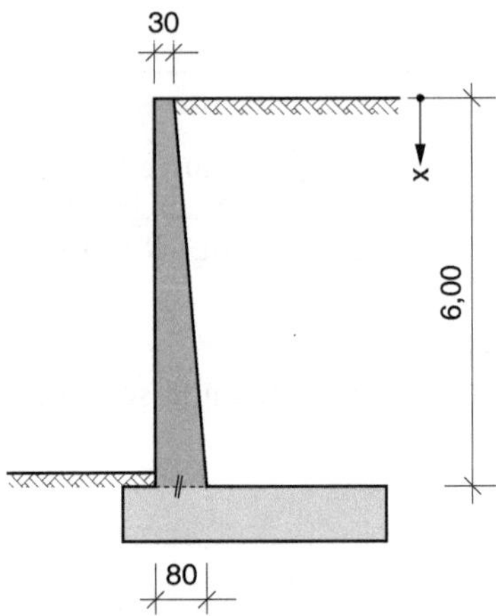

Bild 14.3: Stützwand

Baustoffe

Beton	entsprechend der Mindestbetonfestigkeitsklasse
Betonstahl	BSt 500 S
Bodenkennwerte	Wichte γ = 18 kN/m^3
	Reibungswinkel φ = 30°

Zu bearbeiten sind:
- Festlegung der Expositionsklassen, Mindestbetonfestigkeitsklasse, Betondeckung
- Schnittgrößenermittlung für Erddruck
- Bemessung für Biegung und Querkraft
- Begrenzung der Rissbreite für Lastbeanspruchung
- Mindestbewehrung zur Begrenzung der Rissbreite infolge Abfließen der Hydratationswärme
- Bewehrungsskizze

Expositionsklassen, Mindestfestigkeitsklasse, Betondeckung

Bewehrungskorrosion

DIN 1045-1, 6.2, Tab. 3;
vergl. Anhang Tafel A7:
[c] Bei Verwendung von
Luftporenbeton eine
Klasse niedriger

XC4	C25/30	Vorderseite, direkte Beregnung
XD1	C30/37[c]	Vorderseite, Sprühnebelbereich
XC2	C16/20	Rückseite, Gründungsbauteil

Betonangriff

XF2	(WA)	C25/30 (LP)	Vorderseite, Sprühnebelbereich
XF1	(WF)	C25/30	Rückseite

gewählt C25/30 (LP)

Betondeckung

c_{min} = 40 mm   Vorderseite   DIN 1045-1, 6.3, Tab. 4;

Δc = 15 mm   vergl. Anhang Tafel A8
                                                                maßgebend XD1
c_v = 55 mm   Verlegemaß Vorderseite

c_{min} = 20 − 5 = 15 mm ≥ d_s Rückseite   Verminderung, weil der
                                                                gewählte Beton für Be-
Δc = 15 mm   wehrungskorrosion 2
                                                                Klassen höher als erfor-
c_v = 30 mm   Verlegemaß Rückseite   derlich ist.

Erddruck, Schnittgrößenermittlung

Die Erddrucklast wird trapezförmig über die Wandhöhe verteilt, die   DIN 4085 (1987-02)
untere Erddruckordinate ist doppelt so groß wie die obere.   Baugrundberechnung des
                                                                       Erddrucks

$$K_{agh} = 0,33$$

$$e\,(x = 0) = (0,33\cdot18\cdot6,0)/3 = 12 \text{ kN/m}^2$$

$$e\,(x = 6,0) = 2\,(0,33\cdot18\cdot6,0)/3 = 24 \text{ kN/m}^2$$

$$e\,(x = 3,5) = 12+12\cdot3,5/6 = 19 \text{ kN/m}^2$$

Bemessungsschnittgrößen

$$m_{Ed}\,(x{=}6,0){=}1,35\cdot(12\cdot6,00^2/2+12\cdot6,00^2/6){=}389\,\text{kNm/m}$$

$$m_{Ed}\,(x = 3,5){=}1,35\cdot(12\cdot3,50^2/2+7\cdot3,50^2/6){=}119\,\text{kNm/m}$$

$$v_{Ed}\,(x = 6,0) = 1,35\cdot(12+12/2)\,6,0 = 146\,\text{kN/m}$$

$$v_{Ed}\,(x = 3,5) = 1,35\cdot(12+7/2)\,3,5 = 73\,\text{kN/m}$$

DIN 1054 (2005-01)
Baugrund-Sicher-
heitsnachweise im Erd-
und Grundbau:
γ_G = 1,35
ständige Einwirkungen,
Lastfall LF1,
identisch mit DIN 1045-1

Bemessung

Biegung

Die Vertikalbewehrung liegt auf der Rückseite außen.

$$d_1 = c_v + d_s/2 = 3,0+1,4/2 = 3,7\,\text{cm} \qquad \text{gewählt 4 cm}$$

Achsabstand vom gezo-
genen Rand

Tabelle 14.3: Stützwand – Bemessung für Biegung

x	m_{Ed}	d	k_d	k_s	a_s	gewählt*)	
m	kNm/m	cm			cm²/m	cm²/m	
6,00	389	76	3,85	2,27	11,6	$\varnothing$14–12⁵:	12,3
3,50	119	55	5,04	2,24	4,9	$\varnothing$14–25:	6,2

*) zur Begrenzung der Rissbreite im Folgenden geändert

$$k_d = \frac{d\,[\text{cm}]}{\sqrt{m_{Ed}\,[\text{kNm/m}]}}$$

$$a_s = k_s\,\frac{m_{Ed}\,[\text{kNm/m}]}{d\,[\text{cm}]}$$

Es ist ausreichend, nur jeden 2. Stab bis in die obere Wandhälfte zu führen.

Querkraft

Tragfähigkeit ohne Querkraftbewehrung

vereinfachte Gleichung
Abschnitt 4.2.2

$$v_{Rd,ct} = 0{,}1\,\kappa\cdot(100\,\rho_l \cdot f_{ck})^{1/3}\cdot d$$

$$\kappa = 1+\sqrt{\frac{200}{d}} \leq 2{,}0$$

$$\rho_l = \frac{a_{sl}}{d}$$

Tabelle 14.4: Stützwand – Querkrafttragfähigkeit

x	d	κ	a_{sl}	ρ_l	$v_{Rd,ct}$	v_{Ed}
m	cm	–	cm²/m	–	kN/m	kN/m
6,00	76	1,51	12,3	0,0016	182	146
3,50	55	1,60	6,2	0,0011	123	73

DIN 1045-1, 10.3.2 (4); vergl. Abschnitt 5.2.2

Zur Vereinfachung bleibt die veränderliche Bauhöhe bei der Berechnung v_{Ed} unberücksichtigt. Es ist keine Querkraftbewehrung erforderlich. Der Nachweis der Mindestquerkrafttragfähigkeit erübrigt sich.

Begrenzung der Rissbreite

DIN 1045-1, 11.2.1, Tab. 19: Mindestanforderungsklassen in Abhängigkeit von der Expositionsklasse, Tab. 18: Anforderungen an die Begrenzung der Rissbreite

Die Breite der Risse infolge Biegung ist auf $w_k = 0{,}3$ mm zu begrenzen. Bei Lastbeanspruchung ist entweder der Durchmesser der Bewehrungsstäbe oder der Stababstand zu begrenzen. Maßgebend ist die Stahlspannung im Zustand II für die quasi-ständige Einwirkungskombination. Im Beispiel resultiert der Erddruck vollständig aus der Hinterfüllung, so dass für den Gebrauchszustand die Bemessungsmomente ohne den Teilsicherheitsbeiwert anzusetzen sind.

$$m\,(x = 6{,}0) = 389/1{,}35 = 288\,\text{kNm/m}$$

$$m\,(x = 3{,}5) = 119/1{,}35 = 88\,\text{kNm/m}$$

Stahlspannung

$$\sigma_s = \frac{m}{z \cdot a_{s,vorh}}$$

Der innere Hebelarm z im Gebrauchszustand ergibt sich für lineare Spannungsverteilung in der Druckzone x.

$$x = \frac{\alpha_e \cdot A_s}{b}\left(-1+\sqrt{1+\frac{2\,b \cdot d}{\alpha_e \cdot A_s}}\right)$$

$$\alpha_e = E_s/E_{cm} = 200\,000/26\,700 = 7,5$$

[8] Spannungsermittlung für einfach bewehrte Rechteckquerschnitte

DIN 1045-1, 9.1.7, Tab. 9: Festigkeitskennwerte

Bei Berücksichtigung von Kriecheinflüssen ist $E_{cm}/(1 + \varphi)$ mit der Kriechzahl φ einzusetzen. Üblich ist ein pauschaler Wert $\alpha_e = 15$.

$$x = \frac{15 \cdot 12,3}{100}\left(-1+\sqrt{1+\frac{2 \cdot 100 \cdot 76}{15 \cdot 12,3}}\right) = 15,0\,\text{cm}$$

$$z = d - x/3 = 76 - 15,0/3 = 71\,\text{cm}$$

$$\sigma_s = \frac{288}{0,71 \cdot 12,3} = 33,0\,\text{kN/cm}^2 = 330\,\text{N/mm}^2$$

Grenzdurchmesser

$$d_s^* = 10,3\ \text{mm}$$

modifizierter Grenzdurchmesser

DIN 1045-1, 11.2.3, vergl. Abschnitt 14.1, Tab. 14.1

$$d_s = d_s^* \cdot \frac{\sigma_s \cdot A_s}{4\,(h-d) \cdot b \cdot f_{ct,0}} \geq d_s^* \cdot \frac{f_{ct,eff}}{f_{ct,0}}$$

$$f_{ct,0} = 3,0\ \text{N/mm}^2$$

$$f_{ct,eff} = 2,6\ \text{N/mm}^2$$

DIN 1045-1, 9.1.7, Tab. 9: Festigkeitskennwerte

$$d_s = 10,3\,\frac{330 \cdot 12,3}{4\,(80-76) \cdot 100 \cdot 3,0} = 8,7\,\text{mm}$$

$$< 10,3\,\frac{2,6}{3,0} = 8,9\,\text{mm} \qquad \text{maßgebend}$$

Der modifizierte Durchmesser ist kleiner als der gewählte Durchmesser. Auch der gewählte Abstand ist größer als der Höchstwert nach Tabelle 14.2

$$s = 125\ \text{mm} > s_{max} = 88\ \text{mm}.$$

interpoliert für $\sigma_s = 330\ \text{N/mm}^2$

Die Begrenzung der Rissbreite ist nicht nachgewiesen. Es wird die Bewehrung vergrößert, um über eine geringere Stahlspannung entweder den Grenzdurchmesser oder den maximalen Stababstand einzuhalten.

gewählt $\varnothing14$–10: 15,4 cm^2/m   am Fuß, $x = 6{,}00$ m

$\varnothing14$–20: 7,7 cm^2/m   oberer Bereich

$x = 16{,}6$ cm

$z = 76 - 16{,}6/3 = 70{,}5$ cm $= 0{,}93\ d$

$$\sigma_s = \frac{288}{0{,}705 \cdot 15{,}4} = 26{,}5 \text{ kN/cm}^2 \quad = 265 \text{ N/mm}^2$$

$d_s^{\,*} = 15{,}9$ mm

$$d_s = 15{,}9\,\frac{265 \cdot 15{,}4}{4(80-76) \cdot 100 \cdot 3{,}0} = 13{,}5 \text{ mm}$$

$$< 15{,}9\,\frac{2{,}6}{3{,}0} = 13{,}8 \text{ mm} \qquad\qquad \approx 14 \text{ mm}$$

Der modifizierte Grenzdurchmesser entspricht annähernd dem gewählten Stabdurchmesser; der Stababstand liegt eindeutig unter dem Maximalwert:

$$s = 100 \text{ mm} < 169 \text{ mm}.$$

Zu prüfen ist, ob für die Abstufung auf $\varnothing14$–20 im oberen Bereich die Rissbreite $w_k = 0{,}3$ mm eingehalten ist. Zur Vereinfachung $z = 0{,}93\ d$ übernehmen:

$$\sigma_s = \frac{88}{0{,}93 \cdot 0{,}55 \cdot 7{,}7} = 22{,}3 \text{ kN/cm}^2 \quad = 223 \text{ N/mm}^2$$

$d_s^{\,*} = 22{,}4$ mm

$$d_s = 22{,}4\,\frac{223 \cdot 7{,}7}{4(59-55) \cdot 100 \cdot 3{,}0} = 8{,}0 \text{ mm}$$

$$< 22{,}4\,\frac{2{,}6}{3{,}0} = 19{,}4 \text{ mm} \qquad\qquad \text{maßgebend}$$

4

Beide Kriterien sind erfüllt, dabei ist es ausreichend, entweder den Durchmesser oder den Stababstand zu begrenzen.

Zusätzliche Kontrolle des Stababstands:

$$s = 200 \text{ mm} < 221 \text{ mm}$$

In diesem Beispiel ist die Stahlspannung unter der charakteristischen Last – ausschließlich ständige Last – sehr hoch, deshalb ist der Nachweis der Begrenzung der Rissbreite maßgebend für die Wahl der Bewehrung. In anderen Fällen ist meistens keine Erhöhung der Bewehrung für den Nachweis der Rissbreitenbegrenzung erforderlich.

Mindestbewehrung

Die Mindestbewehrung hängt maßgeblich vom Rechenwert der Rissbreite w_k ab. Nach DIN 1045-1, Tabelle 18 und 19, kann für Stahlbetonbauteile $w_k = 0,3$ mm zugrunde gelegt werden. Andere Regelwerke, z. B. DIN-Fachbericht 102: Betonbrücken, fordern teilweise kleinere Rissbreiten.

Die Zugspannungen infolge Zwang bei Abfluss der Hydratationswärme vermindern sich zum Wandkopf, und zwar umso ausgeprägter je kleiner das Verhältnis Wandlänge l zu Wandhöhe h ist. Für $l/h = 4$ stellt sich die in Bild 14.4 dargestellte Spannungsverteilung ein. Außerdem verringert sich die Zugkraft zum Wandkopf, weil die Wanddicke abnimmt.

Falkner, H.: Fugenlose und wasserundurchlässige Stahlbetonbauten ohne zusätzliche Abdichtung. Vorträge Deutscher Betontag 1983.

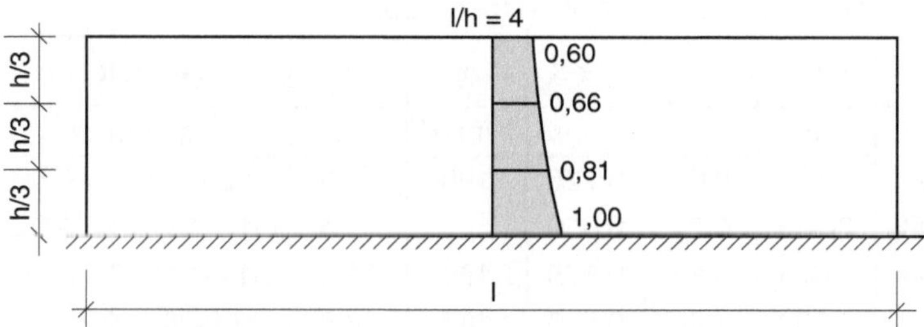

Bild 14.4: Stützwand – Spannungsverteilung über die Wandhöhe

Mindestbewehrung

$$A_s = k_h (k_c \cdot k \cdot f_{ct,eff} \cdot A_{ct} / \sigma_s)$$

DIN 1045-1, 11.2.2; vergl. Abschnitt 14.1

k_h — Beiwert Spannungsverlauf über Wandhöhe, s. Bild 14.4

$k_c = 1,0$ — Beiwert zentrischer Zug

k — Beiwert Eigenspannungen

$k = 0,8$ — $h \leq 300$ mm

$k = 0,5$ — $h \geq 800$ mm

Zwischenwerte dürfen linear interpoliert werden

$f_{ct,eff} = 0,5 f_{ctm}$ — wirksame Zugfestigkeit bei Zwang aus

$\quad = 1,3$ N/mm^2 — Abfließen der Hydratationswärme

DIN 1045-1, 9.1.7, Tab. 9: Festigkeitskennwerte

$A_{ct} = h$ — 1 m Wandstreifen (horizontal), h Wanddicke

σ_s — Stahlspannung, abhängig vom Grenzdurchmesser d^*

$$d_s^* = d_s \frac{f_{ct,0}}{f_{ct,eff}}$$ — Modifikation Durchmesser d_s

Begrenzung der Rissbreite durch Begrenzung des Stabdurchmessers

$f_{ct,0} = 3,0$ N/mm^2

gewählte Durchmesser

untere 3 m: $\varnothing14$ obere 3 m : $\varnothing12$

$$d_s^* = 14\,\frac{3,0}{1,3} = 32,3\,\text{mm} \qquad d_s^* = 12\,\frac{3,0}{1,3} = 27,7\,\text{mm}$$

Grenzdurchmesser in Abhängigkeit von der Rissbreite

Stahlspannung für Rissbreite $w_k = 0{,}3$ mm

$$\sigma_s = 186\,\text{N/mm}^2 \qquad\qquad \sigma_s = 198\,\text{N/mm}^2$$

Die Mindestbewehrung ist in Tabelle 14.5 berechnet.

Tabelle 14.5: Stützwand – Mindestbewehrung

x	h	k_h	k	σ_s	A_s	gewählt
m	m	–	–	N/mm^2	cm^2/m	cm^2/m
1,50	0,425	0,64	0,725	198	12,9	$\varnothing$12–17^5: 2 · 6,5
3,00	0,550	0,74	0,650	198	17,4	$\varnothing$12–12^5: 2 · 9,0
4,50	0,675	0,86	0,575	186	23,3	$\varnothing$14–12^5: 2 · 12,3
6,00	0,800	1,00	0,500	186	28,0	$\varnothing$14–20: 2 · 7,7

k_h vergl. Bild 14.4

Einzelschritte für Wandfuß, $x = 6{,}00$ m

k_h , k interpoliert

$$A_s = 1,0\,(1,0 \cdot 0,5 \cdot 1,3 \cdot 0,80 / 186)\,10^4 = 28,0\,\text{cm}^2/\text{m}$$

Heft 400 DAfStb: Schießl: Grundlagen der Neuregelung zur Beschränkung der Rissbreite

Im unteren Wandviertel behindert das Fundament die Rissbildung, so dass die Hälfte der berechneten Bewehrung genügt.

Vergleichsrechnung: Mindestbewehrung für dickere Bauteile

Bei dickeren Bauteilen darf die Mindestbewehrung unter Berücksichtigung einer effektiven Randzone berechnet werden.

Abschnitt 14.1, Gl. (14.3)

$$A_s = f_{ct,eff} \cdot A_{c,eff} / \sigma_s \geq k \cdot f_{ct,eff} \cdot A_{ct} / f_{yk}$$

Wirkungsbereich der Bewehrung bei zentrischem Zwang, s. Bild 14.1

$h / d_1 = 5$ $h_{eff} / d_1 = 2{,}5$

$h / d_1 = 30$ $h_{eff} / d_1 = 5$

$5 \leq h / d_1 \leq 30$ $h_{eff} / d_1 = 2{,}5 + 0{,}1(h / d_1 - 5)$

Nachgewiesen wird die Vorderseite, Betondeckung $c_v = 5{,}5$ cm.

Übernommen werden die Stabdurchmesser

untere 3 m: $\varnothing14$ obere 3 m: $\varnothing12$

$d_1 = 5{,}5 + 1{,}4 / 2 = 6{,}2$ cm $d_1 = 6{,}1$ cm

Der modifizierte Grenzdurchmesser $d_s{}^*$ und damit die Stahlspannung σ_s sind unverändert, desgleichen der Beiwert k_h für den Spannungsverlauf über die Wandhöhe.

Die Mindestbewehrung ist in Tabelle 14.6 berechnet.

Tabelle 14.6: Stützwand – Mindestbewehrung für dickere Bauteile

x	h	h/d_1	h_{eff}	k_h	σ_s	$A_s/2$	gewählt je Seite	
m	m	-	m	-	N/mm²	cm²/m	cm²/m	
1,50	0,425	7,0	0,165	0,64	198	6,9	$\varnothing$12-17^5:	6,5[*]
3,00	0,550	9,0	0,177	0,74	198	8,6	$\varnothing$12-12^5:	9,0
4,50	0,675	10,9	0,192	0,86	186	11,5	$\varnothing$14-12^5:	12,3
6,00	0,800	12,9	0,204	1,00	186	14,3	$\varnothing$14-20:	7,7[**]

[*] Unterschreitung hinnehmbar, Reserven in angrenzenden Bereichen
[**] Fundament behindert Rissbildung, Hälfte der Bewehrung ausreichend

Einzelschritte für Wandfuß, $x = 6,00$ m

$$h/d_1 = 0,800/0,062 = 12,9$$

$$h_{eff}/d_1 = 2,5 + 0,1 \cdot (12,9 - 5) = 3,29$$

$$h_{eff} = 3,29 \cdot 0,062 = 0,204 \text{ m} \quad < h/2 = 0,400 \text{ m}$$

$$A_s = (1,3 \cdot 0,204 / 186) \cdot 10^4 = 14,3 \text{ cm}^2/\text{m} \quad \text{je Seite}$$

Die Vergleichsrechnung ergibt keine geringere Mindestbewehrung, im oberen Bereich ist sie sogar größer. Die große Betondeckung auf der Vorderseite bedeutet eine dicke effektive Randzone h_{eff}, so dass die Berechnung der Mindestbewehrung für dickere Bauteile in diesem Fall nicht vorteilhaft ist. In welchem Maße sich die geringere Betondeckung bei der Berechnung der Mindestbewehrung auf der Rückseite auswirkt vergl. Übungsaufgabe.

Es braucht nicht mehr Mindestbewehrung eingelegt werden als sich nach Gl. (14.1) und (14.2) ergibt.

Bewehrungsskizze

Einen Vorschlag für die Anordnung der Bewehrung enthält Bild 14.5. Die lotrechten Stäbe $\varnothing$14 auf der Rückseite sind um das Versatzmaß a_l und die Verankerungslänge $l_{b,net}$ über den Schnitt $\overline{x}$ zu führen.

DIN 1045-1, 13.2.2; vergl. Abschnitt 5.2: Zugkraftdeckungslinie

$$\overline{x} = 6,00 - 3,50 = 2,50 \text{ m}$$

gemessen von Oberkante Fundament

$$a_l = d = 55 \text{ cm}$$

$$l_{b,net} = l_b \cdot A_{s,erf}/A_{s,vorh} \geq 0,3\, l_b \geq 10\, d_s$$

$$l_b = 56 \text{ cm} \qquad \text{guter Verbundbereich}$$

vergl. Anhang Tafel A9

$$l_{b,net} = 56 \cdot 4,9 / 12,3 = 23 \, \text{cm}$$

$$> 0,3 \cdot 56 = 17 \, \text{cm} \qquad > 14 \, \text{cm}$$

gewählte Stablänge $\qquad$ 3,30 m $>$ 2,50 + 0,55 + 0,23 = 3,28 m

Unberücksichtigt sind Regelungen, die über DIN 1045-1 hinausgehen, z. B. DIN-Fachbericht 102: Betonbrücken.

Die vordere lotrechte Bewehrung ist konstruktiv gewählt. Nicht dargestellt sind Anschlussbewehrung und Abstandshalter zwischen den Bewehrungsebenen.

Die horizontale Mindestbewehrung zur Begrenzung der Rissbreite kann insbesondere bei kleinen Rissbreiten größer sein als die vertikale Bewehrung zur Aufnahme der Biegung infolge Erddruck vergl. Übungsaufgabe.

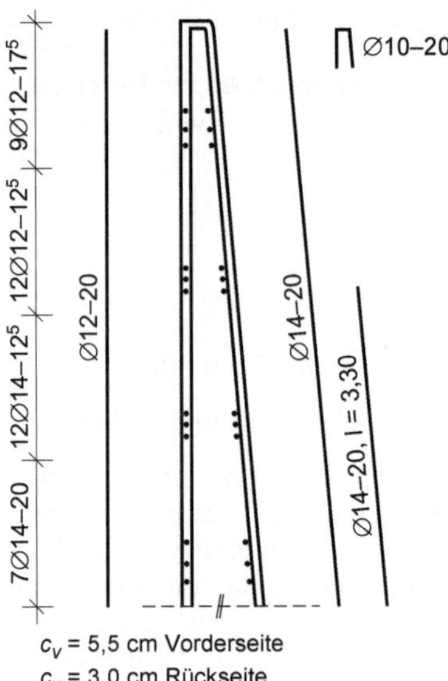

Bild 14.5:
Stützwand – Bewehrung

15 Torsion – Fußgängerbrücke

Eine Bemessung für Torsion ist nur erforderlich, wenn das Gleichgewicht des Tragwerks von der Torsionssteifigkeit der einzelnen Bauteile abhängt. Die in Bild 15.1 und 15.2 dargestellte Fußgängerbrücke besteht aus einem einstegigen Plattenbalken, der bei halbseitiger Belastung auf Torsion beansprucht wird. Die Endquerträger ermöglichen die Anordnung von 2 Lagern, so dass das Torsionsmoment durch ein Kräftepaar aufgenommen werden kann.

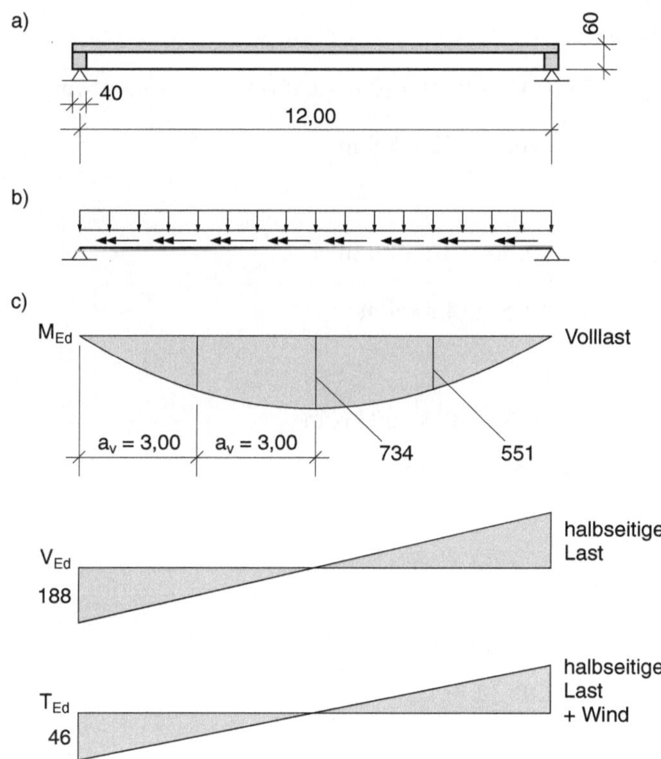

Bild 15.1: Fußgängerbrücke
    a) Geometrie
    b) Lasten
    c) Schnittgrößen

Zu bearbeiten sind:

- Ermittlung der Lasten und Schnittgrößen
- Festlegung der Expositionsklassen, Mindestbetonfestigkeitsklasse, Betondeckung
- Bemessung für Biegung
- Bemessung für Querkraft
- Bemessung für Torsion
- Bewehrung der Gurte
- Darstellung der Bewehrung im Querschnitt

Lasten, Schnittgrößen

ständige Lasten

Geländer 0,5 kN/m, Kunststoffbeschichtung vernachlässigbar

$$g_k = 25\,(0,15\cdot3,0+0,4\,(0,6-0,15))+0,5 = 16,3\ \text{kN/m}$$

$$g_d = 1,35\cdot16,3 = 22,0\ \text{kN/m}$$

Verkehrslast

DIN 1072 Straßen- und Wegebrücken: Abminderung für $l > 10$ m vernachlässigt

$$q_k = 5,00\cdot2,50 = 12,5\ \text{kN/m}$$

$$q_d = 1,5\cdot12,5 = 18,8\ \text{kN/m}$$

Wind

DIN 1072: Höhe Verkehrsband 1,8 m. Weitergehende Regelungen nach DIN-Fachbericht 101 – Einwirkungen auf Brücken – bleiben unberücksichtigt.

$$w_k = 0,9\,(0,6+1,8) = 2,2\ \text{kN/m}$$

$$w_d = 1,5\cdot2,2 = 3,3\ \text{kN/m}$$

Schnittgrößen

Volllast

$$M_{Ed} = (22,0+18,8)\,12,00^2\,/\,8 = 734\ \text{kNm}$$

$$V_{Ed} = (22,0+18,8)\,12,00\,/\,2 = 245\ \text{kN}$$

halbseitige Last

$$V_{Ed} = (22,0+18,8\,/\,2)\cdot12,00\,/\,2 = 188\ \text{kN}$$

$$T_{Ed,q} = (18,8\,/\,2)\,(1,25\,/\,2)\cdot12,00\,/\,2 = 35,3\ \text{kNm}$$

$$T_{Ed,w} = 3,3\,[(1,8+0,6)\,/\,2-0,6\,/\,2]\cdot12,00\,/\,2 = 17,8\ \text{kNm}$$

bezogen auf den Schwerpunkt des Rechtecks $0,4 \cdot 0,6$ m, das den maßgebenden Torsionsquerschnitt darstellt.

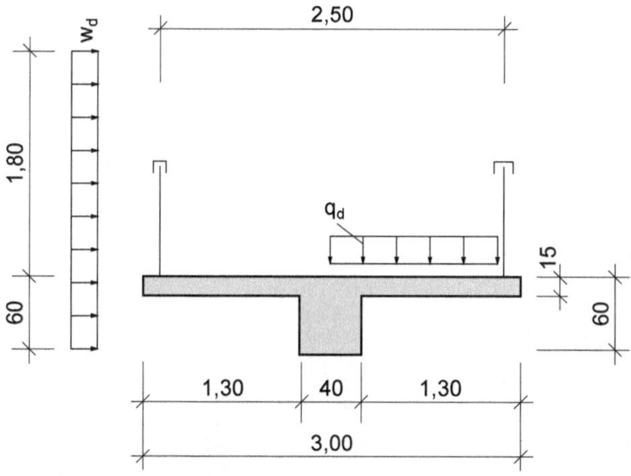

Bild 15.2: Fußgängerbrücke – Querschnitt, Lasten

Es ist nur eine veränderliche Einwirkung in voller Größe anzusetzen, die andere Einwirkung wird mit dem Kombinationsbeiwert abgemindert

$$T_{Ed} = T_{Ed,q} + \psi_0\, T_{Ed,w}$$

$$= 35,3 + 0,6 \cdot 17,8 = 46,0\ \text{kNm}$$

Es werden die Kombinationswerte für Hochbauten zugrunde gelegt, DIN 1055-100, Tab. A2; vergl. Abschnitt 1.4, Tab. 1.3

Expositionsklassen, Mindestfestigkeitsklasse, Betondeckung

XC3	C20/25	Bewehrungskorrosion
XF1 (WF)	C25/30	Betonangriff
gewählt	C30/37	

Beschichtung der Oberfläche: keine direkte Beregnung

Betondeckung

Bügel $\quad c_{min} = 20 - 5 = 15\,\text{mm} \ \geq\ d_{s,bü} = 10\,\text{mm}$

$\Delta c = 15\,\text{mm}$

$c_{nom} = 15 + 15 = 30\,\text{mm}$

Verminderung, weil gewählter Beton 2 Festigkeitsklassen höher ist

Längsstäbe $\quad c_{min} > d_s = 28\,\text{mm}$

$\Delta c = 10\,\text{mm}$

$c_{nom,l} = 28 + 10 = 38\,\text{mm}$

$c_v \geq c_{nom,l} - d_{s,bü} = 38 - 10 = 28\,\text{mm}$

DIN 1045-1, 6.3 (8): Wenn die Verbundbedingung maßgebend wird, ist ein Vorhaltemaß $\Delta c = 10$ mm ausreichend.

Verlegemaß $\quad c_v = 30\,\text{mm}$

Bemessung für Biegung

$$d = h - c_v - d_{s,bü} - d_{s,l}/2 \quad \text{Nutzhöhe}$$

$$d = 60 - 3,0 - 1,0 - 2,8/2 = 54,6 \text{ cm}$$

gewählt $\quad d = 54,5$ cm

mitwirkende Plattenbreite

DIN 1045-1, 7.3.1;
vergl. Abschnitt 7.1

$$b_{eff} = \sum b_{eff,i} + b_w$$

$$b_{eff,i} = 0,2\,b_i + 0,1\,l_0 \quad \leq 0,2\,l_0 \quad \leq b_i$$

$l_0 = l_{eff} = 12,00$ m $\qquad$ wirksame Stützweite

$b_1 = 1,30$ m $\qquad$ tatsächlich vorhandene Gurtbreite

$b_w = 0,40$ m $\qquad$ Stegbreite

$$b_{eff,1} = b_{eff,2} = 0,2 \cdot 1,30 + 0,1 \cdot 12,00 = 1,46 \text{ m}$$

$$< 0,2 \cdot 12,00 = 2,40 \text{ m}$$

$$> 1,30 \text{ m} \quad \text{maßgebend}$$

$$b_{eff} = 2 \cdot 1,30 + 0,40 = 3,00 \text{ m}$$

k_d-Tafel für Recht-
eckquerschnitt, vergl.
Anhang Tafel A3

$$k_d = \frac{54,5}{\sqrt{\dfrac{734}{3,0}}} = 3,48$$

$k_s = 2,27 \qquad \xi = x/d = 0,09 \qquad \zeta = 0,97$

Kontrolle der Spannungsnulllinie

$$x = 0,09 \cdot 54,5 = 4,9 \text{ cm} \qquad\qquad < h_f = 15 \text{ cm}$$

Die Anwendung der Tafel für Rechteckquerschnitte ist zulässig.

$$A_s = 2,27 \frac{734}{54,5} = 30,6 \text{ cm}^2$$

passen in eine Lage,
vergl. [8]

gewählt $\quad 5\varnothing 28: 30,6$ cm^2

Bemessung für Querkraft

DIN 1045-1,
10.4.2 (2)

Zur Vereinfachung dürfen die Querkraftbewehrung und die Torsionsbewehrung getrennt ermittelt werden. Die Bemessung für Querkraft
erfolgt wie üblich mit der belastungsabhängigen Druckstrebenneigung

$\cot\theta$. Der Plattenbalken ist am Endquerträger indirekt gelagert, auf die Abminderung der Querkraft bis zum Rand des Endquerträgers wird verzichtet.

Traganteil des Betons

$$V_{Rd,c} = 0,24\, f_{ck}^{1/3} \cdot b_w \cdot z$$

innerer Hebelarm

$$z = 0,9\,d \le d - c_{nom,l} - 30\,\text{mm}$$

$$z = 0,9 \cdot 54,5 = 49,1\,\text{cm}$$

$$z = 54,5 - (3,0 + 1,0 + 0,6) - 3,0 = 47\,\text{cm} \quad \text{maßgebend}$$

$$V_{Rd,c} = 0,24 \cdot 30^{1/3} \cdot 0,40 \cdot 0,47 \cdot 10^3 = 140\,\text{kN}$$

Druckstrebenneigung

$$\cot\theta = \frac{1,2}{1 - V_{Rd,c}/V_{Ed}} \le 3,0$$

Bügelbewehrung

$$a_{sw} = \frac{V_{Ed}}{z \cdot f_{yd} \cdot \cot\theta} \quad \text{mit} \quad f_{yd} = 43,5\,\text{kN/cm}^2$$

Volllast $\qquad\qquad\qquad\qquad$ halbseitige Last

$$\cot\theta = \frac{1,2}{1 - 140/245} = 2,80 \qquad \cot\theta = \frac{1,2}{1 - 140/188} = 4,70$$

$$\le 3,0 \quad \text{maßgebend}$$

$$a_{sw} = \frac{245}{0,47 \cdot 43,5 \cdot 2,80} \qquad\qquad a_{sw} = \frac{188}{0,47 \cdot 43,5 \cdot 3,0}$$

$$= 4,28\,\text{cm}^2/\text{m} \qquad\qquad\qquad = 3,07\,\text{cm}^2/\text{m}$$

Mindestquerkraftbewehrung

$$a_{sw,min} = \rho_{w,min} \cdot b_w \cdot s_w$$

$$= 0,93 \cdot 10^{-3} \cdot 40 \cdot 100 = 3,72\,\text{cm}^2/\text{m}$$

Maximal aufnehmbare Querkraft

$$V_{Rd,max} = \frac{b_w \cdot z \cdot \alpha_c \cdot f_{cd}}{\cot\theta + \tan\theta} \quad \text{mit} \quad \alpha_c = 0,75$$

DIN 1045-1, 10.3.4

vereinfachte Gleichungen Abschnitt 4.2.3

$c_{nom,l}$ ist die Betondeckung der Längsbewehrung in der Betondruckzone; beachte Matte oberhalb Bügel, Bild 15.4.

DIN 1045-1, 13.2.3; vergl. Abschnitt 5.2

$\cot\theta = 3,0$ ergibt den ungünstigsten Wert halbseitige Last

$$= \frac{0,40\cdot 0,47\cdot 0,75\cdot 17,0}{3,0+1/3,0}\cdot 10^3 = 719 \text{ kN}$$

DIN 1045-1, 10.4.2 (2) vergl. [7] Abschnitt 5.3.2

DIN 1045-1, 10.4.1 (4): Aufteilung des Torsionsmoments auf einzelne Querschnittsteile

Bemessung für Torsion

Das Bemessungsmodell für Torsion ist ein dünnwandiger geschlossener Querschnitt, Bild 15.3. Die Mittellinien der Wände verlaufen durch die Achsen der Längsstäbe in den Ecken. Zur Aufnahme der Torsion sind Bügel und über den Umfang verteilte Längsstäbe erforderlich. Sie bilden zusammen mit den geneigten Druckstreben des Betons ein Fachwerk. Damit wird das aufnehmbare Torsionsmoment einerseits durch die Tragfähigkeit der Torsionsbewehrung und andererseits durch die Tragfähigkeit der Betondruckstreben begrenzt.

Das angreifende Torsionsmoment wird vollständig dem Rechteckquerschnitt – 40 · 60 cm – zugewiesen, weil die Torsionssteifigkeit der Gurte – 15 · 130 cm – vergleichsweise gering ist.

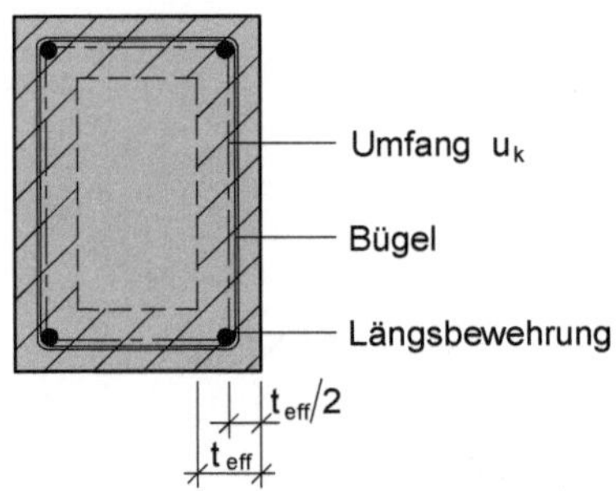

Bild 15.3: Ersatzhohlkasten für den Torsionsnachweis

Wanddicke des fiktiven Hohllastenquerschnitts

$$t_{eff} = 2\,(c_v + d_{s,b\ddot{u}} + d_{s,l}/2) = 2\,(3,0 + 1,0 + 2,8/2) = 10,8 \text{ cm}$$

durch die Mittellinien eingeschlossene Fläche

$$A_k = (b - t_{eff})\cdot(h - t_{eff}) = (40 - 10,8)\cdot(60 - 10,8) = 1437 \text{ cm}^2$$

$$= 0,144 \text{ m}^2$$

Umfang der Fläche A_k

$$u_k = 2\,(b - t_{eff}) + 2\,(h - t_{eff}) = 2\,(40 - 10,8) + 2\,(60 - 10,8)$$

$$= 157 \text{ cm}$$

Zur Vereinfachung darf die Bewehrung für Torsion mit $\theta = 45°$ ermittelt werden. Dann beträgt die erforderliche Bewehrung je Längeneinheit – Bügel und Längsbewehrung:

$$a_{sw} = a_{sl} = \frac{T_{Ed}}{2\,A_k \cdot f_{yd}} \quad [\text{cm}^2/\text{m}]$$

vereinfachte Gleichungen
[7] Abschnitt 5.3.2

$$= \frac{46}{2 \cdot 0{,}144 \cdot 43{,}5} = 3{,}67 \ \text{cm}^2/\text{m}$$

Zu beachten ist, dass sich der Querschnitt der Bügel a_{sw} auf einen Bügelschenkel bezieht, im Gegensatz zur Querkraftbewehrung, wo mit a_{sw} beide Bügelschenkel erfasst werden.

Die Torsionslängsbewehrung ist gleichmäßig über den Umfang anzuordnen. In der Biegezugzone ist sie zur Biegezugbewehrung zu addieren.

Das maximal aufnehmbare Torsionsmoment beträgt:

$$T_{Rd,max} = 0{,}525\,f_{cd} \cdot A_k \cdot t_{eff}$$

$$= 0{,}525 \cdot 17{,}0 \cdot 0{,}144 \cdot 0{,}108 \cdot 10^3 = 139 \ \text{kNm}$$

$$> T_{Ed} = 46 \ \text{kNm}$$

Der Kernquerschnitt A_k ist maßgebend für die Torsionsbewehrung und für die Torsionstragfähigkeit, vergl. Übungsaufgabe.

Bei kombinierter Beanspruchung aus Torsion und Querkraft wird die maximale Tragfähigkeit begrenzt durch:

$$\left[\frac{T_{Ed}}{T_{Rd,max}}\right]^2 + \left[\frac{V_{Ed}}{V_{Rd,max}}\right]^2 \leq 1$$

DIN 1045-1, 10.4.2,
Gl. (94)

$$\left(\frac{46}{139}\right)^2 + \left(\frac{188}{719}\right)^2 = 0{,}18 < 1{,}0$$

Die maximale Tragfähigkeit des Querschnitts ist bei Weitem nicht ausgenutzt.

Die Bügel werden zur Mitte abgestuft. Wenn die folgenden Gleichungen erfüllt sind, ist außer der Mindestquerkraftbewehrung keine weitere Querkraft- und Torsionsbewehrung erforderlich.

$$x = l/4$$

$$V_{Ed} = 188/2 = 94 \ \text{kN} \qquad T_{Ed} = 46/2 = 23 \ \text{kNm}$$

$$T_{Ed} \leq \frac{V_{Ed} \cdot b_w}{4{,}5} = \frac{94 \cdot 0{,}40}{4{,}5} = 8{,}3 \ \text{kNm}$$

DIN 1045-1, 10.4.1,
Gl. (87) und (88)

15

$$V_{Ed}\left[1+\frac{4,5\,T_{Ed}}{V_{Ed}\cdot b_w}\right] \leq V_{Rd,c}$$

$$= 94\left[1+\frac{4,5\cdot 23}{94\cdot 0,40}\right] = 353\,\text{kN} > 140\,\text{kN}$$

Beide Gleichungen sind nicht erfüllt, so dass die Abstufung entsprechend der Bemessung erfolgt, s. Abschnitt Bewehrung im Querschnitt.

Bewehrung der Gurte

Bemessung für Biegung

$$g_{d,1} = 1,35\cdot 25\cdot 0,15 = 5,06\,\text{kN/m}^2$$

$$g_{d,2} = 1,35\cdot 0,25 = 0,34\,\text{kN/m} \qquad\qquad \text{Geländer}$$

$$q_d = 1,5\cdot 5,0 = 7,5\,\text{kN/m}^2$$

$$m_{Ed} = 5,06\cdot 1,30^2/2 + 0,34\cdot 1,05 + 7,5\cdot 1,05^2/2 = 8,8\,\text{kNm/m}$$

$$d = 15 - 3 - 1,0/2 = 11,5\,\text{cm}$$

$$k_d = \frac{11,5}{\sqrt{8,8}} = 3,88$$

$$a_s = 2,24\,\frac{8,8}{11,5} = 1,71\,\text{cm}^2/\text{m}$$

Nachweis Anschluss der Gurte

<table><tr><td>DIN 1045-1, 10.3.5;
Einzelheiten vergl. [7]
Abschnitt 5.2.5</td><td>Bei Plattenbalken ist der Anschluss der Druckkräfte in den Gurten an den Balkensteg nachzuweisen. Die Längskraft in den Gurten verändert sich analog zum Momentenverlauf. Die Längskraftdifferenz darf über die Länge a_v – höchstens der halbe Abstand zwischen Momenthöchstwert und Momentennullpunkt – konstant angenommen werden, das entspricht der Längsschubkraft V_{Ed}.</td></tr></table>

$$0 \leq x \leq a_v$$

$$\sum \Delta F_d = \frac{M_{Ed}(x=a_v)}{z} = \frac{551}{0,529} = 1042\,\text{kN}$$

$z = \zeta\cdot d$
$\quad = 0,97\cdot 0,545$
$\quad = 0,529\,\text{m}$
aus Biegebemessung

$$a_v \leq x \leq 2a_v$$

$$\sum \Delta F_d = \frac{M_{Ed,max} - M_{Ed}(x=a_v)}{z} = \frac{734 - 551}{0,529} = 346\,\text{kN}$$

Die Längskraftdifferenz wird im Verhältnis der Gurtbreite zur gesamten mitwirkenden Plattenbreite aufgeteilt.

$$V_{Ed} = \Delta F_{d,1} = \frac{b_{eff,1}}{b_{eff}} \sum \Delta F_d$$

$$V_{Ed} = \frac{1,30}{3,00} \, 1042 = 452 \text{ kN}$$

Anschlussbewehrung je Längeneinheit

$$a_{sf} = \frac{V_{Ed}}{a_v \cdot f_{yd} \cdot \cot\theta} = \frac{452}{3,00 \cdot 43,5 \cdot 1,2} = 2,88 \text{ cm}^2/\text{m}$$

$\cot\theta = 1,2$ für Druckgurte

Bei gleichzeitiger Wirkung von Biegemomenten in der Platte darf der größere erforderliche Stahlquerschnitt zugrunde gelegt werden.

Für die Oberseite der Platte – Biegezugzone – wird maßgebend:

$$a_{s,Biegung} \quad \text{oder} \quad \frac{a_{sf}}{2}$$

Die Biegebemessung der Platte erfordert mehr Bewehrung:

$$a_{s,Biegung} = 1,71 \text{ cm}^2/\text{m} > 2,88/2 = 1,44 \text{ cm}^2/\text{m}$$

gewählt Betonstahlmatte R188 A

Das Duktilitätskriterium – Mindestbewehrung zur Aufnahme des Rissmoments – ist zugleich erfüllt.

Bewehrung im Querschnitt

Längsbewehrung

Von den 5∅28 in Feldmitte laufen 3 Stäbe bis zum Auflager. Auf der Stegunterseite ist genügend Reserve als Torsionslängsbewehrung vorhanden, Bild 15.4.

Seitlich im Steg

gewählt ∅10-20: 3,93 cm^2/m $> a_{sl} = 3,77$ cm^2/m

Bügel

$x \leq 3,00$ m

gewählt ∅10–12^5: 12,56 cm^2/m $> a_{sw,V} + 2a_{sw,T} = 3,72 + 2 \cdot 3,67$

$$= 11,06 \text{ cm}^2/\text{m}$$

$x > 3,00$ m

gewählt ∅10-20: 7,85 cm^2/m $> 3,72 + 2\,(3,67/2) = 7,39$ cm^2/m

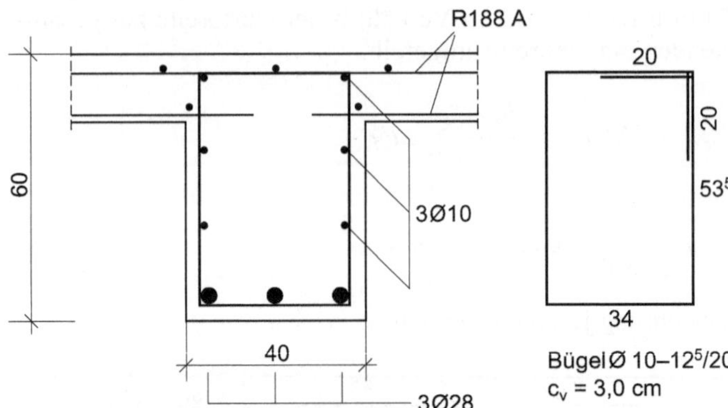

Bild 15.4: Fußgängerbrücke – Bewehrung im Querschnitt

DIN 1045-1,
13.2.4 (2)

Maximaler Bügelabstand

$$s_{max} = u_k / 8 = 157 / 8 \approx 20 \text{ cm}$$

DIN 1045-1, 13.2.4 (1)
und 12.7, Bild 56:
Schließen von Bügeln

Die Bügel sind kraftschlüssig zu schließen.

$$l_s = \alpha_s \cdot \alpha_a \cdot l_{b,net}$$

DIN 1045-1, 12.8.2;
vergl. Abschnitt 5.1

$$\alpha_s = 1,4$$

$$\alpha_a = 1,0 \qquad \text{gerade Stabenden}$$

$$l_b = 36 / 52 \text{ cm} \qquad \text{guter/mäßiger Verbundbereich}$$

Für den horizontalen
Winkelhaken gelten mä-
ßige Verbundbedingun-
gen, für den vertikalen
Winkelhaken gute Ver-
bundbedingungen.

$$a_{sw,erf} = 3,67 \text{ cm}^2/\text{m} \qquad \text{Torsionsanteil}$$

$$a_{sw,vorh} = 12,56 / 2 = 6,28 \text{ cm}^2/\text{m} \qquad \text{Bügelschenkel einer Seite}$$

$$l_s = 1,4 \cdot \frac{36+52}{2} \cdot \frac{3,67}{6,28} = 36 \text{ cm}$$

aufgeteilt auf 2 Winkelhaken, Bild 15.4

5

16 Klausurtrainer

Die folgenden Aufgaben beziehen sich auf die in Abschnitt 6 bis 15 bearbeiteten Beispiele. Verändert werden einige Eingangsgrößen mit denen das Bauteil erneut zu bemessen ist. Zweckmäßigerweise erfolgt die Bearbeitung unabhängig vom vorangegangen Text nur unter Verwendung der Zeichnung für System, Lasten und Schnittgrößen sowie der übrigen Vorgaben.

Die Ergebnisse lassen sich mit Hilfe der eingefügten Lösungen kontrollieren. Der Randtext bietet Merksätze, die das Verständnis zur Bemessung und Konstruktion von Stahlbetonbauten fördern sollen.

Zu 6.1.1 Einfeldbalken

Verändert: Betonfestigkeitsklasse C30/37

- Bemessung für Biegung einschließlich Berechnung der Druckzone und des inneren Hebelarms

Tabelle 16.1: Biegebemessung

F_{Ed}	M_{Ed}	μ_{Ed}	ω	ξ	x	ζ	z	ε_{c2}	ε_{s1}	σ_{sd}	A_s
kN	kNm	–	–	–	cm	–	cm	‰	‰	N/mm^2	cm^2
50	75	0,071	0,071	0,098	4,5	0,961	43,7	–2,72	25,00	457	3,79
100	150	0,142	0,150	0,191	8,7	0,921	41,9	–3,50	14,91	447	8,00
150	225	0,213	0,241	0,301	13,7	0,875	39,8	–3,50	8,16	440	12,86
200	300	0,284	0,344	0,427	19,4	0,823	37,4	–3,50	4,71	437	18,35
250	375	0,355	0,367	0,578	26,3	0,760	34,6	–3,50	2,56	435	19,58

Erhöhung der Betonfestigkeitsklasse ergibt kleinere Druckzone, größeren Hebelarm, geringere Zugbewehrung, Verzicht auf Druckbewehrung.

- Bemessung für Querkraft einschließlich Wahl der Bügel

Lösung: $V_{Rd,c} = 87{,}7$ kN $\qquad V_{Rd,max} = 737$ kN

Tabelle 16.2: Querkraftbemessung

$V_{Ed} = F_{Ed}$	$\cot\theta$	a_{sw}	$\dfrac{V_{Ed}}{V_{Rd,max}}$	s_{max}	gewählt	
kN	–	cm^2/m	–	mm	cm^2/m	
50	3,00	2,79[*]	0,07	300	$\varnothing$8–30:	3,35
100	3,00	2,79[*]	0,14	300	$\varnothing$8–30:	3,35
150	2,89	3,04	0,20	300	$\varnothing$8–30:	3,35
200	2,14	5,48	0,27	300	$\varnothing$8–17^5:	5,74
250	1,85	7,92	0,34	250	$\varnothing$8–12^5:	8,04

[*] Mindestquerkraftbewehrung

Erhöhung der Betonfestigkeitsklasse vermindert Anteil der Querkraft, $V_{Ed} - V_{Rd,c}$, der durch Bügel abzudecken ist.

Zu 6.1.3 Balken mit Kragarm

Verändert: Höhe $h = 65$ cm

- Bemessung für Biegung

Lösung: Feldmoment $A_{s1} = 34{,}0$ cm^2

                         A_{s2} konstruktiv (Stäbe in Bügelecken ausreichend)

          Stützmoment $A_s = 13{,}1$ cm^2

- Bemessung für Querkraft

Lösung: $V_{Rd,c} = 157$ kN $V_{Rd,max} = 1317$ kN

Tabelle 16.3: Querkraftbemessung

Ort	$\lvert V_{Ed} \rvert$	$\cot\theta$	a_{sw}	$\dfrac{V_{Ed}}{V_{Rd,max}}$	s_{max}	gewählt	
	kN	–	cm^2/m	–	mm		cm^2/m
A_{links}	255	3,00	3,72[*]	0,19	300	⌀10–30:	5,24
A_{rechts}	336	2,25	6,54	0,26	300	⌀10–20:	7,85
x = 1,50	261	3,00	3,81	0,20	300	⌀10–30:	5,24
B	368	2,09	7,71	0,28	300	⌀10–20:	7,85

[*] Mindestquerkraftbewehrung

Vergrößerung der Höhe wirkt sich günstig für Biegebewehrung und Querkraftbewehrung aus.

Zu 6.2 Platte

Verändert: Höhe $h = 20$ cm   (keine verformungsempfindlichen Trennwände)

                     Achse B: Unterstützung durch 20 cm dicke Wand

                     Schnittgrößen mit 15 % Momentenumlagerung

- Schnittgrößen mit 15 % Momentenumlagerung

Lösung: $\lvert m'_{Ed} \rvert = 0{,}85 \cdot 77{,}7 = 66{,}0$ kNm/m

$$\lvert m'_{Ed,red} \rvert = 66{,}0 - 57{,}4 \cdot 0{,}20 / 2 = 60{,}3 \text{ kNm/m}$$

$$\lvert m_{Ed,min} \rvert = 57{,}1 \text{ kNm/m}$$

A: $v'_{Ed} = 44{,}2 + 0{,}15 \cdot 77{,}7 / 6{,}60 = 46{,}0$ kN/m

B_l: $\lvert v'_{Ed} \rvert = 67{,}7 - 0{,}15 \cdot 77{,}7 / 6{,}60 = 65{,}9$ kN/m

B_r: $v'_{Ed} = 59{,}6 - 0{,}15 \cdot 77{,}7 / 5{,}30 = 57{,}4$ kN/m

6

- Bemessung für Biegung mit 15 % Momentenumlagerung

  $d = 16{,}6$ cm   (2R524)

Tabelle 16.4: Biegebemessung

	$|m_{Ed}|$	k_d	σ_s	k_s	a_s	gewählt
	kNm/m		N/mm²		cm²/m	cm²/m
Feld 1	62,3	2,10	441	2,56	9,61	2R524: 10,48
Feld 2	35,2	2,80	450	2,38	5,05	R524: 5,24
Stützmom	60,3	2,14	441	2,56	9,30	2R524: 10,48

Es ist vorteilhaft, bei Platten Momentenumlagerung zu berücksichtigen.

$$\delta_{zul} = 0{,}64 + 0{,}8 \cdot 0{,}27 = 0{,}85 \qquad x/d \text{ interpoliert}$$

- Bemessung für Querkraft

Achse A   eine Matte R524 bis zum Auflager geführt

$$v_{Rd,ct} = 61{,}4 \, \text{kN/m}$$

$$> 46{,}0 \, \text{kN/m Achse, nach Momentenumlagerung}$$

Achse B₁

$$v_{Rd,ct} = 77{,}3 \, \text{kN/m}$$

$$> 65{,}9 \, \text{kN/m Achse, nach Momentenumlagerung}$$

Platten des üblichen Hochbaus benötigen in der Regel keine Querkraftbewehrung.

Mindestquerkrafttragfähigkeit

$$v_{Rd,ct,min} = 73{,}5 \, \text{kN/m}$$

Zu 6.3.3 Fußgängerplattform – Balken

Verändert: Betonfestigkeitsklasse C40/50

  Breite $b = 45$ cm

- Bemessung für Biegung: Feldmitte und Viertelspunkt

Tabelle 16.5:   Biegebemessung

Ort	M_{Ed}	k_d	k_{s1}	k_{s2}	ρ_1	ρ_2	A_{s1}		A_{s2}	
	kNm						cm²	gew.	cm²	gew.
Feldmitte	1050	1,13	2,74	0,42	1,02	1,08	53,8	9⌀28	8,7	3⌀20
Viertelspunkt	788	1,30	2,71	–	–	–	39,2	7⌀28	–	2⌀20

Vergrößerung der Balkenbreite und Erhöhung der Betonfestigkeitsklasse reduzieren maßgeblich die Druckbewehrung.

- Bemessung für Querkraft: Auflager und $x = 1{,}50$ m

Lösung: $V_{Rd,c} = 175$ kN $V_{Rd,max} = 1787$ kN

Vergrößerung der Balkenbreite und Erhöhung der Betonfestigkeitsklasse erhöhen die Mindestquerkraftbewehrung.

Tabelle 16.6: Querkraftbemessung

Ort	V_{Ed}	$\cot\theta$	a_{sw}	$\dfrac{V_{Ed}}{V_{Rd,max}}$	s_{max}	gewählt	
	kN	–	cm²/m	–	mm		cm²/m
A	366	2,30	7,70	0,20	300	$\varnothing$10–20:	7,85
x = 1,50	294	2,96	4,80*)	0,16	300	$\varnothing$10–30:	5,24

*) $a_{sw,min} = 5{,}04$ cm²/m

Zu 7.3 Geschossdecke – Plattenbalken

Verändert: Betonfestigkeitsklasse C25/30

Querschnitt: $b_w = 35$ cm $h = 55$ cm

- Bemessung für Biegung ohne/mit Momentenumlagerung

Lösung: 15 % Momentenumlagerung, vergl. Abschnitt 7.3

Stützmom. $|M'_{Ed}| = 0{,}85 \cdot 610 = 519\,\text{kNm}$

Achse B $V'_{Ed} = 382 - 0{,}15 \cdot 610 / 8{,}00 = 370\,\text{kN}$

$|M'_{Ed,red}| = 519 - 370 \cdot 0{,}40 / 2 = 445\,\text{kNm}$

$|M_{Ed,min}| = 366\,\text{kNm}$ nicht maßgebend

Tabelle 16.7: Biegebemessung

Ort	M_{Ed}	b	k_d	k_{s1}	k_{s2}	ρ_1	ρ_2	A_{s1}		A_{s2}	
	kNm	m						cm²	gew.	cm²	gew.
Feldmom.	404	2,64	4,04	2,27	–	–	–	18,3	4$\varnothing$25		
Stützmom.	534	0,35	1,28	2,67	0,78	1,02	1,08	29,1	4$\varnothing$25+6$\varnothing$16	9,0	2$\varnothing$25
Stützmom.*)	445	0,35	1,40	2,50	1,30	1,02	1,08	22,7	3$\varnothing$25+4$\varnothing$16	12,5	3$\varnothing$25

*) Anhang Tafel A4: $x/d = 0{,}25$

Mit Momentenumlagerung ermäßigt sich die Zugbewehrung. Aufgrund der Begrenzung der Druckzone x/d bei Momentenumlagerung erhöht sich in der Regel die Druckbewehrung.

$$\delta_{zul} = 0{,}64 + 0{,}8 \cdot 0{,}25 = 0{,}84 < \delta_{gew} = 0{,}85$$

- Bemessung für Querkraft (ohne Momentenumlagerung)

Lösung: $V_{Rd,c} = 107\,\text{kN}$ $V_{Rd,max} = 796\,\text{kN}$

Tabelle 16.8: Querkraftbemessung

Ort	V_{Ed}	$\cot\theta$	a_{sw}	$\dfrac{V_{Ed}}{V_{Rd,max}}$	s_{max}	gewählt	
	kN	–	cm²/m	–	mm		cm²/m
A	182	2,91	3,31	0,23	300	∅10–30:	5,24
$\bar{x} = 2,00$	229	2,25	5,38	0,29	300	∅10–30:	5,24[*)]
B	329	1,78	9,77	0,41	275	∅10–15:	10,48

[*)] Querkraftdeckungslinie geringfügig eingeschnitten, vergl. DIN 1045-1, 13.2.3 (9), Bild 68

Die Querkraftbewehrung verändert sich stärker durch Verminderung der Balkenhöhe als durch Vergrößerung der Stegbreite.

Zu 7.4 Dreifeldbalken – Plattenbalken

Verändert: Nachweise ohne Momentenumlagerung

- Bemessung für Biegung
  Feld 2, Stützmomente ohne Momentenumlagerung

Tabelle 16.9: Biegebemessung

Ort	M_{Ed}	b	k_d	k_{s1}	k_{s2}	ρ_1	ρ_2	A_{s1}		A_{s2}	
	kNm	m						cm²	gew.	cm²	gew.
Feld 2	376	2,59	4,52	2,24	–	–	–	15,5	3∅28		
Stützmom.	709	0,35	1,21	2,70	0,62	1,02	1,08	35,8	4∅28+6∅16	8,7	2∅28

Die Verminderung der oberen Zugbewehrung bei Momentenumlagerung ist baupraktisch vorteilhaft.

- Bemessung für Querkraft

Lösung: $V_{Rd,c} = 124\,\text{kN}$ $V_{Rd,max} = 1042\,\text{kN}$

Tabelle 16.10: Querkraftbemessung

Ort	V_{Ed}	$\cot\theta$	a_{sw}	$\dfrac{V_{Ed}}{V_{Rd,max}}$	s_{max}	gewählt	
	kN	–	cm²/m	–	mm		cm²/m
A	339	1,89	8,68	0,33	300	∅10–17⁵:	8,98
B_{links}	478	1,62	14,28	0,46	300	∅10–10:	15,70
B_{rechts}	425	1,69	12,17	0,41	300	∅10–12⁵:	12,56

Es ist zweckmäßig, nachzuweisen, in welchem Abstand vom Auflager größere Bügelabstände – z. B. $s = 30$ cm – möglich sind.

Zu 8.2.1 Innenstütze

Verändert: Betonfestigkeitsklasse   a) C25/30   b) C40/50

- Bemessung, Kontrolle Stoßbereich

Tabelle 16.11:   Bemessung Innenstütze

Bei zentrisch gedrückten Innenstützen wirkt sich die Betonfestigkeit maßgeblich auf die Bewehrung aus.

	$|N_{Ed}|$	$N_{Rd,c}$	$N_{Rd,s}$	A_s	gewählt
	kN	kN	kN	cm^2	
C25/30	3500	1736	1764	40,6	4⌀28 + 4⌀25[*]
C40/50	3500	2777	723	16,6[**]	4⌀25

[*] Stoßbereich: ρ = 0,072 < 0,09
Eckstäbe ⌀25, dazwischen ⌀28
ungünstigster lichter Abstand vergl. Bild 8.5:   5,7 cm > 2 d_s
[**] $A_{s,min}$ = 12,1 cm^2

Zu 8.2.2 Randstütze

Verändert: Betonfestigkeitsklasse   a) C25/30   b) C40/50

- Bemessung, Kontrolle Stoßbereich

Tabelle 13.12:   Bemessung Randstütze

Aus der Bemessungstafel [8] ist für beide Festigkeitsklassen abzulesen: ε_{c2} = –3,5‰, und ε_{s1} < 0, d. h. auf beiden Seiten übernimmt die Bewehrung Druckkräfte.

	N_{Ed}	M_{Ed}	v_{Ed}	μ_{Ed}	ω_{tot}	A_s	gewählt
	kN	kNm	–	–	–	cm^2	
C25/30	–1500	56	–1,21	0,18	0,85	24,2	4⌀28[*]
C40/50	–1500	56	–0,76	0,11	0,1	4,6[**]	4⌀14

[*] Stoßbereich: ρ = 0,056 < 0,09
[**] $A_{s,min}$ = 5,2 cm^2

Zu 8.3 Hallenstütze

Verändert: offene Halle
               Betonfestigkeitsklasse C25/30

- Zusätzliche Lastkombination prüfen
  Eigenlasten wirken günstig: γ_G = 1,0   Schnee entfällt

Lösung: N_{Ed} = – 100 kN

$$M_{Ed} = 2,1 + 168 = 170\,\text{kNm}$$

- Bemessung

Lösung: $c_v = 3,5$ cm $d_1/h = 0,15$ Nomogramm s. [8]

Tabelle 16.13:   Bemessung Hallenstütze

Komb.	N_{Ed}	M_{Ed}	v_{Ed}	μ_{Ed}	ω	A_s	gewählt
	kN	kNm	–	–	–	cm^2	
(2)	– 248	173	– 0,124	0,216	0,65	29,9	6⌀25
(3)	– 100	170	– 0,050	0,213	0,62	28,5	6⌀25

Die Resultierende liegt für beide Lastkombinationen außerhalb des Querschnitts. Maßgebend ist die Zugbewehrung.

Kombination (3) wird nicht maßgebend, vergl. Erläuterung Abschnitt 8.3

Zu 9.2 Fundament

Verändert:

Abmessungen $b_x = 4,25$ m $b_y = 3,25$ m $h = 90$ cm
Stütze $N_{Ed} = 4000$ kN $c_x = c_y = 40$ cm
Betonfestigkeitsklasse C30/37

- Biegemomente und Bemessung für Biegung

Tabelle 16.14:   Biegemomente, Biegebemessung

Richt.	M_{Ed}	m_{Ed}	d	k_d	k_x	a_s	gewählt
	kNm	kNm/m	cm			cm^2/m	cm^2/m
x	1925	788	84	2,99	2,29	21,5	⌀20–12^5: 25,1
y	1425	446	82	3,88	2,24	12,2	⌀20–20: 15,7

- Nachweis gegen Durchstanzen

Lösung: $u = 9,42$ m $A_{crit} = 7,02$ m^2

$V_{Ed,red} = 2984$ kN $v_{Ed,red} = 333$ kN/m

$v_{Rd,ct} = 334$ kN/m

Die Erhöhung der Fundamentdicke wirkt sich auf den Nachweis gegen Durchstanzen stärker aus als auf die Bemessung für Biegung.

Zu 9.3 Gedrungenes Fundament

Verändert: Abmessungen $b_x = b_y = 1,75$ m $h = 55$ cm
Stütze $N_{Ed} = 2000$ kN
Betonfestigkeitsklasse C25/30

- Biegemomente und Bemessung für Biegung

Lösung: $M_{Ed} = 363$ kNm $m_{Ed} = 276$ kNm/m

$a_s = 13,4$ cm^2/m   gewählt ⌀16–15: 13,4 cm^2/m

Der günstige mehraxiale Spannungszustand bewirkt die hohe Tragfähigkeit im Schnitt 1,0 d vom Stützenrand.

• Nachweis gegen Durchstanzen

Lösung: $u_{r=1,5\,d} = 5{,}76$ m $u_{r=1,0\,d} = 4{,}24$ m

$A_{crit,r=1,0\,d} = 1{,}41$ m^2

$V_{Ed,red} = 1079$ kN $v_{Ed,red,r=1,0\,d} = 254$ kN/m

$v_{Rd,ct} = 288$ kN/m

Zu 10.1 Flachdecke – Biegung

Verändert: Spannweiten y-Richtung $l_1 = 7{,}50$ m $l_2 = 6{,}00$ m
                     Betonfestigkeitsklasse C35/45

Die veränderten Spannweiten l_y ergeben beim Näherungsverfahren nur in y-Richtung veränderte Momente.

• Bemessung für Biegung

Momente m_y pauschal um 15 % erhöhen
nur Randstreifen und inneren Gurtstreifen nachweisen
obere Bewehrung: $\varnothing 20$ annehmen

Tabelle 16.15:   Biegemomente, Biegebemessung

Ort	Richt.	m_{Ed}	d	k_d	k_s	a_s	gewählt	
		kNm/m	cm			cm^2/m		cm^2/m
A3	x	247	26	1,65	2,56	24,3	$\varnothing 20{-}12^5$:	25,1
B3	x	213	26	1,78	2,47	20,2	$\varnothing 20{-}15$:	20,9
A3	y	48	24	3,46	2,27	4,5	$\varnothing 20{-}25$:	12,6
B3	y	229	24	1,59	2,56	24,4	$\varnothing 20{-}12^5$:	25,1

Zu 10.3 Durchstanzen – Innenstütze

Verändert: Spannweiten y-Richtung $l_1 = 7{,}50$ m $l_2 = 6{,}00$ m
                     Betonfestigkeitsklasse C35/45

• Aufzunehmende Querkraft

Lösung: $V_{Ed} = 1197$ kN   „pauschaler Ansatz"

Der vergrößerte Bewehrungsgrad ρ_l allein erhöht die Querkrafttragfähigkeit nur unzureichend; häufig ist gleichzeitig die Betonfestigkeitsklasse heraufzusetzen.

• Nachweis gegen Durchstanzen

Lösung: kritischer Rundschnitt $u = 3{,}96$ m

$v_{Ed} = 317$ kN/m $v_{Rd,ct} = 210$ kN/m

$v_{Rd,max} = 315$ kN/m

äußerer Rundschnitt $u_{3,a} = 7{,}10$ m

$v_{Ed,3a} = 177$ kN/m $\kappa_a \cdot v_{Rd,ct} = 175$ kN/m

Tabelle 16.16:   Innenstütze – Durchstanzbewehrung

Reihe	Abstand	s_w	u	v_{Ed}	A_{sw}	$A_{sw,min}$
		m	m	kN/m	cm^2	cm^2
1	0,50 d	–	2,39	526	24,8	6,1
2	1,25 d	0,75 d	3,56	353	12,5	6,8
3	2,00 d	0,75 d	4,74	265	6,4	9,1

Zu 10.4 Durchstanzen – Randstütze

Verändert: Spannweiten y-Richtung $l_1 = 7,50$ m $l_2 = 6,00$ m
Betonfestigkeitsklasse C35/45

- Aufzunehmende Querkraft

Lösung: $V_{Ed} = 443 + 101 = 544$ kN   „pauschaler Ansatz"

- Nachweis gegen Durchstanzen

Lösung: kritischer Rundschnitt $u = 2,58$ m

$v_{Ed} = 295$ kN/m $v_{Rd,ct} = 193$ kN/m

$v_{Rd,max} = 290$ kN/m

äußerer Rundschnitt $u_{3,a} = 4,15$ m

$v_{Ed,3a} = 153$ kN/m $\kappa_a \cdot v_{Rd,ct} = 161$ kN/m

Die gewählte Bewehrung in y-Richtung ergibt ein günstiges Verlegeschema, dafür wird ein knappes Ergebnis $v_{Rd,max}$ hingenommen.

Tabelle 16.17:   Randstütze – Durchstanzbewehrung

Reihe	Abstand	s_w	u	v_{Ed}	A_{sw}	$A_{sw,min}$
		m	m	kN/m	cm^2	cm^2
1	0,50 d	–	1,79	425	13,7	4,6
2	1,25 d	0,75 d	2,38	320	7,5	4,6
3	2,00 d	0,75 d	2,97	256	4,6	5,7

Zu 11.1 Einfeldplatte

Verändert: Drillsteifigkeit = 0

- Momentenermittlung

Lösung: $m_{xm} = 31,7$ kNm/m

$m_{ymax} = 14,7$ kNm/m

Ohne Drilltragfähigkeit erhöhen sich die Feldmomente um mehr als 50 % – abhängig vom Seitenverhältnis l_y/l_x.

Zu 11.2 Durchlaufplatten System 1

Verändert: Spannweiten $l_x = 7{,}20$ m $l_y = 6{,}00$ m

                   Nutzlast $q_k = 5{,}0$ kN/m^2

Die Lastabtragung über die kürzere Seite – größere Feldmomente – ist umso ausgeprägter je unterschiedlicher die Stützweiten sind.

• Momentenermittlung

Lösung: $q' = 11{,}85$ kN/m^2 $q'' = \pm\, 3{,}75$ kN/m^2

Feldmomente $m_{Ed,x} = 14{,}3$ kNm/m $m_{Ed,y} = 21{,}3$ kNm/m

Stützmomente $m_{Ed,x} = -\,42{,}9$ kNm/m $m_{Ed,y} = -\,48{,}8$ kNm/m

Zu 11.3 Durchlaufplatten System 2

Verändert: Spannweiten

             Platte 1-3 $l_x = 4{,}80$ m $l_y = 6{,}00$ m

             Platte 4,5 $l_x = 7{,}20$ m $l_y = 6{,}00$ m

             Nutzlast $q_k = 5{,}0$ kN/m^2

• Momentenermittlung

Tabelle 16.18:   Durchlaufplatten System 2 – Biegemomente

Nr	Typ	l_x	l_y	l_y/l_x	k_{xm}	k_{ymax}	$-k_{xer}$	$-k_{yer}$	m_{Fx}	m_{Fy}	$-m_{S0x}$	$-m_{S0y}$
		m	m	–	–	–	–	–	\multicolumn{4}{c}{kNm/m}			
1=3	4	4,80	6,00	1,25	22,0	36,6	11,1	12,9	16,3	9,8	32,4	27,9
2	5	4,80	6,00	1,25	23,1	41,5	13,5	17,5	15,6	8,7	26,6	20,5
4=5	4	7,20	6,00	1,20	35,5	23,3	13,1	11,5	15,8	24,1	42,9	48,8

Die Stützmomente sind weniger abhängig vom Seitenverhältnis l_y/l_x als die Feldmomente.

Tabelle 16.19:   Durchlaufplatten System 2 – Stützmomente

Stützung	Tragrichtung	$\lvert m_{S0,i}\rvert$	$\lvert m_{S0,k}\rvert$	$\dfrac{\lvert m_{S0,i}\rvert + \lvert m_{S0,k}\rvert}{2}$	$0{,}75\,\lvert m_{S0}\rvert_{max}$	$\lvert m_S\rvert$
i – k		\multicolumn{5}{c}{kNm/m}				
1 – 2	x	32,4	26,6	29,5	24,3	29,5
4 – 5	x	42,9	42,9	42,9	32,2	42,9
1 – 4	y	27,9	48,8	38,4	36,6	38,4
2 – 4	y	20,5	48,8	34,7	36,6	36,6

Die endgültigen Stützmomente ergeben sich durch Mittelung der Stützmomente der angrenzenden Platten – mindestens 75 %.

Zu 12.2 Elementplatte mit Ortbetonergänzung

Verändert:　Querkräfte nach 15 % Momentenumlagerung,
vergl. Bild 12.1

Nachweis am Rand der Unterstützung

- Nachweis Schubkraftaufnahme

$$v_{Rdj,ad} = 200 \ \text{kN/m}$$

Tabelle 16.20:　　Schubkraftaufnahme – bezogen auf 1 m Breite –

Ort	V'_{Ed}	$V'_{Ed,red}$	$v'_{Ed,red}$	a_s	gewählt
	kN	kN	kN/m	cm²/m	cm²/m
A	46,0	45,0	263	1,54	∅6–70: 4,04
B_l	65,9	62,5	366	4,05	∅6–70: 4,04
B_r	57,4	54,0	316	2,83	∅6–70: 4,04
C	32,5	31,5	184	–	∅6–70: 4,04

Es ist vorteilhaft, Querkräfte nach Momentenumlagerung und am Rand der Unterstützung zu berücksichtigen.

Zu 12.3 Balken mit Ortbetonergänzung

Verändert:　Spannweite　　　$l = 8,00 \ \text{m}$

Lasteinzugsfläche für Platte mit Momentenumlagerung,
vergl. Bild 12.3

- Lastermittlung, Schnittgrößen

Lösung:　　Lasteinzugsfläche　$A = (3,89+3,39) \cdot 8,00 = 58,2 \ \text{m}^2$

$$g_d = 68,8+5,1 = 73,9 \ \text{kN/m}$$

$$\alpha_A = 0,67 \qquad q_d = 36,6 \ \text{kN/m}$$

$$M_{Ed} = 884 \ \text{kNm} \qquad V_{Ed} = 442 \ \text{kN}$$

- Nachweis Schubkraftaufnahme im Abstand $d_{Ft} = 0,38$ m vom Auflagerrand und Abstufung im Viertelspunkt (Variante 1, vergl. Bild 12.3d)

$$v_{Rdj,ad} = 200 \ \text{kN/m}$$

Die Mischkonstruktion – Fertigteilsteg mit Ortbetonergänzung – erfordert mehr Bügel als die reine Ortbetonkonstruktion.

Tabelle 16.21: Schubkraftaufnahme, Bemessung für Querkraft

Ort	V_{Ed}	mit Ortbetonergänzung			Ortbeton
		v_{Ed}	a_s	gewählt	a_s
	kN	kN/m	cm²/m	cm²/m	cm²/m
A	383	806	17,7	$\varnothing$12–12⁵: 18,1	10,1
$x = 2{,}00$	221	465	8,3	$\varnothing$12–25: 9,0	3,6*⁾

*⁾ $a_{sw,min} = 3{,}3$ cm²/m

- Ortbeton: Bemessung für Querkraft
  zum besseren Vergleich V_{Ed} unverändert, d. h. mögliche Verminderung für V_{Ed} im Abstand $d = 0{,}60$ m vom Auflagerrand nicht berücksichtigt

Lösung: $V_{Rd,c} = 133$ kN a_{sw} s. Tabelle 16.21

Zu 13.1 Konsole

Verändert: Umgebungsbedingungen: Innenbauteil

Abmessungen $h = 34{,}5$ cm $b = 40$ cm

Konsollänge 30 cm   Lager 15 cm (unveränd.)

- Bemessung und Nachweis Verankerungslänge

Lösung: $c_v = 2{,}0$ cm $d = 30{,}5$ cm $z_0 = 23{,}8$ cm

$a_c = 16$ cm $a_H = 4{,}5$ cm

$A_s = 7{,}3$ cm²

gewählt   4 Schlaufen $\varnothing$12: 9,1 cm²

3 horizontale Bügel $\varnothing$10: 4,7 cm²

Verankerungslänge 13,1 cm < 19,5 cm

Die Verankerungslänge der Zugbewehrung ist maßgebend für die Kraftübertragung im Knoten des Stabwerks.

Zu 13.2 Ausgeklinktes Trägerende

Verändert: Umgebungsbedingungen und Abmessungen s. Konsole

- Bemessung und Nachweis Verankerungslänge

Lösung: $c_v = 2{,}5$ cm $d = 28{,}8$ cm $z = 22{,}1$ cm

$a = 31{,}0$ cm $a_H = 6{,}2$ cm

$A_s = 14{,}1$ cm²

gewählt   7 Schlaufen $\varnothing$12: 15,8 cm²

Verankerungslänge 14,6 cm < 19,0 cm

Zur Bestimmung des äußeren und inneren Hebelarms ist eine aussagekräftige Bewehrungsskizze erforderlich, vergl. Bild 13.5.

Zu 14.4 Stützwand

- Mindestbewehrung für dickere Bauteile bezogen auf die Rückseite der Stützwand, Abmessungen unverändert

    $c_v = 3{,}0$ cm $\qquad$ s. Bild 14.5

    gewählt $\varnothing 12$

    $d_1 = 3{,}0 + 1{,}4 + 1{,}2/2 = 5{,}0$ cm

    $\sigma_s = 198$ N/mm²

Tabelle 16.22: Stützwand – Mindestbewehrung für dickere Bauteile

x	h	h / d_1	h_{eff}	k_h[*]	$A_s / 2$	gewählt je Seite
m	m	-	m	-	cm²/m	cm²/m
1,50	0,425	8,5	0,143	0,64	6,0	$\varnothing$12-20: 5,65[**]
3,00	0,550	11,0	0,155	0,74	7,5	$\varnothing$12-15: 7,54
4,50	0,675	13,5	0,168	0,86	9,5	$\varnothing$12-10: 11,31
6,00	0,800	16,0	0,180	1,00	11,8	$\varnothing$12-20: 5,65[***]

Die Reduzierung der Mindestbewehrung nimmt mit ansteigendem Verhältnis h/d_1 zu.

[*] Beiwert berücksichtigt Spannungsverlauf über die Wandhöhe, s. Abschnitt 14.4
[**] Unterschreitung hinnehmbar, Reserven in angrenzenden Bereichen
[***] im unteren Wandviertel halbe Bewehrung wegen Behinderung der Rissbildung, s. Tab. 14.5

Verändert: Abmessungen Höhe $\quad$ 4,00 m $\qquad$ Länge $\quad$ 16,00 m

$\qquad$ Dicke $\qquad h = 40$ cm $\quad$ konstant

$\qquad \varnothing 12 \qquad$ horizontal und vertikal

- Begrenzung der Rissbreite für Lastbeanspruchung – $w_k = 0{,}3$ mm –
  Wandfuß $\qquad m_{Ed} = 115$ kNm/m $\qquad a_s = 7{,}23$ cm²/m
  gewählt $\qquad \varnothing 12$–12^5: 9,05 cm²/m

Lösung: $\qquad \sigma_s = 287$ N/mm² $\quad$ mit $\quad z = 0{,}9\, d = 0{,}327$ m

$\qquad d_s = 11{,}7$ mm $\qquad \approx 12$ mm

$\qquad s = 141$ mm $\qquad > 125$ mm

$\qquad$ nur ein Kriterium ist einzuhalten

- Mindestbewehrung – $w_k = 0{,}3$ mm bzw. $w_k = 0{,}2$ mm –
Lösung: $\qquad d_s^{\,*} = 27{,}7$ mm $\qquad$ Modifikation Zugfestigkeit

$\qquad \sigma_s = 198$ N/mm² $\quad$ für $\qquad w_k = 0{,}3$ mm

$\qquad \sigma_s = 161$ N/mm² $\quad$ für $\qquad w_k = 0{,}2$ mm

Tabelle 16.23: Stützwand – Mindestbewehrung

Die Mindestbewehrung
wird geringer bei kleine-
ren Stabdurchmessern;
damit verbunden sind
engere Stababstände, die
ggf. baupraktisch nicht
mehr sinnvoll sind.

		$w_k = 0{,}3$ mm			$w_k = 0{,}2$ mm		
x	k_h[*]	a_s	gewählt	cm^2/m	a_s	gewählt	cm^2/m
1,00	0,64	12,4	$\varnothing$12–17^5:	2·6,46	15,3	$\varnothing$12–15:	2·7,54
2,00	0,74	14,4	$\varnothing$12–15:	2·7,54	17,7	$\varnothing$12–12^5:	2·9,05
3,00	0,86	16,7	$\varnothing$12–12^5:	2·9,05	20,6	$\varnothing$12–10:	2·11,31
4,00	1,00	19,4	$\varnothing$12–20:	2·5,65[**]	23,9	$\varnothing$12–17^5:	2·6,46[**]

[*] Beiwert berücksichtigt Spannungsverlauf über die Wandhöhe,
  s. Abschnitt 14.4

[**] im unteren Wandviertel halbe Bewehrung wegen Behinderung der
  Rissbildung, s. Tab. 14.5

Zu 15 Fußgängerbrücke – Torsion

Verändert: Höhe $h = 70$ cm Breite $b = 35$ cm

- Bemessung für Biegung

Bei der Bemessung für
Biegung und für Querkraft
wirkt sich die vergrößerte
Höhe günstig aus; die
reduzierte Breite ist weniger ausschlaggebend.

Lösung (Volllast): $A_s = 25{,}5$ cm^2

gewählt 2$\varnothing$25 (Bügelecke) + 3$\varnothing$28

- Bemessung für Querkraft

Lösung (halbseitige Last): $z = 57$ cm (Matte oberhalb Bügel)

$$V_{Rd,c} = 149 \text{ kN} \qquad \cot\theta = 3{,}0$$

$$V_{Rd,max} = 763 \text{ kN}$$

$$a_{sw} = 2{,}53 \text{ cm}^2/\text{m} \qquad a_{sw,min} = 3{,}26 \text{ cm}^2/\text{m}$$

- Bemessung für Torsion

Bei der Bemessung für
Torsion beeinflussen die
vergrößerte Höhe und die
reduzierte Breite glei-
chermaßen den Kernquer-
schnitt A_k, so dass sich
praktisch die gleiche
Bewehrung ergibt.

Lösung: $t_{eff} = 10{,}5$ cm $A_k = 0{,}146$ m^2 $u_k = 168$ cm

$$T_{Rd,max} = 137 \text{ kNm}$$

$$a_{sw} = a_{sl} = 3{,}62 \text{ cm}^2/\text{m} \qquad \text{für } x = 0$$

$$a_{sw} = a_{sl} = 1{,}81 \text{ cm}^2/\text{m} \qquad \text{für } x = 3{,}00 \text{ m}$$

- Bügel für Querkraft und Torsion

Lösung: $\left[\dfrac{T_{Ed}}{T_{Rd,max}}\right]^2 + \left[\dfrac{V_{Ed}}{V_{Rd,max}}\right]^2 = 0{,}17 < 1$

$x < 3{,}00$ m gewählt $\varnothing$10–15: 10,5 cm^2/m

$= 3{,}26 + 2\cdot3{,}62 = 10{,}5 \text{ cm}^2/\text{m}$

$x \geq 3{,}00$ m gewählt $\varnothing$10–20: 7,8 cm^2/m

$> 3{,}26 + 2\cdot1{,}81 = 6{,}9 \text{ cm}^2/\text{m}$

Anhang

Tafeln

Nr.	Anwendungsbereich			
A1	Biegung	μ_s-Tafel	ohne Druckbewehrung	
A2	Biegung	μ_s-Tafel	mit Druckbewehrung	$x/d = 0{,}45$
A3	Biegung	k_d-Tafel	mit/ohne Druckbewehrung	$x/d \leq 0{,}45$
A4	Biegung	k_d-Tafel	mit Druckbewehrung	$x/d = 0{,}25$
A5	Biegung mit Längskraft		symmetrische Bewehrung	$d_1/h = 0{,}10$
A6	Stützen: Theorie II. Ordnung		μ-Nomogramm	$h_1/h = 0{,}10$
A7	Expositionsklassen			
A8	Betondeckung			
A9	Grundmaß der Verankerungslänge			
A10	Querschnitte von Plattenbewehrungen			
A11	Querschnitte von Balkenbewehrungen			

Tafel A1 bis A3, A5, A6, A10, A11 aus [8]
Tafel A4 aus [13]

Tafel A1   Rechteckquerschnitt ohne Druckbewehrung, Biegung mit Längskraft BSt 500, bis C50/60

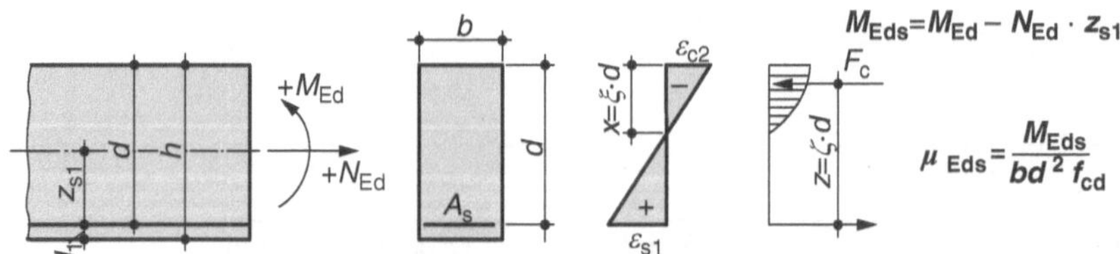

	C16/20	C20/25	C25/30	C30/37	C35/45	C40/50	C45/55	C50/60
f_{cd} in N/mm²	9,07	11,33	14,17	17,00	19,83	22,67	25,50	28,33
f_{yd}/f_{cd}	48,0	38,4	30,7	25,6	21,9	19,2	17,1	15,3

μ_{Eds}	ω	$\xi = k_x$	$\zeta = k_z$	ε_{c2} %	ε_{s1} %	σ_{sd} N/mm²	δ_{zul}
0,02	0,019	0,044	0,985	− 1,15	25,00	457	0,700
0,04	0,039	0,066	0,976	− 1,76	25,00	457	0,700
0,06	0,059	0,086	0,967	− 2.37	25,00	457	0,700
0,08	0,080	0,107	0,956	− 3,01	25,00	457	0,706
0,10	0,101	0,131	0,946	− 3,50	23,30	455	0,718
0,12	0,124	0,159	0,934	− 3,50	18,55	450	0,731
0,14	0,148	0,188	0,922	− 3,50	15,16	447	0,750
0,16	0,172	0,217	0,910	− 3,50	12,61	445	0,770
0,18	0,197	0,248	0,897	− 3,50	10,62	443	0,793
0,20	0,223	0,280	0,884	− 3,50	9,02	441	0,817
0,22	0,250	0,313	0,870	− 3,50	7,70	440	0,845
0,24	0,278	0,347	0,856	− 3,50	6,60	439	0,877
0,26	0,307	0,382	0,841	− 3,50	5,67	438	0,914
0,28	0,337	0,419	0,826	− 3,50	4,85	437	0,958
0,296	0,363	0,450	0,813	− 3,50	4,28	437	1,000
0,30	0,369	0,458	0,809	− 3,50	4,14	437	
0,32	0,402	0,498	0,793	− 3,50	3,52	436	
0,34	0,438	0,542	0,774	− 3,50	2,96	436	
0,36	0,477	0,590	0,755	− 3,50	2,43	435	
0,37	0,499	0,617	0,743	− 3,50	2,17	435	
0,38	0,572	0,640	0,734	− 3,50	1,97	394	
0,40	0,797	0,695	0,711	− 3,50	1,53	307	
0,42	1,190	0,758	0,685	− 3,50	1,12	224	
0,44	2,040	0,830	0,655	− 3,50	0,72	143	
0,46	5,403	0,921	0,617	− 3,50	0,30	60	

$$A_s = \frac{\omega}{f_{yd}/f_{cd}} \cdot b \cdot d + \frac{N_{Ed}}{\sigma_{Sd}}$$

Tafel A2 Rechteckquerschnitt mit Druckbewehrung für Biegung mit Längskraft
Betonstahl BSt 500, $\gamma_s = 1{,}15$, $\xi = x/d = 0{,}45$, bis C50/60

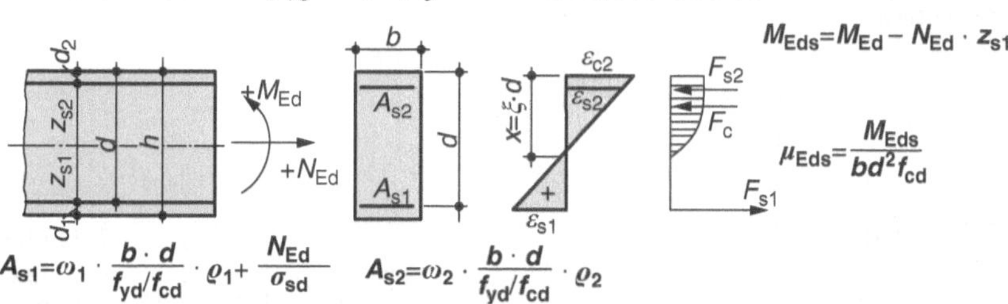

$$M_{Eds} = M_{Ed} - N_{Ed} \cdot z_{s1}$$

$$\mu_{Eds} = \frac{M_{Eds}}{bd^2 f_{cd}}$$

$$A_{s1} = \omega_1 \cdot \frac{b \cdot d}{f_{yd}/f_{cd}} \cdot \varrho_1 + \frac{N_{Ed}}{\sigma_{sd}} \qquad A_{s2} = \omega_2 \cdot \frac{b \cdot d}{f_{yd}/f_{cd}} \cdot \varrho_2$$

	C16/20	C20/25	C25/30	C30/37	C35/45	C40/50	C45/55	C50/60
f_{cd} in N/mm^2	9,07	11,33	14,17	17	19,83	22,67	25,5	28,33
f_{yd}/f_{cd}	48	38,4	30,7	25,6	21,9	19,2	17,1	15,3

μ_{Eds}	ω_1	ω_2	$\xi = k_x$	$\zeta = k_z$	ε_{c2} ‰	ε_{s1} ‰	σ_{sd} N/mm^2	Umlagerungsfaktor δ_{zul} hohe Duktilität	normale Duktilität
0,02	0,019		0,044	0,985	− 1,15	25,00	457	0,700	0,850
0,04	0,039		0,066	0,976	− 1,76	25,00	457	0,700	0,850
0,06	0,059		0,086	0,967	− 2,37	25,00	457	0,700	0,850
0,08	0,080		0,107	0,956	− 3,01	25,00	457	0,706	0,850
0,10	0,101		0,131	0,946	− 3,50	25,00	455	0,718	0,850
0,12	0,124		0,159	0,934	− 3,50	18,55	450	0,731	0,850
0,14	0,148		0,188	0,922	− 3,50	15,16	447	0,750	0,850
0,16	0,172		0,217	0,910	− 3,50	12,61	445	0,770	0,850
0,18	0,197		0,248	0,897	− 3,50	10,62	443	0,793	0,850
0,20	0,223		0,280	0,884	− 3,50	9,02	441	0,817	0,850
0,22	0,250		0,313	0,870	− 3,50	7,70	440	0,845	0,850
0,24	0,278		0,347	0,856	− 3,50	6,60	439	0,877	0,877
0,26	0,307		0,382	0,841	− 3,50	5,67	438	0,914	0,914
0,28	0,337		0,419	0,826	− 3,50	4,85	437	0,958	0,958
0,296	0,363		0,450	0,813	− 3,50	4,28	437	1,000	1,000
0,30	0,367	0,004	0,450	0,813	− 3,50	4,28	437		
0,32	0,387	0,025							
0,34	0,408	0,045							
0,36	0,428	0,066							
0,38	0,449	0,086							
0,40	0,469	0,107							
0,42	0,490	0,128							
0,44	0,510	0,148							
0,46	0,531	0,169							
0,48	0,551	0,190							
0,50	0,572	0,210							
0,52	0,592	0,231							
0,54	0,613	0,251							
0,56	0,633	0,272							
0,58	0,654	0,293							
0,60	0,674	0,313							
0,62	0,695	0,334							
0,64	0,716	0,355							
0,66	0,736	0,375							
0,68	0,757	0,396							
0,70	0,777	0,416	0,450	0,813	− 3,50	4,28	437		

d_2/d	ρ_1 für ω_1					ρ_2
	0,363	0,469	0,572	0,674	0,777	
0,03	1,00	1,00	1,00	1,00	1,00	1,00
0,05	1,00	1,00	1,01	1,01	1,01	1,02
0,07	1,00	1,01	1,02	1,02	1,02	1,04
0,09	1,00	1,01	1,02	1,03	1,04	1,07
0,11	1,00	1,02	1,03	1,04	1,05	1,09
0,13	1,00	1,03	1,04	1,05	1,06	1,11
0,15	1,00	1,03	1,05	1,07	1,08	1,14
0,17	1,00	1,04	1,06	1,08	1,09	1,17

A

Tafel A3

Bemessung Rechteckquerschnitt
Betonstahl BSt 500
BFK $\leq$ C50/60

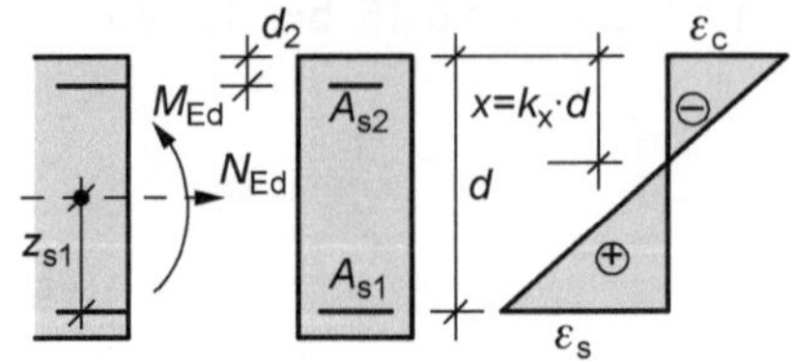

k_d-Wert				ε_c ‰	ε_s ‰	σ_s kN/cm^2	$\xi = k_x$	$\zeta = k_z$	k_{s1}	k_{s2}	Umlagerungsfaktor δ_{zul} hohe	norm.
C 16/20	C 20/25	C 25/30	C 30/37								hohe Duktilität	norm. Duktilität
7,43	6,64	5,94	5,42	−1,15	25,00	45,7	0,04	0,98	2,22		0,700	0,850
5,25	4,70	4,20	3,83	−1,76	25,00	45,7	0,07	0,98	2,24		0,700	0,850
4,29	3,83	3,43	3,13	−2,37	25,00	45,7	0,09	0,97	2,27		0,700	0,850
3,71	3,32	2,97	2,71	−3,01	25,00	45,7	0,11	0,96	2,29		0,706	0,850
3,32	2,97	2,66	2,43	−3,50	23,30	45,5	0,13	0,95	2,32		0,718	0,850
3,03	2,71	2,43	2,21	−3,50	18,55	45,0	0,16	0,93	2,38		0,731	0,850
2,81	2,51	2,25	2,05	−3,50	15,16	44,7	0,19	0,92	2,43		0,750	0,850
2,63	2,35	2,10	1,92	−3,50	12,61	44,5	0,22	0,91	2,47		0,770	0,850
2,48	2,21	1,98	1,81	−3,50	10,62	44,3	0,25	0,90	2,52		0,793	0,850
2,35	2,10	1,88	1,72	−3,50	9,02	44,1	0,28	0,88	2,56		0,817	0,850
2,24	2,00	1,79	1,63	−3,50	7,70	44,0	0,31	0,87	2,61		0,845	0,850
2,14	1,92	1,71	1,57	−3,50	6,60	43,9	0,35	0,86	2,66		0,877	0,877
2,06	1,84	1,65	1,50	−3,50	5,67	43,8	0,38	0,84	2,71		0,914	0,914
1,98	1,77	1,59	1,45	−3,50	4,85	43,7	0,42	0,83	2,77		0,958	0,958
$k_d^* =$ 1,93	1,73	1,54	1,41	−3,50	4,28	43,7	0,45	0,81	2,82		1,000	1,000
1,92	1,71	1,53	1,40						2,81	0,03		
1,86	1,66	1,49	1,36						2,78	0,18		
1,80	1,61	1,44	1,32						2,76	0,31		
1,75	1,57	1,40	1,28						2,74	0,42		
1,70	1,52	1,36	1,24						2,72	0,52		
1,66	1,49	1,33	1,21						2,70	0,62		
1,62	1,45	1,30	1,18						2,68	0,70		
1,58	1,42	1,27	1,16						2,67	0,78		
1,55	1,38	1,24	1,13						2,65	0,84		
1,52	1,36	1,21	1,11						2,64	0,91	Keine	
1,49	1,33	1,19	1,08						2,63	0,97	Umlagerung	
1,46	1,30	1,17	1,06						2,62	1,02	möglich!	
1,43	1,28	1,14	1,04						2,61	1,07		
1,40	1,26	1,12	1,02						2,60	1,12		
1,38	1,23	1,10	1,01						2,59	1,16		
1,36	1,21	1,08	0,99						2,59	1,20		
1,33	1,19	1,07	0,97						2,58	1,24		
1,31	1,17	1,05	0,96						2,57	1,27		
1,29	1,16	1,03	0,94						2,57	1,31		
1,27	1,14	1,02	0,93						2,56	1,34		
1,26	1,12	1,00	0,92	− 3,5	4,278	43,7	0,45		2,55	1,37		

d_2/d	ρ_1 für k_{s1}					ρ_2
	2,82	2,70	2,63	2,59	2,55	
0,03	1,00	1,00	1,00	1,00	1,00	1,00
0,05	1,00	1,00	1,01	1,01	1,01	1,02
0,07	1,00	1,01	1,02	1,02	1,02	1,04
0,09	1,00	1,01	1,02	1,03	1,04	1,07
0,11	1,00	1,02	1,03	1,04	1,05	1,09
0,13	1,00	1,03	1,04	1,05	1,06	1,11
0,15	1,00	1,03	1,05	1,07	1,08	1,14
0,17	1,00	1,04	1,06	1,08	1,09	1,17

Dehnungszustand für Druckbewehrung

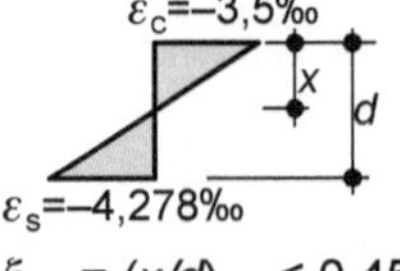

$\xi_{lim} = (x/d)_{lim} \leq 0,45$

$$M_{Esd}\,[\text{kNm}] = M_{Ed}\,[\text{kNm}] - N_{Ed}\,[\text{kN}] \cdot z_{s1}\,[\text{m}]$$

$$k_d = \frac{d\,[\text{cm}]}{\sqrt{\dfrac{M_{Eds}}{b\,[\text{m}]}}} \qquad\qquad \text{erf } A_{s1}\,[\text{cm}^2] = k_{s1} \cdot \frac{M_{Eds}\,[\text{kNm}]}{d\,[\text{cm}]} \cdot \rho_1 + \frac{N_{Ed}\,[\text{kN}]}{\sigma_s\,[\text{kN/cm}^2]}$$

$$\text{erf } A_{s2}\,[\text{cm}^2] = k_{s2} \cdot \frac{M_{Eds}\,[\text{kNm}]}{d\,[\text{cm}]} \cdot \rho_2$$

| | k_d-Wert | | | ε_c ‰ | ε_s ‰ | σ_s kN/cm² | $\xi = k_x$ | $\zeta = k_z$ | k_{s1} | k_{s2} | Umlagerungsfaktor δ_{zul} hohe | norm. Duktilität | |
	C 35/40	C 40/50	C 45/55	C 50/60								hohe	norm.
	5,02	4,70	4,43	4,20	−1,15	25,00	45,7	0,04	0,98	2,22		0,700	0,850
	3,55	3,32	3,13	2,97	−1,76	25,00	45,7	0,07	0,98	2,24		0,700	0,850
	2,90	2,71	2,56	2,42	−2,37	25,00	45,7	0,09	0,97	2,27		0,700	0,850
	2,51	2,35	2,21	2,10	−3,01	25,00	45,7	0,11	0,96	2,29		0,706	0,850
	2,25	2,10	1,98	1,88	−3,50	23,30	45,5	0,13	0,95	2,32		0,718	0,850
	2,05	1,92	1,81	1,71	−3,50	18,55	45,0	0,16	0,93	2,38		0,731	0,850
	1,90	1,78	1,67	1,59	−3,50	15,16	44,7	0,19	0,92	2,43		0,750	0,850
	1,78	1,66	1,57	1,49	−3,50	12,61	44,5	0,22	0,91	2,47		0,770	0,850
	1,67	1,57	1,48	1,40	−3,50	10,62	44,3	0,25	0,90	2,52		0,793	0,850
	1,59	1,49	1,40	1,33	−3,50	9,02	44,1	0,28	0,88	2,56		0,817	0,850
	1,51	1,42	1,33	1,27	−3,50	7,70	44,0	0,31	0,87	2,61		0,845	0,850
	1,45	1,36	1,28	1,21	−3,50	6,60	43,9	0,35	0,86	2,66		0,877	0,877
	1,39	1,30	1,23	1,17	−3,50	5,67	43,8	0,38	0,84	2,71		0,914	0,914
	1,34	1,26	1,18	1,12	−3,50	4,85	43,7	0,42	0,83	2,77		0,958	0,958
$k_d^* =$	1,30	1,22	1,15	1,09	−3,50	4,28	43,7	0,45	0,81	2,82		1,000	1,000
	1,30	1,21	1,14	1,08						2,81	0,03		
	1,26	1,17	1,11	1,05						2,78	0,18		
	1,22	1,14	1,07	1,02						2,76	0,31		
	1,18	1,11	1,04	0,99						2,74	0,42		
	1,15	1,08	1,02	0,96						2,72	0,52		
	1,12	1,05	0,99	0,94						2,70	0,62		
	1,10	1,02	0,97	0,92						2,68	0,70		
	1,07	1,00	0,94	0,90						2,67	0,78		
	1,05	0,98	0,92	0,88						2,65	0,84		
	1,02	0,96	0,90	0,86						2,64	0,91	Keine	
	1,00	0,94	0,89	0,84						2,63	0,97	Umlagerung	
	0,98	0,92	0,87	0,82						2,62	1,02	möglich	
	0,97	0,90	0,85	0,81						2,61	1,07		
	0,95	0,89	0,84	0,79						2,60	1,12		
	0,93	0,87	0,82	0,78						2,59	1,16		
	0,92	0,86	0,81	0,77						2,59	1,20		
	0,90	0,84	0,80	0,75						2,58	1,24		
	0,89	0,83	0,78	0,74						2,57	1,27		
	0,87	0,82	0,77	0,73						2,57	1,31		
	0,86	0,81	0,76	0,72						2,56	1,34		
	0,85	0,79	0,75	0,71	−3,5	4,278	43,7	0,45		2,55	1,37		

Momentenumlagerung
umgelagertes Moment = $\delta \cdot$ Ausgangsmoment

A

Tafel A4

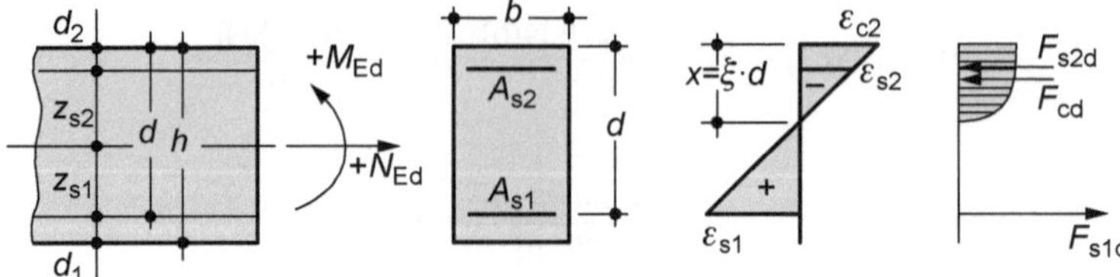

$$k_d = \frac{d[\text{cm}]}{\sqrt{M_{Eds}[\text{kNm}]/b[\text{m}]}} \qquad \text{mit } M_{Eds} = M_{Ed} - N_{Ed} \cdot z_{s1}$$

Beiwerte k_{s1} und k_{s2}

$\xi = 0{,}25$ ($\varepsilon_{s1} = 10{,}5$ ‰, $\varepsilon_{c2} = -3{,}5$ ‰)									k_{s1}	k_{s2}
k_d für Betonfestigkeitsklasse C										
12/15	16/20	20/25	25/30	30/37	35/45	40/50	45/55	50/60		
2,85	2,47	2,21	1,97	1,80	1,67	1,56	1,47	1,40	2,57	0
2,79	2,42	2,16	1,93	1,76	1,63	1,53	1,44	1,37	2,56	0,10
2,73	2,36	2,11	1,89	1,73	1,60	1,49	1,41	1,34	2,56	0,20
2,67	2,31	2,07	1,85	1,69	1,56	1,46	1,38	1,31	2,55	0,30
2,60	2,26	2,02	1,80	1,65	1,53	1,43	1,35	1,28	2,55	0,40
2,54	2,20	1,97	1,76	1,61	1,49	1,39	1,31	1,24	2,54	0.50
2,47	2,14	1,92	1,71	1,56	1,45	1,36	1,28	1,21	2,54	0.60
2,41	2,08	1,86	1,67	1,52	1,41	1,32	1,24	1,18	2,53	0,70
2,34	2,02	1,81	1,62	1,48	1,37	1,28	1,21	1,14	2,53	0,80
2,26	1,96	1,75	1,57	1,43	1,33	1,24	1,17	1,11	2,52	0,90
2,19	1,90	1,70	1,52	1,38	1,28	1,20	1,13	1,07	2,52	1,00
2,11	1,83	1,64	1,46	1,34	1,24	1,16	1,09	1,04	2,51	1,10
2,03	1,76	1,57	1,41	1,29	1,19	1,11	1,05	1,00	2,51	1,20
1,95	1,69	1,51	1,35	1,23	1,14	1,07	1,01	0,96	2,50	1,30
1,86	1,61	1,44	1,29	1,18	1,09	1,02	0,96	0,91	2,50	1,40

Beiwerte ρ_1, und ρ_2

d_2/d	$\xi = 0{,}25$					
	ρ_1 für k_{s1} =				ρ_2	ε_{s2} [‰]
	2,57	2,54	2,52	2,50		
0,06	1,00	1,00	1,00	1,00	1,00	− 2,66
0,08	1,00	1,00	1,01	1,01	1,02	− 2,38
0,10	1,00	1,01	1,02	1,02	1,08	− 2,10
0,12	1,00	1,01	1,03	1,04	1,28	− 1,82
0,14	1,00	1,02	1,04	1,05	1,54	− 1,54
0,16	1,00	1,02	1,05	1,07	1,93	− 1,26
0,18	1,00	1,03	1,06	1,08	2,54	− 0,98
0,20	1,00	1,03	1,07	1,10	3,65	− 0,70

$$A_{s1}[\text{cm}^2] = \rho_1 \cdot k_{s1} \cdot \frac{M_{Eds}[\text{kNm}]}{d[\text{cm}]} + \frac{N_{Ed}[\text{kN}]}{43,5[\text{kN}/\text{cm}^2]}$$

$$A_{s2}[\text{cm}^2] = \rho_2 \cdot k_{s2} \cdot \frac{M_{Eds}[\text{kNm}]}{d[\text{cm}]}$$

Dimensionsgebundene Bemessungstafel (k_d-Verfahren); Rechteck mit Druckbewehrung
(Normalbeton der Festigkeit $\leq$ C 50/60 mit $\alpha = 0{,}85$; $\xi_{\lim} = 0{,}25$; Betonstahl BSt 500 und $\gamma_s = 1{,}15$)

Tafel A5   Rechteckquerschnitt mit symmetrischer Bewehrung

Betonstahl BSt 500, $\gamma_s = 1{,}15$, $\dfrac{d_1}{h} = 0{,}10$

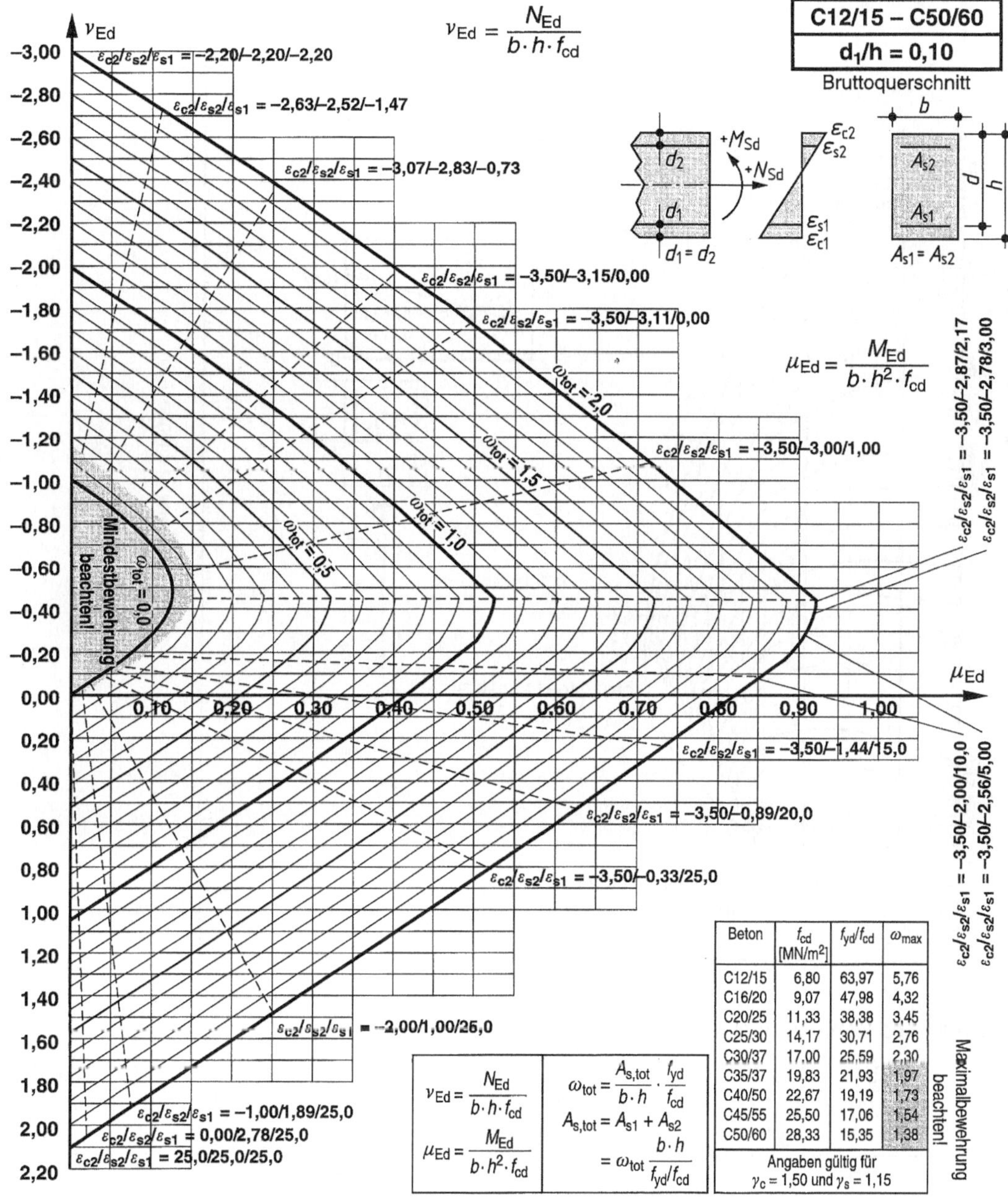

Beton	f_{cd} [MN/m²]	f_{yd}/f_{cd}	ω_{max}
C12/15	6,80	63,97	5,76
C16/20	9,07	47,98	4,32
C20/25	11,33	38,38	3,45
C25/30	14,17	30,71	2,76
C30/37	17,00	25,59	2,30
C35/37	19,83	21,93	1,97
C40/50	22,67	19,19	1,73
C45/55	25,50	17,06	1,54
C50/60	28,33	15,35	1,38
Angaben gültig für $\gamma_c = 1{,}50$ und $\gamma_s = 1{,}15$			

$$\nu_{Ed} = \frac{N_{Ed}}{b \cdot h \cdot f_{cd}}$$

$$\mu_{Ed} = \frac{M_{Ed}}{b \cdot h^2 \cdot f_{cd}}$$

$$\omega_{tot} = \frac{A_{s,tot}}{b \cdot h} \cdot \frac{f_{yd}}{f_{cd}}$$

$$A_{s,tot} = A_{s1} + A_{s2}$$

$$= \omega_{tot} \frac{b \cdot h}{f_{yd}/f_{cd}}$$

A

Tafel A6 μ - Nomogramm $\qquad\qquad f_{cd} = f_{ck}/\gamma_c$

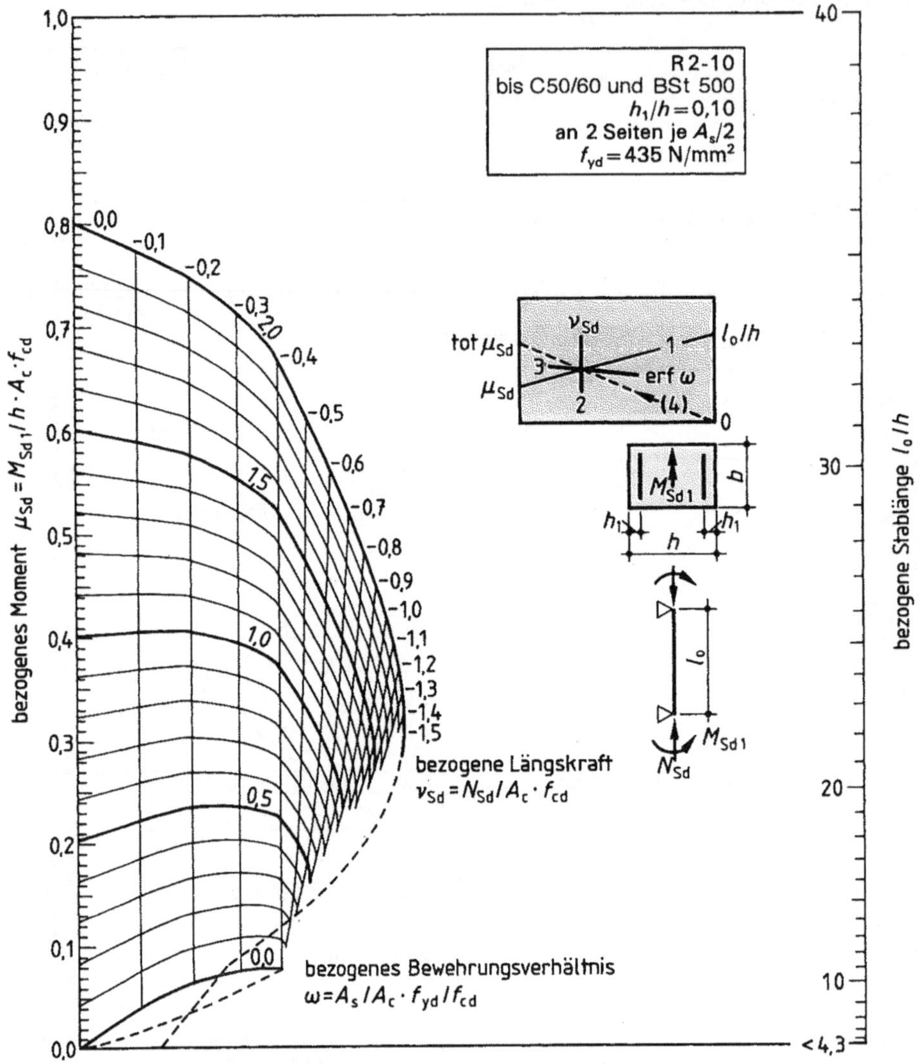

Diagramm und Nomogramm gelten bis C50/60 mit $f_{cd} = f_{ck}/\gamma_c$ und $\ldots_{Sd} = \ldots_{Ed}$

	C12/15	C16/20	C20/25	C25/30	C30/37	C35/45	C40/50	C45/55	C50/60
f_{cd}	8,00	10,67	13,33	16,67	20,00	23,33	26,67	30,00	33,33
f_{yd}/f_{cd}	54,35	40,76	32,61	29,09	21,74	18,63	16,30	14,49	13,04

A

Tafel A7   Expositionsklassen

Klasse	Beschreibung der Umgebung	Beispiele für die Zuordnung von Expositionsklassen	Mindestbeton-festigkeitsklasse
1	Kein Korrosions- oder Angriffsrisiko		
X0	Für Beton ohne Bewehrung: alle Umgebungsbedingungen, ausgenommen Frostangriff, Verschleiß oder chemischer Angriff	Fundamente ohne Bewehrung ohne Frost, Innenbauteile ohne Bewehrung	C12/15
2	Bewehrungskorrosion, ausgelöst durch Karbonatisierung[a]		
XC1	Trocken oder ständig nass	Bauteile in Innenräumen mit üblicher Luftfeuchte (einschließlich Küche, Bad und Waschküche in Wohngebäuden); Beton, der ständig in Wasser getaucht ist	C16/20
XC2	Nass, selten trocken	Teile von Wasserbehältern; Gründungsbauteile	C16/20
XC3	Mäßige Feuchte	Bauteile, zu denen die Außenluft häufig oder ständig Zugang hat, z.B. offene Hallen; Innenräume mit hoher Luftfeuchte, z.B. in gewerblichen Küchen, Bädern, Wäschereien, in Feuchträumen von Hallenbädern und in Viehställen	C20/25
XC4	Wechselnd nass und trocken	Außenbauteile mit direkter Beregnung	C25/30
3	Bewehrungskorrosion, ausgelöst durch Chloride, ausgenommen Meerwasser		
XD1	Mäßige Feuchte	Bauteile im Sprühnebelbereich von Verkehrsflächen; Einzelgaragen	C30/37[c]
XD2	Nass, selten trocken	Solebäder; Bauteile, die chloridhaltigen Industriewässern ausgesetzt sind	C35/45[c,f]
XD3	Wechselnd nass und trocken	Teile von Brücken mit häufiger Spritzwasserbeanspruchung; Fahrbahndecken; direkt befahrene Parkdecks[b]	C35/45[c]
4	Bewehrungskorrosion, ausgelöst durch Chloride aus Meerwasser		
XS1	Salzhaltige Luft, kein unmittelbarer Kontakt mit Meerwasser	Außenbauteile in Küstennähe	C30/37[c]
XS2	Unter Wasser	Bauteile in Hafenanlagen, die ständig unter Wasser liegen	C35/45[c,f]
XS3	Tidebereiche, Spritzwasser- und Sprühnebelbereiche	Kaimauern in Hafenanlagen	C35/45[c]

Klasse	Beschreibung der Umgebung	Beispiele für die Zuordnung von Expositionsklassen	Mindestbeton-festigkeitsklasse
5	**Betonangriff durch Frost mit und ohne Taumittel**		
XF1	Mäßige Wassersättigung ohne Taumittel	Außenbauteile	C25/30
XF2	Mäßige Wassersättigung mit Taumittel	Bauteile im Sprühnebel- oder Spritzwasserbereich von taumittelbehandelten Verkehrsflächen, soweit nicht XF4; Bauteile im Sprühnebelbereich von Meerwasser	C25/30 (LP[e]) C35/45[f]
XF3	Hohe Wassersättigung ohne Taumittel	Offene Wasserbehälter; Bauteile in der Wasserwechselzone von Süßwasser	C25/30 (LP[e]) C35/45[f]
XF4	Hohe Wassersättigung mit Taumittel	Verkehrsflächen, die mit Taumitteln behandelt werden; Überwiegend horizontale Bauteile im Spritzwasserbereich von taumittelbehandelten Verkehrsflächen; Räumerlaufbahnen von Kläranlagen; Meerwasserbauteile Wasserwechselzone;	C30/37[e,g,i]
6	**Betonangriff durch chemischen Angriff der Umgebung[d]**		
XA1	Chemisch schwach angreifende Umgebung	Behälter von Kläranlagen; Güllebehälter	C25/30
XA2	Chemisch mäßig angreifende Umgebung und Meeresbauwerke	Betonbauteile, die mit Meerwasser in Berührung kommen; Bauteile in betonangreifenden Böden	C35/45[c,f]
XA3	Chemisch stark angreifende Umgebung	Industrieabwasseranlagen mit chemisch angreifenden Abwässern; Futtertische der Landwirtschaft; Kühltürme mit Rauchgasableitung	C35/45[c]
7	**Betonangriff durch Verschleißbeanspruchung**		
XM1	Mäßige Verschleißbeanspruchung	Tragende oder aussteifende Industrieböden mit Beanspruchung durch luftbereifte Fahrzeuge	C30/37[c]
XM2	Schwere Verschleißbeanspruchung	Tragende oder aussteifende Industrieböden mit Beanspruchung durch luft- oder vollgummibereifte Gabelstapler	C30/37[c,h] C35/45[c]
XM3	Extreme Verschleißbeanspruchung	Tragende oder aussteifende Industrieböden mit Beanspruchung durch elastomer- oder stahlrollenbereifte Gabelstapler; Oberflächen, die häufig mit Kettenfahrzeugen befahren werden; Wasserbauwerke in geschiebebelasteten Gewässern, z. B. Tosbecken	C35/45[c]

Fußnoten zur Tafel A7:

a   Die Feuchteangaben beziehen sich auf den Zustand innerhalb der Betondeckung der Bewehrung. Im Allgemeinen kann angenommen werden, dass die Bedingungen in der Betondeckung den Umgebungsbedingungen des Bauteils entsprechen. Dies braucht nicht der Fall zu sein, wenn sich zwischen dem Beton und seiner Umgebung eine Sperrschicht befindet.

b   Ausführung nur mit zusätzlichen Maßnahmen (z. B. rissüberbrückende Beschichtung, s. Heft 525 bzw. Heft 526 DAfStb).

c   Bei Verwendung von Luftporenbeton, z. B. auf Grund gleichzeitiger Anforderungen aus der Expositionsklasse XF, eine Festigkeitsklasse niedriger; siehe auch Fußnote e.

d   Grenzwerte für die Expositionsklassen bei chemischem Angriff siehe DIN EN 206-1 und DIN 1045-2.

e   Diese Mindestbetonfestigkeitsklassen gelten für Luftporenbeton mit Mindestanforderungen an den mittleren Luftgehalt im Frischbeton nach DIN 1045-2 unmittelbar vor dem Einbau.

f   Bei langsam und sehr langsam erhärtenden Betonen ($r < 0{,}30$ nach DIN EN 206-1) eine Festigkeitsklasse im Alter von 28 Tagen niedriger. Die Druckfestigkeit zur Einteilung in die geforderte Druckfestigkeitsklasse ist auch in diesem Fall an Probekörpern im Alter von 28 Tagen zu bestimmen.

g   Erdfeuchter Beton mit $w/z \leq 0{,}40$ auch ohne Luftporen.

h   Diese Mindestbetonfestigkeitsklasse erfordert eine Oberflächenbehandlung des Betons nach DIN 1045-2, z. B. Vakuumieren und Flügelglätten des Betons.

i   Bei Verwendung eines CEM III/B gemäß DIN 1045-2: 2008-08, Tabelle F.3.3, Fußnote c) für Räumerlaufbahnen in Beton ohne Luftporen mindestens C40/50 (hierbei gilt: $w/z \leq 0{,}35$, $z \geq$ 360 kg/m³).

Die Tabelle der Expositionsklassen ist seit 2008 um die Feuchtigkeitsklassen bezogen auf Betonkorrosion infolge Alkali-Kieselsäure-Reaktion erweitert [1]:

- Feuchtigkeitsklasse WO (trocken)
- Feuchtigkeitsklasse WF (feucht)
- Feuchtigkeitsklasse WA (feucht + Alkalizufuhr von außen)
- Feuchtigkeitsklasse WS (feucht + Alkalizufuhr von außen + starke dynamische Beanspruchung)

A

Tafel A8 Betondeckung

Expositionsklasse	Mindestfestig-keitsklasse	Stab-$\varnothing$ [mm]	c_{min} [mm]	Δc [mm]	c_{nom} [mm]
XC1	C16/20	6-10	10	10[a]	20
		12	12		25
		14	14		
		16	16		30
		20	20		
		25	25		35
		28	28		40
XC2	C16/20	6-20	20	15[a]	35[c]
XC3	C20/25	25	25	10[b]	35
		28	28	10[b]	40
XC4	C25/30	6-25	25	15[a]	40[c]
		28	28	10[b]	40
XD1, XS1	C30/37[x]	6-28	40	15[a]	55[c]
XD2, XS2	C35/45[x]				
XD3, XS3	C35/45[x]				

x   bei Verwendung von Luftporenbeton eine Festigkeitsklasse niedriger
a   Vorhaltemaß Korrosionsschutz
b   Vorhaltemaß Verbund
c   Verminderung um 5 mm für Bauteile, deren Betonfestigkeitsklasse um 2 Klassen höher ist als die Mindestbetonfestigkeit

Tafel A9 Grundmaß der Verankerungslänge [cm]

Beton-festigkeits-klasse	Verbund-bereich	Stabdurchmesser									
		6	8	10	12	14	16	20	25	28	32
C 16/20	I	33	43	54	65	76	87	109	136	152	174
	II	47	62	78	93	109	124	155	194	217	248
C 20/25	I	28	38	47	57	66	76	95	118	132	151
	II	41	54	68	81	95	108	135	169	189	216
C 25/30	I	24	32	40	48	56	64	81	101	113	129
	II	35	46	58	69	81	92	115	144	161	184
C 30/37	I	22	29	36	43	51	58	72	91	101	116
	II	31	41	52	62	72	83	104	129	145	166
C 35/45	I	19	26	32	38	45	51	64	80	90	102
	II	27	37	46	55	64	73	91	114	128	146
C 40/50	I	18	24	29	35	41	47	59	73	82	94
	II	25	34	42	50	59	67	84	105	118	134
C 45/55	I	16	22	27	33	38	43	54	68	76	87
	II	23	31	39	47	54	62	78	97	109	124
C 50/60	I	15	20	25	30	35	40	51	63	71	81
	II	22	29	36	43	51	58	72	90	101	116

Verbundbereich I   gute Verbundbedingungen
Verbundbereich II   mäßige Verbundbedingungen

Tafel A10   Querschnitte von Plattenbewehrungen a_s in cm²/m s = Stababstand n = Stabzahl

s in cm	\multicolumn{9}{c}{Stabdurchmesser d_s in mm}	n je m
	6	8	10	12	14	16	20	25	28	
7,5	3,77	6,70	10,47	15,08	20,52	26,81	41,9	65,4	82,1	13,3
8,0	3,53	6,28	9,82	14,14	19,24	25,13	39,3	61,4	77,0	12,5
8,5	3,33	5,91	9,24	13,31	18,11	23,65	37,0	57,9	72,5	11,8
9,0	3,14	5,59	8,73	12,57	17,10	22,34	34,9	54,5	68,4	11,1
9,5	2,98	5,29	8,27	11,90	16,20	21,16	33,1	51,6	64,8	10,5
10,0	2,83	5,03	7,85	11,31	15,39	20,11	31,4	49,1	61,6	10,0
10,5	2,69	4,79	7,48	10,77	14,66	19,15	29,9	46,6	58,7	9,5
11,0	2,57	4,57	7,14	10,28	13,99	18,28	28,6	44,7	56,0	9,1
11,5	2,46	4,37	6,83	9,84	13,39	17,49	27,3	42,7	53,6	8,7
12,0	2,36	4,19	6,54	9,42	12,83	16,76	26,2	40,8	51,3	8,3
12,5	2,26	4,02	6,28	9,05	12,32	16,09	25,1	39,3	49,3	8,0
13,0	2,17	3,87	6,04	8,70	11,84	15,47	24,2	37,8	47,4	7,7
13,5	2,09	3,72	5,82	8,38	11,40	14,90	23,3	36,3	45,6	7,4
14,0	2,02	3,59	5,61	8,08	11,00	14,36	22,4	35,1	44,0	7,1
14,5	1,95	3,47	5,42	7,80	10,62	13,87	21,7	33,9	42,5	6,9
15,0	1,89	3,35	5,24	7,54	10,26	13,41	20,9	32,7	41,1	6,7
15,5	1,82	3,24	5,07	7,30	9,93	12,97	20,3	31,7	39,7	6,5
16,0	1,77	3,14	4,91	7,07	9,62	12,57	19,64	30,7	38,5	6,3
16,5	1,71	3,05	4,76	6,85	9,33	12,19	19,04	29,7	37,3	6,1
17,0	1,66	2,96	4,62	6,65	9,05	11,83	18,48	29,0	36,2	5,9
17,5	1,62	2,87	4,49	6,46	8,79	11,49	17,95	28,0	35,2	5,7
18,0	1,57	2,79	4,36	6,28	8,55	11,17	17,46	27,3	34,2	5,6
18,5	1,53	2,72	4,25	6,11	8,32	10,87	16,98	26,5	33,3	5,4
19,0	1,49	2,65	4,13	5,95	8,10	10,58	16,54	25,8	32,4	5,3
19,5	1,45	2,58	4,03	5,80	7,89	10,31	16,11	25,2	31,6	5,1
20,0	1,41	2,51	3,93	5,65	7,69	10,05	15,72	24,6	30,8	5,0
20,5	1,38	2,45	3,83	5,52	7,50	9,80	15,32	23,9	30,0	4,9
21	1,35	2,39	3,74	5,39	7,33	9,57	14,96	23,4	29,3	4,8
21,5	1,32	2,34	3,65	5,26	7,16	9,35	14,61	22,8	28,6	4,6
22	1,29	2,28	3,57	5,14	7,00	9,14	14,28	22,3	28,0	4,5
22,5	1,26	2,23	3,49	5,03	6,84	8,94	13,96	21,8	27,4	4,4
23	1,23	2,19	3,41	4,92	6,69	8,74	13,66	21,3	26,8	4,3
23,5	1,20	2,14	3,34	4,81	6,55	8,56	13,37	20,9	26,2	4,2
24	1,18	2,09	3,27	4,71	6,41	8,38	13,09	20,4	25,7	4,2
24,5	1,15	2,05	3,21	4,61	6,28	8,21	12,82	20,0	25,1	4,1
25	1,13	2,01	3,14	4,52	6,16	8,04	12,57	19,6	24,6	4,0

Tafel A11 Querschnitte von Balkenbewehrungen A_s in cm²

d_s in mm	\multicolumn{12}{c}{Stabanzahl}
	1	2	3	4	5	6	7	8	9	10	11	12
6	0,28	0,57	0,85	1,13	1,42	1,70	1,98	2,26	2,55	2,83	3,11	3,40
8	0,50	1,01	1,51	2,01	2,52	3,02	3,52	4,02	4,53	5,03	5,53	6,04
10	0,79	1,57	2,36	3,14	3,93	4,71	5,50	6,28	7,07	7,85	8,64	9,42
12	1,13	2,26	3,39	4,52	5,65	6,78	7,91	9,04	10,17	11,30	12,43	13,56
14	1,54	3,08	4,62	6,16	7,70	9,24	10,78	12,32	13,86	15,40	16,94	18,48
16	2,01	4,02	6,03	8,04	10,05	12,06	14,07	16,08	18,09	20,10	22,11	24,12
20	3,14	6,28	9,42	12,56	15,70	18,84	21,98	25,12	28,26	31,40	34,54	37,68
25	4,91	9,82	14,73	19,64	24,55	29,46	34,37	39,28	44,19	49,10	54,01	58,92
28	6,16	12,32	18,48	24,64	30,80	36,96	43,12	49,28	55,44	61,60	67,76	73,92

A

Literatur

[1] DIN 1045-1, Tragwerke aus Beton, Stahlbeton und Spannbeton – Teil 1: Bemessung und Konstruktion. August 2008.

[2] DIN 1045, Tragwerke aus Beton und Stahlbeton – Teil 1: Bemessung und Konstruktion. Kommentierte Kurzfassung. Berlin 2008: Beuth.

[3] DIN 1055-100, Einwirkungen auf Tragwerke – Teil 100: Grundlagen der Tragwerksplanung, Sicherheitskonzept und Bemessungsregeln. März 2001.

[4] DIN 1055-3, Einwirkungen auf Tragwerke – Teil 3: Eigen- und Nutzlasten für Hochbauten. Oktober 2002.

[5] Deutscher Ausschuss für Stahlbeton – Heft 525: Erläuterungen zu DIN 1045-1. Berlin 2003: Beuth.

[6] Normenausschuss Bauwesen (NABau): Auslegungen zu DIN 1045-1. Fortlaufende Ergänzung: www.nabau.din.de

[7] Albrecht, U.: Stahlbetonbau nach DIN 1045-1 – Anwendung auf ein Gebäude. Wiesbaden 2005: Vieweg + Teubner Verlag.

[8] Wendehorst: Bautechnische Zahlentafeln. Wiesbaden 2007: Vieweg + Teubner Verlag.

[9] Deutscher Beton- und Bautechnik-Verein e. V.: Beispiele zur Bemessung nach DIN 1045-1 – Band 1: Hochbau. Berlin 2009: Ernst & Sohn.

[10] Institut für Stahlbetonbewehrung e. V.: Arbeitsblätter: Bewehren von Stahlbeton-Tragwerken nach DIN 1045-1. www.isb-ev.de.

[11] Deutscher Ausschuss für Stahlbeton – Heft 240: Hilfsmittel zur Berechnung der Schnittgrößen und Formänderungen von Stahlbetontragwerken nach DIN 1045, Ausgabe 07.88. Berlin 1991: Beuth.

[12] Albrecht, U.: Querkraftbemessung nach DIN 1045-1: Benutzerfreundliche Darstellung der Nachweise für Stahlbetonbauteile. Beton- und Stahlbetonbau 2003, S. 268-276, Berlin: Ernst & Sohn.

[13] Schmitz, U. P., Goris, A.: Bemessungstafeln nach DIN 1045-1. Düsseldorf 2001: Werner.

Sachwortverzeichnis

Einen Überblick über die in den einzelnen Abschnitte geführten Nachweise vermittelt
Tabelle 1.1, Seite 2

A